"十四五"时期国家重点出版物出版专项规划项目

第二次青藏高原综合科学考察研究丛书

青藏高原
盐湖资源环境变化调查与潜力评价

王建萍　张西营　焦鹏程　等　著

科学出版社

北　京

内 容 简 介

本书是"第二次青藏高原综合科学考察研究"的成果之一,也是科考任务"资源能源现状与远景评估"的重要组成部分,主要聚焦于青藏高原盐湖资源变化的调查与相关研究,旨在服务于国家资源战略需求,为合理高效地开发与利用盐湖资源,保护盐湖系统生态环境,实施区域可持续发展与科学决策提供依据。全书共九章,包括此次科考的背景、意义、盐湖资源概况,青藏高原隆升的动力机制分析,典型成盐盆地古钾盐成盐条件及成矿潜力分析,深层卤水赋存特征、极端困难区现代盐湖资源潜力与微生物调查,重点盐湖开发区资源环境现状调查及关键战略元素物源示踪与成矿机制研究,以及盐湖科学数据的多源融合、集成与平台构建等内容。

本书内容系统全面、资料丰富、数据翔实,可供盐湖领域的地球化学、资源环境等专业的科研、教学等相关人员参考使用。

审图号:GS京(2023)1380号

图书在版编目(CIP)数据

青藏高原盐湖资源环境变化调查与潜力评价 / 王建萍等著. —北京:科学出版社,2024.3

(第二次青藏高原综合科学考察研究丛书)

"十四五"时期国家重点出版物出版专项规划项目

ISBN 978-7-03-078201-4

Ⅰ.①青… Ⅱ.①王… Ⅲ.①青藏高原–盐湖–自然资源–生态环境–研究 Ⅳ.①P942.078 ②X321.27

中国国家版本馆CIP数据核字(2024)第052744号

责任编辑:朱 丽 程雷星 / 责任校对:郝甜甜
责任印制:徐晓晨 / 封面设计:吴霞暖

科 学 出 版 社 出版
北京东黄城根北街 16 号
邮政编码:100717
http://www.sciencep.com
北京建宏印刷有限公司印刷
科学出版社发行 各地新华书店经销

*

2024年3月第 一 版 开本:787×1092 1/16
2024年3月第一次印刷 印张:18 1/4
字数:433 000

定价:238.00元
(如有印装质量问题,我社负责调换)

"第二次青藏高原综合科学考察研究丛书"
指导委员会

《青藏高原盐湖资源环境变化调查与潜力评价》
编写委员会

第二次青藏高原综合科学考察队

青藏高原盐湖资源环境变化调查与潜力评价

科考分队人员名单

（按贡献排序）

姓名	职务	工作单位
王建萍	分队长	中国科学院青海盐湖研究所
张西营	队员	中国科学院青海盐湖研究所
樊启顺	队员	中国科学院青海盐湖研究所
许建新	队员	中国科学院青海盐湖研究所
张　华	队员	中国地质科学院矿产资源研究所
苗卫良	队员	中国科学院青海盐湖研究所
李庆宽	队员	中国科学院青海盐湖研究所
马海州	队员	中国科学院青海盐湖研究所
焦鹏程	队员	中国地质科学院矿产资源研究所
梁光河	队员	中国科学院地质与地球物理研究所
韩　光	队员	青海省柴达木综合地质矿产勘查院
魏海成	队员	中国科学院青海盐湖研究所
陈　亮	队员	中国科学院青海盐湖研究所
袁小龙	队员	中国科学院青海盐湖研究所
余冬梅	队员	中国科学院青海盐湖研究所
凌智永	队员	中国科学院青海盐湖研究所

程怀德	队　员	中国科学院青海盐湖研究所
都永生	队　员	中国科学院青海盐湖研究所
高春亮	队　员	中国科学院青海盐湖研究所
韩积斌	队　员	中国科学院青海盐湖研究所
秦占杰	队　员	中国科学院青海盐湖研究所
霍世璐	队　员	中国科学院青海盐湖研究所
秦西伟	队　员	中国科学院青海盐湖研究所
李斌凯	队　员	中国科学院青海盐湖研究所
李雯霞	队　员	中国科学院青海盐湖研究所
李永寿	队　员	中国科学院青海盐湖研究所
李建森	队　员	中国科学院青海盐湖研究所
马云麒	队　员	中国科学院青海盐湖研究所
沈立建	队　员	中国地质科学院矿产资源研究所
赵春涛	队　员	中国科学院青海盐湖研究所
山发寿	队　员	中国科学院青海盐湖研究所
唐启亮	队　员	中国科学院青海盐湖研究所
易　磊	队　员	中国科学院青海盐湖研究所
李志远	队　员	中国科学院地质与地球物理研究所
袁　秦	队　员	中国科学院青海盐湖研究所

丛书序一

    青藏高原是地球上最年轻、海拔最高、面积最大的高原，西起帕米尔高原和兴都库什、东到横断山脉，北起昆仑山和祁连山、南至喜马拉雅山区，高原面海拔4500米上下，是地球上最独特的地质－地理单元，是开展地球演化、圈层相互作用及人地关系研究的天然实验室。

    鉴于青藏高原区位的特殊性和重要性，新中国成立以来，在我国重大科技规划中，青藏高原持续被列为重点关注区域。《1956—1967年科学技术发展远景规划》《1963—1972年科学技术发展规划》《1978—1985年全国科学技术发展规划纲要》等规划中都列入针对青藏高原的相关任务。1971年，周恩来总理主持召开全国科学技术工作会议，制订了基础研究八年科技发展规划（1972—1980年），青藏高原科学考察是五个核心内容之一，从而拉开了第一次大规模青藏高原综合科学考察研究的序幕。经过近20年的不懈努力，第一次青藏综合科考全面完成了250多万平方千米的考察，产出了近100部专著和论文集，成果荣获了1987年国家自然科学奖一等奖，在推动区域经济建设和社会发展、巩固国防边防和国家西部大开发战略的实施中发挥了不可替代的作用。

    自第一次青藏综合科考开展以来的近50年，青藏高原自然与社会环境发生了重大变化，气候变暖幅度是同期全球平均值的两倍，青藏高原生态环境和水循环格局发生了显著变化，如冰川退缩、冻土退化、冰湖溃决、冰崩、草地退化、泥石流频发，严重影响了人类生存环境和经济社会的发展。青藏高原还是"一带一路"环境变化的核心驱动区，将对"一带一路"沿线20多个国家和30多亿人口的生存与发展带来影响。

    2017年8月19日，第二次青藏高原综合科学考察研究启动，习近平总书记发来贺信，指出"青藏高原是世界屋脊、亚洲水塔，是地球第三极，是我国重要的生态安全屏障、战略资源储备基地，是中华民族特色文化的重要保护地"，要求第二次青藏高原综合科学考察研究要"聚焦水、生态、人类活动，着力解决青藏高原资源环境承载力、灾害风险、绿色发展途径等方面的问题，为守护好世界上最后一方净土、建设美丽的青藏高原作出新贡献，让青藏高原各族群众生活更加幸福安康"。习近平总书记的贺信传达了党中央对青藏高原可持续发展和建设国家生态保护屏障的战略方针。

第二次青藏综合科考将围绕青藏高原地球系统变化及其影响这一关键科学问题，开展西风-季风协同作用及其影响、亚洲水塔动态变化与影响、生态系统与生态安全、生态安全屏障功能与优化体系、生物多样性保护与可持续利用、人类活动与生存环境安全、高原生长与演化、资源能源现状与远景评估、地质环境与灾害、区域绿色发展途径等10大科学问题的研究，以服务国家战略需求和区域可持续发展。

"第二次青藏高原综合科学考察研究丛书"将系统展示科考成果，从多角度综合反映过去50年来青藏高原环境变化的过程、机制及其对人类社会的影响。相信第二次青藏综合科考将继续发扬老一辈科学家艰苦奋斗、团结奋进、勇攀高峰的精神，不忘初心，砥砺前行，为守护好世界上最后一方净土、建设美丽的青藏高原作出新的更大贡献！

孙鸿烈

第一次青藏科考队队长

丛书序二

 青藏高原及其周边山地作为地球第三极矗立在北半球，同南极和北极一样既是全球变化的发动机，又是全球变化的放大器。2000年前人们就认识到青藏高原北缘昆仑山的重要性，公元18世纪人们就发现珠穆朗玛峰的存在，19世纪以来，人们对青藏高原的科考水平不断从一个高度推向另一个高度。随着人类远足能力的不断加强，逐梦三极的科考日益频繁。虽然青藏高原科考长期以来一直在通过不同的方式在不同的地区进行着，但对于整个青藏高原的综合科考迄今只有两次。第一次是20世纪70年代开始的第一次青藏科考。这次科考在地学与生物学等科学领域取得了一系列重大成果，奠定了青藏高原科学研究的基础，为推动社会发展、国防安全和西部大开发提供了重要科学依据。第二次是刚刚开始的第二次青藏科考。第二次青藏科考最初是从区域发展和国家需求层面提出来的，后来成为科学家的共同行动。中国科学院的 A 类先导专项率先支持启动了第二次青藏科考。刚刚启动的国家专项支持，使得第二次青藏科考有了广度和深度的提升。

 习近平总书记高度关怀第二次青藏科考，在2017年8月19日第二次青藏科考启动之际，专门给科考队发来贺信，作出重要指示，以高屋建瓴的战略胸怀和俯瞰全球的国际视野，深刻阐述了青藏高原环境变化研究的重要性，希望第二次青藏科考队聚焦水、生态、人类活动，揭示青藏高原环境变化机理，为生态屏障优化和亚洲水塔安全、美丽青藏高原建设作出贡献。殷切期望广大科考人员发扬老一辈科学家艰苦奋斗、团结奋进、勇攀高峰的精神，为守护好世界上最后一方净土顽强拼搏。这充分体现了习近平生态文明思想和绿色发展理念，是第二次青藏科考的基本遵循。

 第二次青藏科考的目标是阐明过去环境变化规律，预估未来变化与影响，服务区域经济社会高质量发展，引领国际青藏高原研究，促进全球生态环境保护。为此，第二次青藏科考组织了 10 大任务和 60 多个专题，在亚洲水塔区、喜马拉雅区、横断山高山峡谷区、祁连山–阿尔金区、天山–帕米尔区等 5 大综合考察研究区的 19 个关键区，开展综合科学考察研究，强化野外观测研究体系布局、科考数据集成、新技术融合和灾害预警体系建设，产出科学考察研究报告、国际科学前沿文章、服务国家需求评估和咨询报告、科学传播产品四大体系的科考成果。

两次青藏综合科考有其相同的地方。表现在两次科考都具有学科齐全的特点，两次科考都有全国不同部门科学家广泛参与，两次科考都是国家专项支持。两次青藏综合科考也有其不同的地方。第一，两次科考的目标不一样：第一次科考是以科学发现为目标；第二次科考是以摸清变化和影响为目标。第二，两次科考的基础不一样：第一次青藏科考时青藏高原交通整体落后、技术手段普遍缺乏；第二次青藏科考时青藏高原交通四通八达，新技术、新手段、新方法日新月异。第三，两次科考的理念不一样：第一次科考的理念是不同学科考察研究的平行推进；第二次科考的理念是实现多学科交叉与融合和地球系统多圈层作用考察研究新突破。

"第二次青藏高原综合科学考察研究丛书"是第二次青藏科考成果四大产出体系的重要组成部分，是系统阐述青藏高原环境变化过程与机理、评估环境变化影响、提出科学应对方案的综合文库。希望丛书的出版能全方位展示青藏高原科学考察研究的新成果和地球系统科学研究的新进展，能为推动青藏高原环境保护和可持续发展、推进国家生态文明建设、促进全球生态环境保护做出应有的贡献。

姚檀栋

第二次青藏科考队队长

前　言

　　青藏高原独特的地质和地理演化过程形成了众多盐湖。一方面，盐湖蕴含着诸多丰富的关键战略矿产元素，对我国的粮食安全和能源安全意义重大；另一方面，盐湖区生态环境脆弱，是我国重要的生态安全屏障。在当前全球气候变化背景下，受气候暖湿化和人类活动的影响，青藏高原盐湖的资源和生态环境均发生了重大变化，严重影响了我国钾、锂等关键矿产资源的安全供给和盐湖资源的绿色可持续开发利用。盐湖资源具有稀有性、耗竭性和不可再生性，加之国家需求、利用技术及市场经济的变化，使得盐湖资源可持续力及产业化前景不断发生变化。因此，全面查清盐湖变化过程及影响机理并借此更加绿色、精准、科学与合理地保护和开发盐湖资源，已成为今后青藏高原盐湖资源利用和区域经济社会可持续发展面临的亟需解决的重大课题。

　　针对这些国家重大战略需求，由中国科学院青海盐湖研究所承担的第二次青藏高原综合科学考察研究任务八专题五"青藏高原盐湖资源变化调查与远景评价"，围绕青藏高原盐湖资源与环境变化的关键核心科学问题开展了深入研究。

　　本书分为9章，各章主要内容简述如下：

　　第1章主要介绍盐湖科考专题设置的背景、意义、科考主线、总体目标、内容及实施方案等。

　　第2章主要介绍青藏高原盐湖区自然概况，盐湖区分布特征，盐湖的成因及演化过程，阐述了青藏高原独特的地理位置和自然条件下形成的独具特色的盐湖资源特征，形成了钾、锂、硼等盐湖矿产资源。

　　第3章在区域地质构造背景基础上，通过地球物理资料解析，结合实际观测证据，建立了新的大陆漂移模型，揭示了青藏高原新生代隆升的源动力机制和隆升的资源效应。

　　第4章开展了青藏高原羌塘盆地东部中生代古盐湖成盐潜力评价，研究认为羌塘盆地是我国重要的中生代成盐盆地，具有良好的成盐成钾条件。

第5章阐明水–岩–盐系统的资源关联性和资源元素迁移的"源–汇"地球化学过程，探讨了柴达木盆地盐湖 K、Li、Mg、B 等资源元素的物源属性及控制机制。

第6章总结了柴达木盆地油田深层卤水分布规律及控制因素，探讨了该地区深部卤水资源的禀赋特征，评估了其资源潜力。

第7章调查和研究对比了可可西里地区盐湖水化学等变化特征，针对盐湖中的微生物资源开展了较为详细的分析。

第8章针对柴达木盆地盐湖区频发的盐尘暴灾害，开展了详细的含盐气溶胶理化性质研究，分析了盐尘暴与人类活动的交互影响过程与机理。

第9章介绍了如何从盐湖科学数据的特点出发，基于 ArcGIS 等数据库及地理空间信息系统，构建数字化、标准化、规范化、网络化的，逻辑上高度统一的青藏高原盐湖科学数据平台。

本书是中国科学院青海盐湖研究所及合作单位中国地质科学院矿产资源研究所、中国科学院地质与地球物理研究所、青海省柴达木综合地质矿产勘查院等众多科研人员辛勤劳动和努力付出的成果。衷心感谢第二次青藏高原综合科学考察研究任务八的专家和评审专家为本书撰写提出的宝贵意见和建议。

《青藏高原盐湖资源环境变化调查与潜力评价》编委会
2023 年 4 月

摘　要

青藏高原盐湖资源丰富，生态环境地位重要，是国家粮食安全、能源安全和生态安全的重要保障。面向国家重大战略需求，依托第二次青藏高原综合科学考察研究任务八专题五"青藏高原盐湖资源变化调查与远景评价"项目，中国科学院青海盐湖研究所科考团队围绕盐湖资源变化现状调查、盐湖资源富集成矿模式研究、资源开发背景下的生态环境效应评价、古盐湖资源寻找及盐湖资源科学数据库构建等核心科学问题开展了深入研究，形成以下重要成果。

（1）开展了极端困难区盐湖补充调查。对可可西里、西昆仑等极端困难区的盐湖开展了更为翔实的补充调查。考察表明太阳湖水化学类型为 Na·Mg-Cl·HCO₃ 型，明显受沸泉群物质来源的补给，其他湖泊水化学类型为 Na-Cl 型；区内湖泊明显具有淡化趋势，TDS、Cl⁻、Li⁺、B 浓度较一次科考的浓度显著降低，而 HCO₃⁻ 则显著增大。可可西里无人区的盐湖和极端环境微生物对青藏高原的气候变化较敏感，深入开展盐湖水化学的演化和微生物多样性考察对认识或预测该区域环境变化具有十分重要的意义。

（2）预测了古钾盐远景区。羌塘盆地是我国重要的中生代成盐盆地，具有良好的成盐成钾条件，羌塘盆地东部与兰坪—思茅成钾盆地同为三江构造带所限，并自北向南连续分布。羌塘盆地中生代地层中发育有多套大规模的石膏与菱镁矿沉积，石膏的硫同位素和锶同位素分析均显示出硫酸盐显著的海源特征；而碎屑锆石分析则表明羌塘东部地区与兰坪—思茅盆地的中生代地层也存在显著的物源联系。羌塘东部盐泉地球化学分析表明，羌塘东部地区与兰坪—思茅地区盐泉水特征具有显著的同源性，且前者浓缩程度要高于后者，这一认识对羌塘地区找钾工作具有重要指导意义。

（3）厘清了现代盐湖关键元素成矿模式。科考以青藏高原北部柴达木盆地及周缘山脉为重点研究区域，以"盆山耦合"为研究主线，开展母岩区岩石组成、矿物组合、岩石地球化学、风化程度，补给盐湖的地表径流、地下径流、冷泉、热泉、深部流体等各水体的分布特征和水化学特征，以及典型尾闾盐湖区不同沉积相带沉积物的矿物学、沉积学特征的分析研究，初步查明了尾闾盐湖现代沉积物空间分布特征及盐类资源赋存状态，尝试阐明盐湖资源关联性和资源元素迁移的"源-汇"地球化学过程。

（4）揭示了盐湖资源开发行为的生态环境效应。柴达木盆地南部含盐气溶胶研究发现，盐湖本身及资源开发等人类活动对盐尘中的硼离子、锂离子、硝酸根等具有重要贡献，其中受物源、风动力条件和地形地貌等因素共同影响，"盐"和"尘"的含量呈现非同步变化的现象，揭示了含盐物质来源和沉降过程的复杂性。综合分析认为，盐湖区含盐降尘具有显著的资源-生态-环境效应，而人类活动对盐尘的形成机制具有重要影响，这些研究结果和发现为生态环境保护前提下的盐湖资源开发提供了重要科学依据。

（5）构建了科学数据共享平台。将科考获得的大量一手科学数据，按标准数据库的规范进行系统整理、分析、管理并实现数据共享，是二次科考相较一次科考的一个重要变化和进步。在盐湖科考专题的支持下，完成了盐湖科学数据库系统功能分析与总体设计，盐湖数据现状分析、数据分类及数据共享机制设计，建立了专门针对盐湖资源系统的数据及数据库标准规范，实现了跨域异构多源数据整合，制定了数据质量的控制与更新机制等。通过该盐湖科学数据库功能的深度开发，对青藏高原盐湖科学数据进行有效的梳理和科学管理。

本书是中国科学院青海盐湖研究所及合作单位中国地质科学院矿产资源研究所、中国科学院地质与地球物理研究所、青海省柴达木综合地质矿产勘查院等全体科考人员辛苦付出的阶段性成果。

目　　录

第1章　绪论 ··· 1
第2章　青藏高原盐湖区区域概况、盐湖分布特征及成因 ··············· 11
2.1　青藏高原盐湖区自然概况 ·· 12
2.2　盐湖区分布特征 ··· 12
2.3　盐湖的成因及演化过程 ·· 14
　　2.3.1　盐湖的形成 ··· 14
　　2.3.2　青藏高原盐湖成因 ·· 14
第3章　青藏高原隆升的动力机制 ··· 17
3.1　印度陆块向北运动研究的历史现状 ·· 18
3.2　印度陆块向北运动过程 ·· 19
3.3　陆壳重力滑移自驱动模型 ··· 20
3.4　印度大陆板块向北运动的综合地球物理证据 ································· 22
　　3.4.1　印度大陆板块向北移动的地磁学证据 ································· 22
　　3.4.2　沿莫霍面滑脱的岩石力学证据 ··· 23
　　3.4.3　印度大陆板块向北移动的地震学证据 ································· 24
　　3.4.4　印度大陆板块向北旋转式漂移的地震学证据 ······················ 26
　　3.4.5　印度大陆板块北漂的单向漂移模式 ···································· 28
　　3.4.6　新模型与其他模型的比较和推广 ······································ 29
3.5　青藏高原隆升的资源效应 ··· 33
3.6　小结 ··· 35
第4章　羌塘盆地东部中生代古盐湖成盐潜力与区域物源联系 ·········· 37
4.1　羌塘盆地东部地质概况及考察取样情况 ······································· 39
4.2　羌塘盆地东部盐泉水化学特征及其意义 ······································· 41
4.3　羌塘东部昌都地区中生代石膏地球化学特征 ································· 48
4.4　碎屑岩物源示踪 ··· 52
4.5　小结 ··· 55

第5章　柴达木盆地盐湖锂、镁、硼资源元素物源及迁移规律 ···········57

　5.1　柴达木盆地盐湖分布特征与资源禀赋 ···········58

　5.2　柴达木盆锂、镁、硼资源赋存特征及研究现状 ···········59

　　　5.2.1　锂资源 ···········61

　　　5.2.2　镁资源 ···········73

　　　5.2.3　硼资源 ···········80

　5.3　小结 ···········91

第6章　柴达木盆地油田卤水深层卤水分布及赋存特征 ···········93

　6.1　区域构造-沉积演化及水文地质特征 ···········94

　　　6.1.1　区域构造演化 ···········94

　　　6.1.2　区域沉积演化 ···········95

　　　6.1.3　古近纪-新近纪分布特征 ···········97

　　　6.1.4　区域水文地质特征 ···········99

　6.2　深层卤水储层特征 ···········101

　　　6.2.1　古近系-新近系地层地震层序划分 ···········101

　　　6.2.2　古近系-新近系沉积相平面展布特征 ···········104

　　　6.2.3　典型背斜构造地层岩性、物性特征 ···········105

　　　6.2.4　储卤层测井响应特征 ···········114

　6.3　典型矿床 ···········118

　　　6.3.1　南翼山深层卤水钾、硼、锂矿床 ···········118

　　　6.3.2　鄂博梁Ⅱ号硼、锂矿床 ···········120

　　　6.3.3　鸭湖构造硼、锂矿床 ···········121

第7章　可可西里地区盐湖水化学及微生物特征 ···········123

　7.1　可可西里自然保护区盐湖资源科学考察的现状 ···········124

　7.2　可可西里自然保护区湖泊水化学特征 ···········125

　7.3　可可西里自然保护区湖泊水环境的演化 ···········128

　7.4　可可西里自然保护区盐湖极端环境中的微生物特征 ···········130

第8章　柴达木盆地含盐气溶胶理化性质及其影响因素 ···········135

　8.1　大气降尘研究现状 ···········136

　8.2　野外考察及样品采集 ···········139

　8.3　柴达木盆地表土含盐特征 ···········142

　　　8.3.1　表土盐类矿物成分分析 ···········142

　　　8.3.2　不同类型表土可溶性离子组成及空间分布 ···········146

　8.4　研究区气团移动路径分析 ···········150

　　　8.4.1　格尔木市平均后向轨迹输送路径特征 ···········150

　　　8.4.2　都兰县平均后向轨迹输送路径特征 ···········153

　8.5　柴达木盆地南部大气降尘可溶盐时空分布特征及物源 ···········157

8.5.1　降尘（包括盐）及盐尘沉积通量变化 ······························ 157

8.5.2　研究区降尘的矿物组成 ·· 161

8.5.3　研究区降尘的化学组成及时空分布 ·································· 162

8.5.4　研究区表土与降尘化学组成对比分析 ································ 163

8.5.5　各采样点降尘中水溶性离子的物源探讨及影响范围 ·················· 165

8.5.6　钾盐的沉积通量及可能产生的资源效应 ······························ 167

第9章　盐湖资源环境科学数据库 ··· **169**

9.1　盐湖科学数据库的建设 ·· 171

9.1.1　盐湖科学数据库建设任务 ·· 171

9.1.2　盐湖科学数据库建设目标 ·· 173

9.1.3　盐湖科学数据库建设内容 ·· 173

9.2　盐湖科学数据分类与规范化标准 ·· 175

9.2.1　分类的原则 ·· 175

9.2.2　盐湖数据信息分类 ·· 176

9.2.3　盐湖数据信息编码 ·· 177

9.2.4　盐湖空间数据分类编码 ·· 179

9.2.5　盐湖名称编码标准规范 ·· 180

9.2.6　盐湖元数据标准规范 ·· 181

9.3　数据库总体架构与设计 ·· 186

9.3.1　数据库总体架构 ·· 186

9.3.2　数据建库设计 ·· 190

9.3.3　功能性设计 ·· 194

9.3.4　非功能性设计 ·· 195

9.4　盐湖资源环境科学专题数据库门户网站及 GIS 空间管理系统 ·············· 205

9.5　专题数据库介绍 ·· 208

9.5.1　锂专题数据库 ·· 208

9.5.2　盐湖动态监测和数据库建设 ·· 214

9.5.3　溶液相化学数据库 ·· 227

参考文献 ·· **231**

附录　科考日志 ·· **251**

附图 ·· **259**

第 1 章

绪　论

中国是世界上盐湖资源最丰富的国家之一，盐湖资源也是我国具有相对国际优势的矿产资源，其中的钾、锂、硼、铷、铯等资源用途极广（马培华和王政存，1995）。青海、西藏两省区是中国最主要的两大盐湖区，其盐湖面积占到全国盐湖面积的64%以上。其中，西藏是我国盐湖数量最多的省级行政区，面积 2 km^2 以上的盐湖多达 275个。而青海是我国盐湖资源最集中、开发规模最大和开发程度最高的省级行政区，仅柴达木盆地盐类沉积面积就达 1.7 万 km^2，卤水 400 亿 m^3。作为青藏高原上最具特色和优势的矿产资源，盐湖资源对国家及地区经济发展和资源安全的重大战略意义正日渐突显。2011 年中国科学院学部咨询评议项目中曾指出，盐湖资源的利用"关乎我国的粮食安全，关乎我国的能源安全，关乎我国的环境安全，关乎青藏地区的民生改善，其独特的地理区位决定了还关乎我国的西部稳定"。2012 年 10 月，李克强总理做出重要批示"要支持盐湖资源平衡开采和综合利用，延伸产业链，保障钾肥等重要物质供应"。2016 年 8 月，习近平总书记在视察青海后做出重要指示"盐湖是青海最重要的资源，青海资源也是全国资源。要制定正确的资源战略，加强顶层设计，在保护生态环境的前提下搞好开发利用"。盐湖资源供给的数量、质量及其开发过程中的环境及生态安全，直接影响其对我国社会经济发展的保障或支撑能力，具有非常重要的意义。

作为一个多相共存的复杂水盐体系，受自然界多种因素的制约和影响，盐湖在形成演化过程中始终处于动态变化之中。特别是盐湖水体（湖表卤水和晶间卤水），对地理环境和气候因素的影响反应非常敏感。加之近几十年，随着社会经济的发展和自然环境的变化，盐湖资源储量规模、资源聚集度、资源的组合状态、与盐湖产业关联的其他资源的自给程度、矿床赋存条件、交通运输状况、能源和水资源保证程度、对生态环境的影响、可持续发展利用能力等都发生了较大的变化。以青海柴达木盆地为例，近年来，随着柴达木盆地盐湖开发规模和强度的不断增加，盐田建设和采卤设施大规模布局，加上一些新的溶采、补采方式的介入，盐湖资源系统正在发生急剧变化，不仅表现在盐湖补给方式、盐湖面积、盐湖水化学成分和固相盐类沉积的物化特征的不断改变，随之而来的诸如卤水水位迅速下降、地面大范围溶陷沉降、盐尘暴及生态系统退化等问题近些年也开始普遍出现。资源市场方面，近年来锂价格市场的波动、钾肥市场的收缩、硼镁市场的制约和其加工技术的约束，加之盐湖资源的稀有性、耗竭性和不可再生性，使得盐湖资源可持续性及产业化前景也发生了巨大变化。

基于此，全面弄清盐湖变化过程及影响机理，在保障盐湖区环境及生态安全的前提下，更加绿色、精准、科学和合理地保护和开发盐湖资源，成为下一阶段盐湖资源开发和区域可持续发展的重大问题。作为盐湖最多的国家之一，我国在 20 世纪50 ~ 70 年代，以中国科学院青海盐湖研究所老一辈科学家为主体的团队就开展了大规模的盐湖考察，为我国盐湖科学多学科的发展和开发利用奠定了基础。但限于当时的技术和交通状况，耗时较长，调查与研究工作不够深入，没有形成对整个中国盐湖资源的全面系统认识。虽然其后也开展过一些局部的地区性调查，但由于经费支持力度小，时间跨度大，没有统一的调查规范和要求，获得的数据也缺乏统一性和规范性。

由于距第一次青藏高原科考中盐湖调查工作已有 40 多年，原有的数据已难以准确反映我国盐湖的变化现状，且已有盐湖数据的完整性差、共享率低，在很大程度上制约和影响了盐湖系统科学的发展。由于部分区域盐湖（如可可西里、藏北等地区）可进入性极差，尚未开展系统工作。此外，受技术等条件所限，除少数研究程度和开发程度较深的盐湖外，青藏高原过去大范围的盐湖资源调查主要聚焦于湖盆本身和湖表水，缺少从补给流域、地下-地表水盐循环及盐湖区环境生态等多尺度的视角展开调查；以往对该区域古盐湖形成的固体盐类矿床的分布及成矿机制的研究较少；也缺少对气候及人类活动双重因素影响下湖区水文生态过程及水盐动态过程的系统监测与研究。正是缺乏近几十年来盐湖资源系统的变化数据，导致关于盐湖成盐机理和变化机制方面的研究还不够深入，尤其是对气候变化及人类开发利用双重影响下的现代盐湖的演化规律及影响机制还没有清晰的认识；对盐湖资源开发活动产生的一系列生态环境效应的关注也才刚刚起步。因此，亟待针对青藏高原盐湖开展新一轮的系统、全面和深入的科学考察。

在第二次青藏高原综合科学考察中系统开展对盐湖资源变化的综合科学考察及准确掌握我国盐湖资源的时空分布特点、类型、资源禀赋及开发利用、沉积特征、成盐自然环境等数据基础上，全面掌握青藏地区盐湖资源最新变化状况及机理。一方面，可以为今后开展该地区气候、环境、盐类富集规律、盐湖成盐成矿机理及演化过程等各方面的研究提供基础资料；为服务国家资源开发战略，合理、高效开发我国盐湖资源，保护脆弱区生态，推动青藏高原可持续发展提供重要决策依据。另一方面，能灵敏地反映区域构造和自然环境的演化过程。盐湖资源的变化调查可为青藏地区区域性构造演化、气候、环境的变化研究提供基础数据和资料，也将进一步推动相关领域，如全球变化、区域构造演化及青藏高原地球系统变化机理等研究的深入开展。

本次科考全面开展了青藏高原盐湖资源变化及其影响机制的调查研究，在准确掌握我国盐湖资源类型、沉积特征、时空分布、成盐自然环境、资源禀赋及开发利用等数据基础上，查明了青藏地区盐湖资源的最新变化状况；通过柴达木盆地古近纪和羌塘盆地中生代盆地构造背景、岩相古地理、古气候、古卤水演化等成盐成钾条件研究，揭示了不同构造背景下含盐盆地的形成演化与成盐成钾作用的关联性，为青藏高原古钾盐资源远景评价提供了基础资料；聚焦重点盐湖，摸清了典型盐湖资源的物源及运移和富集过程，建立了盐湖战略资源元素"源-汇"概念模型；分析了盐湖资源开发活动产生的生态环境效应，揭示了盐湖资源系统在气候变化及人为双重作用下的变化规律，探索了盐湖区绿色可持续发展途径。本书为深入理解青藏高原区域性构造演化、气候环境变化的资源效应等重大科学问题提供了基础数据和资料；为合理高效开发盐湖资源、保护干旱脆弱区生态环境和推动青藏地区社会经济可持续发展提供了决策依据。

1. 科考目标主线

盐湖资源是青藏高原最为独特而重要的矿产资源，这些资源在我国乃至世界上都占有非常重要的地位；盐湖钾、锂、硼等资源的开发，对保障我国粮食安全、能源安全和战略资源储备有非常重要的意义。同时，青藏高原盐湖广布，多属于生态环境脆弱、极端脆弱区，盐湖区具有极为重要的生态地位。因此，如何"在保护好生态环境的前提下搞好开发利用"是当前青藏高原盐湖科学研究和资源利用亟须解决的、最为重要的课题。

青藏高原盐湖大多分布在高寒和人迹罕至的地区，尽管开展过多次盐湖考察，但不少条件极为艰苦地区的盐湖仍未被覆盖，对其资源禀赋情况所知甚少，这阻滞了我国青藏高原地区盐湖及关联性资源的准确和全面评估工作。此外，随着易开采盐湖资源开发的不断深入，作为潜在资源的深层卤水钾资源及深部热液锂矿产资源也亟须进一步清查。另外，作为一个多相共存的复杂水盐体系，盐湖在形成演化过程中始终处于动态变化之中。特别是盐湖水体（湖表卤水和晶间卤水），对地理环境和气候因素变化的反应非常敏感。加之近几十年，随着气候变化和人类资源开发强度的增加，盐湖资源系统也在发生着较大的变化，亟待摸清其变化的基本机理和关键过程。青藏高原隆升的资源效应一直是全球研究的热点，而盐湖作为高原表生环境下的特殊产物，成盐物源的多源性及成矿作用过程的复杂性导致对盐湖资源成因的理解至今仍存在较多分歧，从"源-汇"过程精细剖析现代盐湖资源的形成与演化是厘清高原盐湖成矿机理的关键，也是高原地区重要的科学问题之一。除了现代盐湖资源及关联性矿产外，青藏高原地区一些凹陷盆地（如柴达木盆地、羌塘盆地）还是我国重要的古盐湖钾盐找矿远景区。因此，在这些地区深入开展工作，对于厘清特提斯洋演化过程具有重要的科学意义，对于缓解我国当前缺钾的现状也有重要的实际价值。青藏高原湖泊大部分为盐湖，盐湖不仅具有重要的资源价值，其生态环境价值同样不可忽视，几十年来高强度的开发已经对盐湖区（主要是柴达木盆地）的水圈、大气圈、土壤圈和生物圈的生态环境产生了重要影响甚至是破坏性作用，揭示盐湖资源开发的生态环境效应并客观评价盐湖资源环境承载力对盐湖资源可持续开发利用意义重大，也是生态环境保护与资源开发协同发展的关键。从系统科学的角度建立多元融合的青藏高原盐湖大数据库，对未来青藏高原盐湖资源开发利用、水资源的分配和调度、生态环境的保护、气候环境变化的预测等具有重要支撑作用，也是未来青藏高原盐湖管理的重要组成部分。

基于青藏高原盐湖的"资源"和"生态"属性及其在国家的战略地位，亟须对以上盐湖领域存在的问题开展科学考察和研究，这既是回答相关重要科学问题的需要，更是国家层面对资源和生态的高度需求。

2. 主要科考内容

专题的科考工作围绕盐湖具有的"资源"和"生态"双重属性，针对国家需求和科学问题来开展。具体包括以下几方面内容。

1）青藏高原极端困难区盐湖资源补充调查与盐湖资源潜力评价

主要对青藏高原可可西里、西昆仑等可进入性差、工作程度低、目前尚缺少基础资料的盐湖开展查缺补漏调研，聚焦对这些盐湖的"资源"和"生态"属性的研究。开展盐湖地质特征、地理特征、水生生物调查，包括湖盆基本构造情况，主要地理要素特征，生物的种群、数量及其分布情况等；开展湖区水文地质和水文地球化学调查，包括湖泊的补径排、不同水体的水文联系、补给水体及湖泊的水化学特征、盐类及碎屑沉积物的特征等。在上述调查的基础上，结合搜集到的数据资料，摸清青藏高原极端困难区盐湖资源的规模并开展盐湖资源潜力评价，重点对 Li、K、B 等具有区域特色和战略意义的资源元素进行评价。

2）青藏高原盐湖关联性资源调查与评价

对柴达木盆地深部油田卤水、深层卤水及西藏地热水资源等盐湖关联性资源进行调查。柴达木盆地深部油田卤水资源丰富，但区域分异程度大，根据已有资料对柴西地区南翼山、油墩子、大风山背斜构造富 K、B、Li、Sr、Br 等开展构造、地形、地层的系统调查和数据集成分析；对柴达木盆地东北缘相对富集 K、Sr 的油田水资源开展调查取样和分析；根据已有钻孔对柴达木盆地现代盐湖盆地深层卤水开展实地调查和分析；对西藏地热泉进行调查和取样，包括构造、地层、水化学等。通过数据集成分析，摸清这些盐湖关联资源的禀赋特征并进行资源潜力评价。

3）青藏高原柴达木盆地古近纪古盐湖钾资源调查与评价

柴达木盆地新生代具有潜在的成钾远景。在充分搜集和吸收消化油气钻井资料及其他深钻资料的基础上，在盆地范围内开展地质构造、沉积特征、地层分布等调查和取样分析工作，对各类深部钻孔的测井等地球物理探测成果进行再解译，分析成盐期的构造格局和演化过程，重建成盐期古地理环境，评价盆地的封闭特征和钾盐成矿条件。

4）青藏高原羌塘盆地中生代古盐湖钾资源调查与评价

羌塘盆地是我国重要的中生代成盐盆地，具有良好的成钾前景。在前人工作的基础上，以川滇藏交界的羌塘盆地东部为重点研究区，开展构造环境、沉积地层情况野外考察，选取构造变形小和地层关系清晰的地区测制剖面，对出露地表的膏盐、碳酸盐及盐泉进行系统取样并开展矿物学和地球化学分析；搜集该地区地球物理勘探资料并进行解译，分析盐岩的保存条件。通过上述工作，结合前人资料解译，获取成盐的构造与环境变化信息，据此明确蒸发岩盆地岩相分布规律，确定蒸发浓缩中心，预测成钾远景区。

5）柴达木盆地盐湖重要资源元素分布调查及富集机理

青藏高原盐湖中赋存大量 K、Li、B、Mg 等重要资源元素。选择柴达木盆地及周缘山脉为重点研究区域，以"盆山耦合"为研究思路主线，开展母岩区岩石组成、矿物组成、岩石地球化学和风化程度，补给盐湖的地表径流、地下径流、冷泉、热泉、深部流体等各水体的分布特征和水化学特征，以及典型尾闾盐湖区不同沉积相带沉积物的矿物学、沉积学特征调查并取样分析。通过野外科学调查和室内样品分析及模拟实验等工作，查明尾闾盐湖现代沉积物空间分布特征及盐类资源赋存状态，阐明盐湖资源关联性和资源元素迁移的"源－汇"地球化学过程。

6）青藏高原柴达木盆地重点盐湖资源开发及其对生态环境的影响

青藏高原已开发盐湖主要分布在柴达木盆地，如察尔汗、东台吉乃尔、西台吉乃尔、昆特依、尕斯库勒等，这些盐湖已开发了几十年或十几年，开发程度相对较高；

西藏仅有少数盐湖得到初步开发，规模也较小。以柴达木盆地主要开发盐湖为重点调查对象，兼顾西藏个别盐湖，系统开展了全方位的水、土、气生态环境调查，如下：对不同盐湖产品开发和生产工艺的调查，确定主要的产污环节和污染源；对盐湖区（包括生产和生活区）水环境的调查和取样分析，包括盐湖湖表卤水、地下卤水、盐湖区地表和地下径流、生活用水、生产用水、废液排放等；对盐湖区土壤环境的调查，包括土壤理化性质、植被覆盖和退化情况、土地盐渍化等；对盐湖企业废气排放情况的调查，包括生产排气和生活排气，此外还包括盐湖毗邻区农作物焚烧等情况；对盐湖区地表环境地质的调查，重点为补水导致的溶蚀塌陷、溶坑、地面沉降、自然景观改变、地层结构破坏等。通过上述调查和分析，结合盐湖开发情况和历史资料数据，重点剖析人为因素（开发活动）对盐湖区生态环境的影响，对青藏高原盐湖资源开发的环境生态影响及资源环境承载力作出评价。

7）青藏高原盐湖科考数据库构建

在野外科考调查和室内分析及多源数据集成的基础上，构建青藏高原盐湖科学大数据库，具体内容包括：盐湖科学数据库系统功能分析与总体设计，盐湖数据现状分析、数据分类及数据共享机制设计，专门针对盐湖资源系统的数据及数据库标准规范建立，跨域异构多源数据整合，数据质量的控制与更新机制等。完成青藏高原盐湖基本信息数据集、青藏高原盐湖空间分布数据集、青海盐田空间分布数据集、青藏高原盐湖多媒体数据集、中国盐湖卤水化学数据集、中国盐湖卤水相化学数据集、中国盐湖晶间卤水水文地质数据集等，完成"青藏高原盐湖资源环境变化报告"及"青藏高原盐湖资源基础数据调查报告"等。通过盐湖科学数据库功能的深度开发，对青藏高原盐湖数据进行科学有效的管理。

3. 具体实施方案

1）以地球系统科学思维为指导，确定科考整体思路

以国家重大需求为导向，针对凝练出的重要科学问题，梳理整体科考思路。根据经费情况和关键科学问题，确定不同专题的科考区域和内容：极端困难区盐湖考察主要针对可可西里、西昆仑等地区的典型盐湖，科考内容包括湖区地质地理概况、基础水文及水化学特征、盐湖沉积特征、水生生物等；古盐湖钾盐调查考察区主要聚焦柴达木盆地和羌塘盆地东部，内容包括基础地质调查、目标层位（盐层或膏盐层）剖面测制和取样、盐泉考察取样等；盐湖资源元素富集机制调查主要以青藏高原北部的昆仑山和祁连山南缘为研究区，以"山（物源区）"为主，兼顾"盆（尾闾盐湖）"和中间过程，主要内容包括母岩区物质组分、资源元素在迁移过程中的地球化学行为等；盐湖资源开发的生态环境效应主要工作区为柴达木盆地，开展重点开发盐湖的水环境、大气环境、土壤环境及地质环境等方面的调查研究工作；各类科考数据最终通过盐湖科学数据库进行汇总，该数据库具有数据分析与科学管理的功能。上述工作以科考为中心，紧紧围绕盐湖的资源属性和生态环境属性来开展各项工作，通过系统科学的思维方法把各个研究方向（子专题）凝聚成一个有机整体。

2）系统解译前人资料，制订详细科考计划

根据整体科考思路，结合不同专题所聚焦的科学问题和研究方向的特点，系统收集和整理调查区已有的盐湖相关基础数据资料，包括区域地质调查资料，物理化学勘探、地质勘探、遥感影像、长观气象和水文资料等。根据资料整理和分析结果，设计和制定野外工作计划。详细工作计划还考虑以下几点：在充分考虑项目（任务）整体科考路线制订的基础上，对于工作区域和考察路线有重叠的研究方向（子专题），进行适当归并并组织内部联合科考，避免重复工作，节省人力、物力；针对要出年度成果亮点的子专题，在当年人员配置和经费分配方面给予适当倾斜；阶段性进行各子专题总结汇报，及时纠偏和查缺补漏，同时各项工作开展对标，弥补不足，提升科考质量。

3）实施野外调查工作，开展样品系统采集

调查极端困难区盐湖及其周缘自然地理、生态环境、水文地质、构造和岩性特征，利用相关的仪器设备获取野外气象、水文、水体理化参数、浅层卤水基本的水文地质参数。重点在羌塘盆地和柴达木盆地开展野外地质调查，以含膏盐的中生代/新生代连续剖面为重点考察对象，同时对区内出露的膏盐、沉积型菱镁矿、盐湖及盐泉等进行全面调查取样；根据不同资源富集特征，选择不同流域进行母岩和沉积物、丰水期和枯水期的水体样品采集，并现场利用便携式仪器测定其物理化学参数。在富锂的洪-那（诺木洪河-那陵格勒）流域及尾闾盐湖、富硼的塔塔棱河-柴旦湖流域采集母岩与河道沉积物、泉河湖等各类水体样品。

以柴达木盆地主要开发盐湖为调查重点，开展这些盐湖的资源储量、产能和产量、矿权设置等基本信息的搜集和整理工作，实地调查企业实际生产情况。对柴达木盆地盐湖生产过程以及盐湖开发影响区的盐尘暴灾害、地质环境灾害、地层结构破坏、地形地貌、植被破坏与退化以及土地盐渍化情况进行调查和取样。

4）开展室内样品分析，集成解译数据资料

根据实际需要搜集高光谱遥感影像资料和高分辨率遥感影像资料，解译和提取盐湖的具体形态、面积、水域、阶地的具体分布和变化等信息；对野外采集的样品进行矿物组成、常量元素、微量元素、同位素、水生生物等全面系统的分析。开展盐湖区地质地理、构造、水文地质、水文地球化学、盐湖卤水水化学特征等方面的室内研究工作。

以贯穿柴达木盆地和羌塘盆地的地球物理勘测数据为基础，通过精细解译获取各盆地的基底起伏、断裂构造展布及盆地样式等信息；结合物探和遥感资料，重建盆地构造格架、盆地分隔演化与改造变形史，预测古盐湖浓缩中心。解析各目的层位的成盐成钾条件与资源远景，构建各成盐盆地的成盐成钾理论模型，圈定成钾远景区。

结合气象、区域地质、水文、自然地理等基础数据，分析盐湖的自然演化规律及其与气候变化、区域地质背景、补给流域变化等之间的关系，探讨不同控制因子条件下盐湖资源系统变化的响应过程，分类评估青藏高原盐湖战略资源潜力及开发条件。以柴达木盆地察尔汗盐湖区等人口聚居区和绿洲地带为重点，开展生态环境调查和分析，研究盐湖开发对区域生态环境的影响。

5) 总结、形成各类图件、数据集和科学报告

分别总结上述研究成果,形成专题数据集、图件等;聚焦科学问题,围绕国家战略需求,进行各类数据和资料的综合集成和成果凝练,形成各类科考专题报告及咨询报告。

6) 建立共享数据库并实现数据汇交

构建专门针对第二次青藏高原综合科学考察队盐湖科学数据的数据共享、数据、元数据和数据库建设的规范,基于系统功能设计系统支撑层、数据层、平台层等整体架构。从数据下载、数据服务、建立知识库、提供数据发表及科研协同等方面入手,实现相关的数据共享和数据服务。

4. 本科考队前期工作基础

1) 盐湖资源调查及成矿研究

本书虽然涉及内容及学科领域相对较多,但科考队前期已经承担过大量科学调查、考察、资源勘探与评价相关的工作,全面掌握了盐湖及盐矿资源调查的手段和方法。本科考队长期从事国内外盐类矿床成矿机理和成矿预测的研究工作,在西藏阿里地区、可可西里地区、羌塘地区、塔里木盆地、柴达木盆地、兰坪-思茅盆地、老挝万象盆地、沙空那空盆地等国内外重点成钾盆地均开展过大量科研工作,积累了丰富的资料,并在资源的勘察、预测和找矿实践中取得了重要成果,对于寻找资源靶区来说有丰富的理论和实践积累。

2) 古钾盐研究

前期在青藏高原柴达木盆地、羌塘地区已开展了中生代/新生代古环境演化、盐矿资源与生态环境演变、钾盐资源勘察及开发利用等多方面的工作,积累了相关领域的大量数据,对这些区域的钾盐资源潜力已有一定的认识。此外,本科考队通过国家重点基础研究发展计划"中国陆块海相成钾规律及预测研究"项目的相关研究工作,对涉及羌塘盆地、兰坪-思茅盆地、呵叻高原一线的特提斯构造域中生代/新生代的古钾盐成矿条件、机理和后期演化方面也有了较为深入的理解,认识到中生代/新生代特提斯域成矿带发育汇聚型成钾作用。在羌塘地区的成盐成钾条件方面,部分研究工作(如古海水模拟蒸发实验、原生石膏的成盐条件指示等)目前仍在进行中。近年来,地质调查和柴达木盆地内的石油勘探发现了青藏高原羌塘盆地大量的中生代/新生代盐泉分布及柴达木盆地西北部古近纪厚大的石盐层。这些工作均显示了青藏高原腹地具有较好的成钾远景。以上工作积累均可为本课题的相关研究工作提供理论认识和实际资料等方面的支持。

3) 资源利用及产业化研究

针对青藏高原盐湖,本科考队前期已对西藏的扎仓茶卡盐湖、拉果错盐湖、扎布耶盐湖、龙木错盐湖、结则茶卡盐湖,青海的东台吉乃尔盐湖、西台吉乃尔盐湖、大柴旦盐湖、小柴旦盐湖、察尔汗盐湖、昆特依盐湖、马海盐湖,柴达木盆地南翼山油田水等进行了 Li、B、K、Mg 等资源综合利用的实验室规模、中试规模、产业化规模

的深入研究,同时对盐湖和油田水稀散元素 Rb、Cs、Br 的提取开展了基础性的研究工作,积累了大量的基础性数据和产业化经验。近年来通过野外调查、资料搜集、实地考察,基本摸清了青藏高原重点盐湖区资源的分布,对 Li、B、K、Mg 等资源储量有了深入的认识和掌握。此外,对国外和国内盐湖资源的综合利用,尤其是 Li、B、K、Mg 等资源的开发利用技术和生产状况基本掌握了。

4)盐湖生态调查研究

近年来,针对气候变化和盐湖大规模开发引起的资源环境问题,本科考队在盐湖有机及金属污染物排放路径及影响、盐湖区水资源承载力、盐渍化及边坡生态护理和修复机理等方面也开展了相关工作,获得了一些重要认识。

5)盐湖科学数据集成与分析研究

前期完成了盐湖资源与环境专题数据库和部分溶液相化学数据库的建设,积累了数据库建设的经验,也有了一定的基础数据,为本书最终成果的管理与共享提供了技术支持和数据基础。

本科考队队员长期在青藏高原盐湖区开展工作,对区域自然条件、地质环境、盐湖资源状况及开发情况等均比较熟悉,这为本书研究开展奠定了良好的工作基础,如在考察方案设计与实施方面更能因地制宜、找准关键,也更加能提高国家科技资源的使用效率。

由于长期在盐湖区开展工作,本科考队与盐湖开发企业普遍建立了良好的合作关系,了解企业实际需求,在项目实施过程中也较容易获得企业的支持与帮助,这为本次科考成果转化奠定了良好基础。

第 2 章

青藏高原盐湖区区域概况、
盐湖分布特征及成因

　　我国是一个盐湖资源大国，盐湖广泛分布于青海、新疆、西藏、内蒙古等省区，面积大于 $1km^2$ 的盐湖超过 1500 个。其中，青藏高原是我国盐湖的最主要分布区。盐湖通常是指矿化度大于 50 g/L 的湖泊，也包括由盐类沉积和晶间卤水组成的，无湖表卤水的干盐湖。盐湖中蕴藏着大量可供人类利用的自然资源，如石盐、碱、芒硝、钾、镁、锂、硼、溴、铷、铯、硝石、石膏等，其中青海和西藏的钾、硼、锂资源最为丰富。98% 的钾资源、超过 80% 的锂资源、50% 的硼资源、50 亿 t 镁资源均赋存在盐湖卤水中。盐湖中还有巨量的石盐、芒硝、天然碱、硝酸盐等矿产资源。这些盐湖资源是我国具有国际优势的无机矿产资源，其中钾盐、锂、镁、硼、钠盐、铷、铯等资源关系我国资源安全和战略安全，对国民经济发展和国家安全具有重大的战略意义（郑喜玉等，2002；郑绵平等，1983）。

　　青藏高原因其独特的地理位置和自然条件形成了独具特色的盐湖资源，但由于自然环境恶劣，除青海柴达木盆地等少部分地区外，目前对高原上大量分布的盐湖的研究和开发程度仍然较低。

2.1　青藏高原盐湖区自然概况

　　青藏高原位于我国西南部，其拥有复杂的地理环境、特殊的地势，总体地势自西向东渐缓。青藏高原是地球上一个独特的地理单元，其周边基本由大断裂带所控制，由一系列高大山系和山脉组成，东起横断山脉，西至帕米尔高原，北达祁连山、阿尔金山和昆仑山北部，南到喜马拉雅山脉南缘。东西长约 2800 km，南北宽 300 ～ 1500 km，总面积约 $2.5×10^6$ km^2，平均海拔约为 4500 m（Zhang et al.，2017；姚檀栋等，2010）。青藏高原的形成与地球上最近一次强烈的、大规模的地壳运动及喜马拉雅造山运动相关，其地形发育主要表现为高原边缘山地活跃的外营力作用，以及强烈的切割地形，内、外流水系的转变及广泛的现代侵蚀与堆积作用（郑度和赵东升，2017）。经过强烈的隆升，高亢的地势、中低纬度的位置，决定了青藏高原的自然环境特征。

　　青藏高原是地球上海拔最高的高原（马荣华等，2011），青藏高原具有独特的气候特征，降水量较少，平均降水量约为 400mm，受到地域分布不均匀的影响，由东南向西北方向降水量逐渐递减，东南部降水量最多高达 1000mm，最少时仅仅约 20mm（Zhang et al.，2017）。其日照时间较长，全年日照时数长达 2800h 以上。由于海拔较高，空气稀薄干燥，昼夜温差大，气温偏低，冬季干燥寒冷，年平均气温低于我国同纬度地区（间利等，2019）。

2.2　盐湖区分布特征

　　青藏高原具有独特的自然地理环境和成盐地球化学背景，区内发育了星罗棋布的现代盐湖，青藏高原是现代盐湖最发育的地区之一。青藏高原盐湖集中分布于羌塘高原内流区、可可西里、柴达木盆地和新疆阿尔金自然保护区等区域。青藏高原不同地块差异隆升过程中形成的大量断陷封闭性内陆湖盆，晚更新世——现代持续的干旱气候，以及富含成盐元素的各种天然水流，特别是富含硼、锂、铷、铯等的地下热水的长期补给等地表过程共同决定了青藏高原盐湖的分布规律（郑绵平等，1983）。

藏北区域的羌塘、可可西里内流区呈现盐湖、咸水湖和淡水湖交织分布的格局，藏北高原盐湖总面积相对于青藏高原其他区最大，达 15524 km²，湖泊总数达 1612 个（郑绵平等，1983）。具体分布特征如下。

藏北高原内流区位于青藏高原中西部，是青藏高原的重要组成部分，内流区面积约 70.96 万 km²，面积占比约 30%，内流区分布有 6000 多条冰川，形成了大小不等的内流湖泊及众多封闭的湖泊流域，大于 1 km² 的湖泊有 900 多个，约占青藏高原湖泊总面积的 90%（张建云等，2019；崔志勇等，2014）。其坐标为 29.67°N ～ 38.63°N，78.66°E ～ 93.66°E。区内年均降水量 50 ～ 300 mm，80% 以上的降水集中在 6 ～ 9 月，气候干冷多变，该区平均海拔为 4900 m，人口稀少，交通不便，属于典型无人区。羌塘高原由于强烈不均匀的隆起和喜马拉雅构造运动的持续作用，形成了高山峻岭、构造湖盆及丘陵山地等地形地势，平均海拔为 4500 m，盐湖数量较少，但是构造形成的昂拉仁错、扎日南木错、纳木错等为该区域较大的湖区（郑喜玉等，2002；孙鸿烈等，2012；王珂等，2019）。

可可西里区内高寒多风、气候干旱，也发育了较多数量的盐湖，是青海盐湖的一个亚区。据《中国盐湖志》及相关文献等早期资料记载，该区有大小盐湖 20 余个，但该区域属高原高寒内陆湿地荒漠区，极少受人类活动的影响，区内盐湖矿化度主要受气候变化控制。近年来随着青藏高原暖湿化趋势的增强，区内盐湖水体扩张，矿化度急剧变小。2016 年底中国科学院青海盐湖研究所对可可西里区内西金乌兰湖、勒斜武担湖、盐湖等多个湖泊水体调查发现，上述湖泊矿化度都不足 100 g/L，而据 20 世纪七八十年代的调查结果，这些湖泊的矿化度大概在 300 g/L。因此，可可西里盐湖在最近几十年气候变化的背景下已很大程度上出现淡化，甚至其原有的盐湖特征改变而成为咸水湖。2016 年调查显示，区内矿化度大于 50 g/L 的盐湖不足 10 个。

柴达木盆地是我国盐湖分布最多的区域之一。盆地内共有大小湖泊 64 个，其中平原湖泊 49 个，山区湖泊 15 个；盆地内共有大于 1km² 的湖泊 47 个。柴达木盆地为一个大型内陆盆地，面积约 240000km²，可分为察尔汗盐湖区、东西台吉乃尔——里坪湖区、大小柴旦湖区、马海湖区、昆特依湖区、大浪滩湖区和尕斯库勒等 7 个湖区（高小芬等，2013；郑绵平，1989）。柴达木盆地的盐湖资源储量大、品位高，在我国占有十分突出的地位。分布在盆地中心平原区的湖泊，多属地表水和地下水的汇流中心，湖水主要由河流和地下水补给，补给量较小，除克日勒克诺尔是有源外泄的淡水湖外，其他均是有源闭流的咸水湖和盐湖，湖水消耗于蒸发，矿化度高，湖水深度不大，蓄水量也较小，湖岸低平，湖泊面积随季节发生变化；分布在昆仑山北麓海拔 4000m 以上的山区湖泊，多为有源外泄的淡水湖，接受山区降水、冰雪融水和裂隙水的补给，补给量大，湖水消耗于河流排泄，湖水较深，储量较大，对流入柴达木盆地内的河流具有一定的调节作用。

青藏高原北部新疆东南部的阿尔金山和昆仑山南侧区域的库木库勒盆地，海拔

4500 ～ 5000 m，面积为 4×10^4 km^2，也是青藏高原主要盐湖分布区域。总体上看，青藏高原的盐湖受区域地质环境背景控制，类型上有明显的分带性，主要有柴达木硫酸盐－氯化物型盐湖带和藏北碳酸盐－硫酸盐型盐湖带。柴达木盆地无碳酸盐型湖，硫酸钠亚型湖只有小柴旦湖，硫酸镁亚型湖数量最多。藏北盐湖以碳酸盐型和硫酸钠亚型为主，硫酸镁亚型次之（陈克造等，1981）。

2.3 盐湖的成因及演化过程

2.3.1 盐湖的形成

无论是海相还是陆相成因的蒸发岩盆地，盐湖的形成都需要三个条件：构造、物源和气候。

（1）构造条件。

板块运动驱动下发生各种构造运动，导致一些地方隆起形成山脉，而毗邻地区则凹陷形成盆地。这些封闭的盆地为水体储存和盐湖的形成提供了空间。同时，构造运动所形成的深大断裂还为深部流体上升提供了通道，高大山脉的隆起也为盆地干旱气候的形成提供了必要构造环境。

（2）物源条件。

不同形成环境的蒸发岩，它们的物源也不一样。对于陆相盐湖来说，盐分主要来自周边山区岩石的淋滤风化，这些岩石中的钾、钠、钙、镁等元素进入河流并随之迁移到盐湖盆地中，成为盐湖最主要的物质来源。而海相蒸发岩盆地的物源主要来自古海水。青藏高原地区的盐湖，由于构造运动活跃，来自地下深部的富含硼、锂的热泉通过深大断裂补给地表的盐湖，从而形成了众所周知的富硼、锂盐湖，如柴达木盆地的东台吉乃尔盐湖、西台吉乃尔盐湖以及西藏藏北高原的很多盐湖。

需要补充说明的一点是，由于海相蒸发岩的物源是巨量的海水，这比陆相蒸发岩的物源要多得多，因此世界上所有超大型钾盐矿床都是海相蒸发岩。

（3）气候条件。

在全球大气环流和区域构造环境影响下，盐湖发育地区往往气候干旱或极端干旱，从而导致湖水大量蒸发，钾、硼、锂等元素才能不断在湖泊中积累并富集成矿。

在上面三个必要条件的耦合下，水体携带的盐分不断在成盐盆地中富集，经过长时间的演化，最终形成了高含盐的盐湖。目前看到的现代盐湖，随着时间的推移会逐渐消亡，最终埋藏在地下而形成古代盐湖。这就是盐湖演化的一般过程。

2.3.2 青藏高原盐湖成因

青藏高原湖泊种类繁多，主要在长期内外营力作用下形成，按成因将其划分为冰川湖、河谷淤积湖（杜塞湖、牛轭湖）、堤间湖、盐溶湖、陷坑湖、热水湖、火山湖、构造湖等八种类型，其中，构造湖包括山间断块深盆、带内拗断湖盆、微裂谷湖盆、走滑湖盆等成因的湖泊。青藏高原盐湖盆地以构造为主，多为断陷盆地和继承性拗陷盆地，冰川和河流因素形成的较少（郑绵平等，1983；钱方和马醒华，1979）。

青藏高原盐湖主要形成于陆 - 陆碰撞带的地质构造背景，在其南部出现了一系列 SN 向张（扭）性微裂谷或断陷洼地和 NW 向、NE 向扭性断裂控制的断拗盆地等（郑绵平等，1983）。此外，沿湖盆断裂带常有水热活动，并有由北至南逐渐变新、水热活动强度增强的趋势；深部 Li、B、K(Cs、Rb) 等矿物质则以热泉形式大量补给盐湖，在青藏高原特种盐湖区，热水活动产物古钙华和古硅华分布广泛，罕见近代含矿质火山补给。青藏高原若干特种盐湖在物质成分上除富 Li、B、K 外，还以富 Cs 为其特征。青藏高原主要由不同的板块自北向南拼贴而成，冈瓦纳大陆向北推移，使该区整体隆起，形成高原，高原自身内部差异性抬升，产生断裂，发育为断陷盆地或者宽而大的裂谷，为盐湖形成提供了湖盆盆地条件（郑绵平，1989）。

青藏高原的内陆河流和泉水（地下水）最终汇入了湖泊中，成为湖泊水的重要来源，湖水的物质成为盐湖形成的主要物源。地表水系，尤其是内流地表水系，为封闭盆地和盐湖湖表水的主要补给来源，为盐湖成盐元素迁移、搬运的重要载体（郑喜玉等，2002）。此外，对于青藏高原盐湖而言，除流域地表水汇流聚盐过程外，溶滤 - 渗入水、地热水，也是为高原湖区提供重要补给的地下水资源。高原常见的常温淡泉水出露在地表的露头，尤其在湖泊边缘砂泥交替带和断裂交错位置处，形成的溶滤-渗入水，为盐湖提供了水源补给。高原地热水分布广泛，温泉点（群）达到 600 多处，局部还有泥或山水，高原温泉多沿北南、北东、北西 - 北西西向活动断裂带分布，尤其在两组及其以上断裂交叉处形成，温泉成组、成群分布，并在高原几条缝合线附近较为密集。

青藏高原具有明显的干旱 - 半干旱大陆性气候特征，封闭性汇水盆地有利于湖盆和盐湖的形成演化与盐类物质的沉积。适宜的干旱或半干旱气候是指在干旱气候的总趋势下，干燥气候和相对潮湿的气候不断地交替出现。干旱气候是加速湖水蒸发浓缩、促进盐湖成盐作用发生的重要条件，而在干旱气候的总趋势下出现的相对潮湿气候，则是促使盐湖盆地和盐湖中成盐物质不断增加和富集的重要条件。干旱气候是加速盐湖卤水蒸发浓缩和引起成盐作用发生的重要因素，但并不是唯一因素。湖底地形的不均匀起伏会促进卤水的迁移，从而加速卤水的分异作用。不同来源、含盐成分不同的卤水相互混合将导致卤水含盐成分的变化和水化学类型的改变，因而也会引起盐类矿物的结晶和沉淀。

处于不同地质背景的盐湖，其盐类物质的主要来源是不同的。总体上，青藏高原盐湖中盐类物质普遍来源于岩石风化产物（陈克造等，1981）。湖盆形成以后，各种盐类离子成分通过地表或地下径流搬运至汇水盆地中，在干旱的气候条件下，湖盆中的水经过不断蒸发，湖盆中的盐类物质逐渐浓缩富集，经过长期的盐湖蒸发，富含成盐元素的水体在干旱为主的气候条件下长期演化和反复淡化与浓缩过程中产生，形成了含盐量很高的盐湖。封闭或半封闭的盆地是指那些内流湖泊盆地和大小不等的汇水洼地。这些湖泊盆地和汇水洼地使湖水不能外流而不断地汇集，有利于成盐物质通过径流等方式不断地向湖泊迁移和聚积。

第 3 章

青藏高原隆升的动力机制

青藏高原的隆升过程是一个长期的大地构造运动演化过程，是多个陆块从冈瓦纳（Gondwana）裂解向北漂移在不同时间与欧亚板块碰撞的结果。这些陆块主要包括北羌塘、南羌塘、拉萨、喜马拉雅和印度。印度次大陆板块是最后一个与欧亚大陆碰撞的陆块，印度、欧亚板块的碰撞也是青藏高原新生代造山隆升的主要原因。通过新提出的大陆漂移驱动机制模型，结合印度洋区域深反射地震勘探和地磁异常等地球物理资料，对印度持续漂移运动的动力机制进行深入研究，给出印度次大陆板块北漂中伴随左旋的合理解释。用原创性的理论模型和定量计算，在实际观测证据的支持下，揭示青藏高原新生代隆升的动力机制。

3.1 印度陆块向北运动研究的历史现状

冈瓦纳大陆自 650 ~ 550 Ma 前形成以来，不断发生大陆裂解事件，并不断发生板块漂移、大洋消亡和大陆拼合。印度大陆板块从冈瓦纳裂解向北漂移只是最后的一个陆块拼合碰撞造山事件。在板块构造理论框架中，印度洋板块为全球六大板块之一，它包括印度大陆和澳大利亚大陆两个次大陆板块，其余以大洋岩石圈为主，主体属于大洋板块。但近期的研究发现，同属印度洋板块的印度次大陆板块与澳大利亚次大陆板块漂移的历史显著不同步。来自印度大陆的古地磁证据表明，从 180 Ma 前至今印度次大陆板块向北至少漂移了 6000 km 以上，伴随着高达近 60° 的逆时针旋转，而且在80 ~ 40 Ma 前漂移速度显著加快。澳大利亚次大陆于 55 ~ 53 Ma 前开始从南极洲大规模裂解北漂，其漂移距离显著小于印度次大陆板块，也没有发现显著的左旋运动。这说明印度次大陆板块和澳大利亚次大陆板块具有显著不同的构造运动历史，应该分别进行讨论。

在大陆漂移理论框架中，硅铝质的大陆板块（主要指陆壳）是漂移在黏性的硅镁质洋底上的，也就是说，大陆地壳相对于大洋地壳发生了运动。印度次大陆板块从位于南半球的冈瓦纳大陆裂解并漂移到当前位置已得到广泛认可，但板块运动的驱动力自魏格纳提出大陆漂移假说至今一直存在争议。早期认为是地幔对流所致海底扩张"bottom up"模式主导，目前较为普遍接受的是俯冲拖拽"top down"模式。对于印度大陆板块北漂的动力前人也是按照这两种模式进行解释的。

第一种模式认为，印度大陆板块的北漂是印度洋的海底扩张造成的，但诸多的观测事实却并不支持这个结论，因为在印度洋上存在大量古老微陆块。第二种模式认为，特提斯洋俯冲到欧亚板块之下，产生向下的拉力，拉动印度次大陆板块从冈瓦纳大陆裂解并向北移动到当前位置。近期进一步研究认为地球自 5 亿年以来，大量陆块从南方的冈瓦纳大陆不断裂解北漂，似单程列车，而驱动列车单向运行的机制是俯冲板块的重力作用。这个模式的优点是可以很好地解释印度洋上的大陆残片成因机制，但却存在更多难以合理解释的问题：①解释不了从南方冈瓦纳大陆裂解的第一个陆块北漂的驱动机制是什么。因为 5 亿年前冈瓦纳大陆主要聚集在南半球，北半球还是大洋，因此第一个陆块北漂过程中并不存在大洋板块的俯冲拖拽作用，因为没有可供俯冲的大陆在北半球。②印度、欧亚板块陆陆碰撞发生在 65 Ma 前左右，特提斯大洋俯冲板片于（45±5）Ma 前已经断离。但是印度大陆仍以每年数厘米的速度向北俯冲，因此必然还有其他的驱动力没有被考虑到。③按照海底扩张模型，特提斯洋的形成应该存在洋中脊，如果大洋板块俯冲拖拽力真实存在，势必在巨大的拉力作用下在洋中脊处把特提斯洋拉断，而不能将拉力传到印度大陆板块。④俯冲拖拽拉力是以大洋岩石圈榴辉岩化为基础的，但榴辉岩在 70 km 深度才能形成高密度体，在这之前它们密度小，不能提供向下的拖拽拉力。岩石断裂力学也不支持俯冲板块负浮力观点。另外，该模式也解释不了大西洋裂解过程中两侧陆块漂移的驱动力，因为那里并不存在俯冲带。因此，俯冲板块拖曳力模型仍存在极大争议。

以上分析说明印度板块漂移还存在很多问题，主要包括：①印度板块北漂的动力机制是什么？②印度洋上诸多大陆残片是如何形成的？③印度大陆板块在北漂过程中为什么存在逆时针旋转？针对这些问题，本章基于我们最新推出的大陆漂移模型，结合近期的深反射地震观测剖面，在详细构造地质解释基础上，定量计算了印度板块重力滑移驱动力的大小。结果说明，印度板块漂移的动力机制是印度大陆板块自身重力滑移，其北漂中左旋的原因是印度南部两侧重力滑移驱动力大小不一。梁光河所提出的新的大陆漂移模型为认识板块运动驱动力和超越板块构造进行了新探索。

3.2　印度陆块向北运动过程

印度大陆是一个克拉通陆块，在其以南的广阔的印度洋上分布着很多微陆块和洋底隆起，主要包括塞舌尔（Seychelles）微陆块、依兰班克（Elan Bank）微陆块、纳多鲁列斯洋底高原（Naturaliste Plateau）、厄加勒斯洋底高原（Agulhas Plateau）、莫桑比克（Mozambique）微陆块和埃克斯茅斯（Exmouth）洋底高原等。塞舌尔群岛被认为是一个在约 64 Ma 前由于海岭断裂而孤立存在于印度洋中的晚前寒武纪大陆碎块，ODP183 航次 1137 在依兰浅滩凯尔盖朗海台西部的凸出部分玄武岩层序内的砾岩中发现了元古宙大陆岩石碎屑。总之，大陆残余物质可能广泛地散布在印度洋的岩石圈中，它们孤立存在并被保存下来。

印度大陆经保克海峡（Palk Strait）与斯里兰卡陆块隔海相望，保克海峡宽 53 ～ 80 km，该海峡北部存在一个中新生代盆地——高韦里（Cauvery）盆地。印度中南部的德干高原（Deccan Plateau）上发育巨厚德干玄武岩，这些玄武岩最早喷发时间约为 66 Ma 前。古地磁研究表明，印度大陆向北移动。印度板块在 71 Ma 之前还位于遥远的印度洋南部，其中心点位于南纬约 35° 的地方，200 Ma 之前还位于南纬 45° 左右。印度板块的确是从遥远的南方漂移到当前位置的，印度板块的漂移速度也是变化的，在 80 ～ 40 Ma 前速度达到 8 ～ 18cm/a。

印度洋和西南印度洋上发育了"入"字形的洋中脊，其中北西向分布的印度洋洋中脊与红海洋中脊相连，而北东向分布的西南印度洋洋中脊在北端与印度洋洋中脊相交，形成三叉洋中脊特征。在印度大陆南部西侧发育了南北走向的查戈斯拉卡迪夫脊

（Chagos-Lacedive Ridge），著名的马尔代夫火山岛链位于其北段，该区域属于火山型被动大陆边缘盆地，而东侧则位于孟加拉湾，属于贫岩浆型被动大陆边缘盆地。

图 3.1 显示印度洋中分布有广泛的古老微陆块残片，而且在印度洋的磁异常图上也没有发现平行于洋中脊的磁条带特征，这些证据都不支持海底扩张模式。

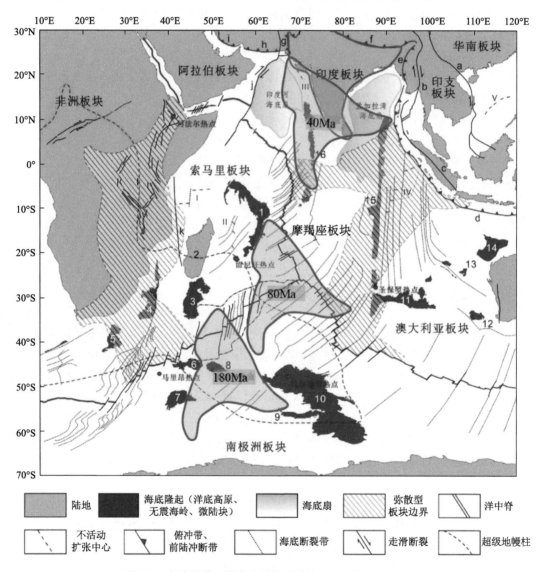

图 3.1　印度洋盆及周缘大地构造略图（李江海等，2015）

3.3　陆壳重力滑移自驱动模型

梁光河和杨巍然（2022）最新的研究说明，大陆漂移的动力机制是多个连续的地幔上涌形成的伸展构造和陆壳重力滑移。图 3.2 为新大陆漂移重力滑移过程示意图。

图 3.2(a) 说明地幔热上涌形成伸展构造，使得大陆地壳发生拉伸减薄形成一系列正断层。地幔上涌在地壳下部的莫霍面造斜，在倾斜的莫霍面上重力作用使得陆壳发生重力滑脱而移动，处于中心的上涌地幔在洋中脊处喷发出玄武岩并发生降压 [图 3.2(b)]，注意：这里为了强调滑移后的虚脱降压而进行了适当夸大，并不代表实际发生。已经移动的地块必然会在后面发生降压，降压会诱发下面固态地幔进一步发生熔融，熔融的上地幔因体积膨胀进一步上涌，上涌的地幔再进一步造斜从而推动地块进一步移动，这是一个连锁的莫霍面造斜和重力滑脱过程。这个过程也会使得减薄的陆壳碎片残留在大洋壳上 [图 3.2(c)]。

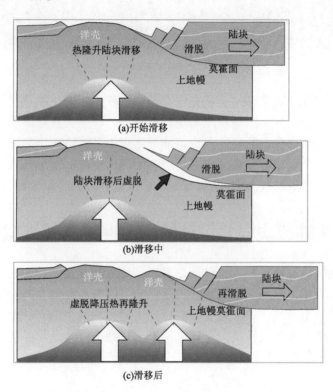

图 3.2　新大陆漂移重力滑移过程示意图（梁光河，2022）

　　上述连续重力滑移造成的结果是大陆板块仰冲在大洋板块之上发生漂移。大陆板块之所以能够克服巨大阻力向前滑移，很重要的一个原因是大陆板块迎冲在大洋板块上，很多含水矿物进入俯冲带，无论陆壳还是洋壳在含水情况下熔融温度下降数百度，因此俯冲进入下地壳区域就会发生部分熔融，形成软弱带，大陆漂移类似大陆板块不断陷入软泥的过程（图 3.3）。这个新的大陆漂移动力模型说明，大陆板块漂移之后，可能在大洋上散落大陆残片，也可能留下火山岛链（火山爆发）和断裂带等漂移尾迹。在大陆裂解中心区域，地幔上涌能量很大，上升到更高的位置而成为洋中脊，而在特殊情况下，如降压熔融程度更大情况下，也可能产生更充足的岩浆，岩浆上涌更高产生更大规模的伸展构造，形成海底高耸的海山和洋脊（显示为洋中脊特征），即发生洋中脊跳跃现象。

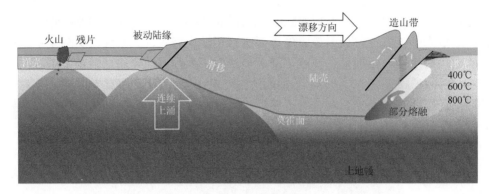

图 3.3 新大陆漂移重力滑移驱动模型示意图（梁光河，2022）

作者提出岩浆脉动式推动结合陆壳自身重力滑移为主的"滑移推力"驱动模型，这个模型显著的特征是，大陆漂移尾部是伸展环境，存在大量正断层（图 3.3），因此会从大陆板块上撒落部分大陆残片，也可能产生火山岛形成火山岛链和漂移尾迹。马尔代夫岛链就是一个在印度板块漂移之后产生的火山基础上发展起来的珊瑚礁群岛，其火山岛基底区域散落着很多大陆残片。这个模式还需要更详细的地球物理证据支持。

3.4 印度大陆板块向北运动的综合地球物理证据

这个新的大陆漂移驱动模式能够合理解释印度板块北漂的动力机制，那就是印度板块南部的岩浆上涌，形成了马尔代夫岛链，马尔代夫岛链的北端与印度大陆板块的接触界面形成了一个斜坡，该斜坡上部是印度大陆板块。在该斜坡上的陆壳巨大重力滑移推动下，印度大陆板块被推向青藏高原下部。这个模式也能够得到地磁学和高精度反射地震勘探等证据的支持。

3.4.1 印度大陆板块向北移动的地磁学证据

红海是一个新生代才裂开的新海洋，红海磁异常并不呈条带状与洋中脊平行分布，而是呈现团块状，有时候磁异常甚至与洋中脊垂直（图 3.4 中黑色箭头 1 所指的区域，图中白色的线条代表洋中脊），而红海的形成也可以看作是阿拉伯克拉通板块从非洲大陆板块裂离并向北漂移了，形成了这种并不与洋中脊平行的磁异常特征。同样地，印度洋上的磁异常并不与洋中脊平行，也呈现团块状（图中黑色箭头 2 所指的区域），这说明印度大陆板块向北漂移也能得到磁异常观测事实的支持。而通过大西洋裂解建立的海底扩张假说在这里得不到地磁异常的支持。这些观测事实说明，采用新的模型能够合理解释印度大陆板块的漂移动力机制。

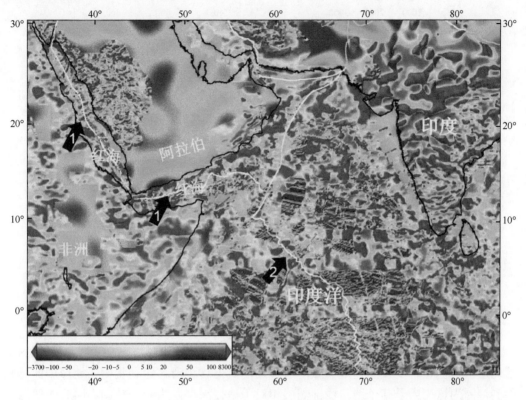

图 3.4　印度洋地区磁异常图
据 Koehonen 等（2017）修改

3.4.2　沿莫霍面滑脱的岩石力学证据

印度大陆板块是否能够沿莫霍面产生重力滑移，取决于莫霍面两侧的岩石物性及力学性质。图 3.5 是板块构造研究中给出的大陆地壳和大洋地壳岩性差应力结构特征模拟结果图。大陆地壳中，上地壳、下地壳和上地幔分别以花岗闪长岩、麻粒岩和橄榄岩为主要组成岩石。而大洋地壳中，洋壳和上地幔分别以辉长岩（或玄武岩）和橄榄岩为主要组成岩石。从流变力学强度看，大陆地壳与上地幔之间存在软弱层莫霍面，它完全可能成为一主要滑脱面。而大洋地壳与上地幔之间不存在软弱层，不可能产生滑脱。而且大洋地壳也不存在类似大陆地壳的显著分层结构，没有上地壳和下地壳的显著分层。由此推测大陆地壳可以在莫霍面上发生重力滑移，而不能在大洋地壳与上地幔之间的界面上发生滑移。洋壳区域因不存在莫霍面附近的软弱层则不能发生滑移。如果大陆地壳和洋壳是一起随岩石圈运动，那么便不可能遗撒大陆残片在洋壳上。

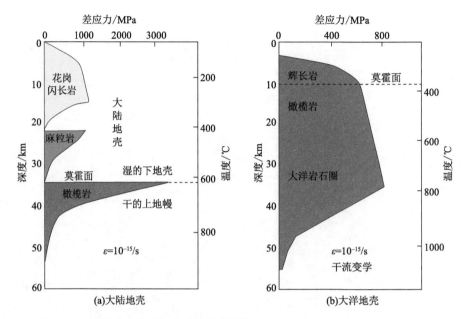

图 3.5　大陆地壳和大洋地壳岩性差应力结构特征模拟结果图（Jackson，2002）

ε 表示流变系数

　　由图 3.5 可知，50 km 之下无论大陆地壳还是大洋地壳都存在一个软弱层，在这个软弱层上它们也可能发生速度一致的滑移运动，但这种滑移运动我们在地球表面感知不到，因为这相当于整个地球浅部圈层相对于地幔深层发生统一转动。因此即便这个运动存在，也仅相当于大陆地壳漂移的一个背景运动，并不妨碍大陆地壳的滑移运动。在 50 km 以下的软弱区域是否可以发生滑移运动还需要更多的证据和更深入研究。

3.4.3　印度大陆板块向北移动的地震学证据

　　上述给出的重力滑移驱动模型也能在当前地球物理勘探资料中得到证明。作者收集了横跨印度大陆南、北边界的 3 条地震勘探剖面资料，其中两条来自印度大陆南部被动大陆边缘盆地，它们是人工深反射地震勘探剖面，这些地震勘探资料过去用于石油勘探中盆地沉积相和生、储、盖的研究，关注点主要局限于沉积盆地的内部构造和岩石物性变化，但本次研究中作者对它们进行了更宏观的构造地质解释，更关注沉积盆地基底及上地幔部分的构造特征，并将其用于大陆漂移的动力学研究，对这些被动大陆边缘盆地区域的莫霍面倾角进行了详细估算，得到了地壳重力滑移剪切力，用于解释地壳运动的动力机制。而另一条剖面来自印度大陆北部，它是天然地震接收函数剖面的地质解释。图 3.6(a) 是横跨印度大陆板块的地震勘探测线分布图。其中，*A—B* 剖面是孟加拉湾区域的一条石油地震勘探剖面，该剖面长约 480 km，探测深度 40 km，而 *C—D* 剖面是羚羊勘探计划 -2 测线利用天然地震 *P* 波接收函数得到的地质剖面，该剖面长度约 700 km，探测深度 100 km［图 3.6(b)］，该剖面清楚地显示印度陆壳厚度约 40 km，它已经俯冲到青藏高原深部，最深约达到 75 km。*E—F* 是另一条石油地震勘探剖面，长度约 310 km，探测深度 40 km。

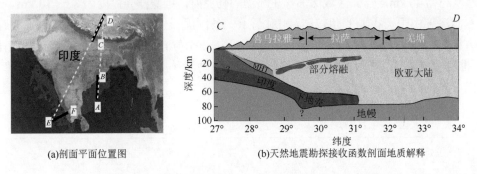

(a)剖面平面位置图　　　　　(b)天然地震勘探接收函数剖面地质解释

图 3.6　印度大陆板块周边地震勘探剖面（Xu，2015）

图 3.7 是 A—B 反射波法石油地震勘探剖面及构造地质解译。图 3.7(a) 中可以明显区分三个地质单元：沉积层、印度大陆地壳和上地幔，印度大陆地壳和上地幔之间是非常明显的莫霍面，且莫霍面连续延伸到南部的沉积层和洋壳之间，莫霍面呈现向北倾斜的特征，最大倾角约 14°。图 3.7(b) 为 (a) 剖面的构造地质解释结果。在该剖面上，可以区分出陆壳、过渡带和洋壳，其中，陆壳厚度大约 40 km，而洋壳与上地幔之间没有明显的反射层，中间的过渡带是典型的被动大陆边缘盆地。图中把深部弱反射和杂乱反射区域解释为上地幔区域。

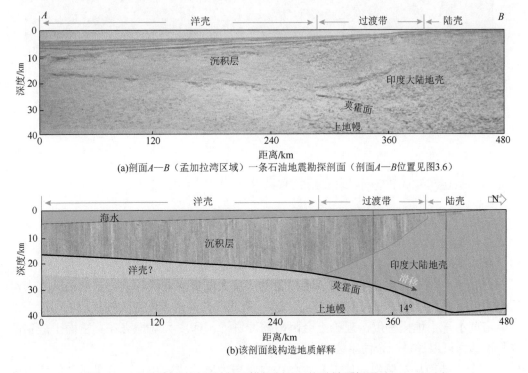

(a)剖面A—B（孟加拉湾区域）一条石油地震勘探剖面（剖面A—B位置见图3.6）

(b)该剖面线构造地质解释

图 3.7　A—B 反射波法石油地震勘探剖面及构造地质解译（ION，2014）

图3.8是 E—F 段石油地震勘探剖面及地质解释。在该剖面上，可区分出过渡带和洋壳，陆壳厚度约为40 km，洋壳区域深部存在断续的强反射，推测洋壳厚度为 8 ～ 10 km。该剖面右侧深部由于莫霍面倾角较陡，相对于上一条剖面反射信号较弱，但依然能够追踪。图中方框部分说明印度大陆壳和上地幔中间存在一个倾角更陡的莫霍面，最大倾角约27°。推测它能够提供更大的重力滑移驱动力。重力滑移驱动力的大小需要定量计算才能得出可靠的结果。

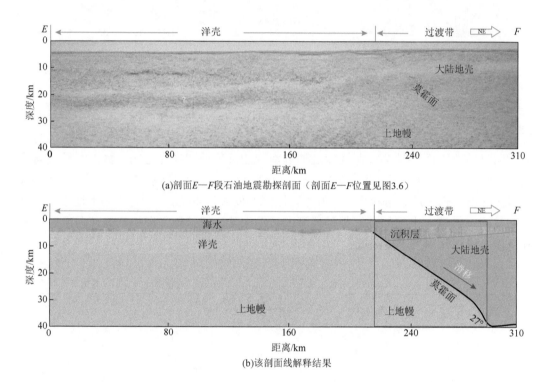

(a)剖面 E—F 段石油地震勘探剖面（剖面 E—F 位置见图3.6）

(b)该剖面线解释结果

图 3.8　E—F 段石油地震勘探剖面及地质解释（ION，2014）

3.4.4　印度大陆板块向北旋转式漂移的地震学证据

将人工反射地震勘探结果和天然地震接收函数剖面结合起来，用于综合分析印度大陆板块运动的动力机制（图 3.9）。E—F—C—D 剖面横跨印度南部的查戈斯海拉卡迪夫脊，地幔上涌更高，因此在莫霍面形成的倾角更大。

从这两个剖面的地质解释可以推测驱动印度大陆板块北漂的动力主要是其重力滑移推力（主要动力集中在图中的方框区域）；而北段俯冲进入欧亚大陆板块的印度下地壳，密度小于上地幔密度，理论上会阻碍俯冲进行。印度大陆地壳在莫霍面上产生的重力滑移力可以通过一个简单公式进行定量估算。

一个大陆地块沿倾斜面的滑移主要由自身重力所形成，由重力分量所致的底部剪切应力可以通过如下数学公式进行定量估算。公式为

$$P = g\rho H \sin\alpha = g\rho H(h/\sqrt{h^2+L^2})$$

式中，g 为重力加速度，g=9.8m/s²；ρ 为大陆壳的平均密度，ρ=2.7×10³kg/m³；H 为大陆地壳厚度，H=40 km；h 为莫霍面抬升高度；L 为大陆地壳宽度；α 为莫霍面倾斜角度。

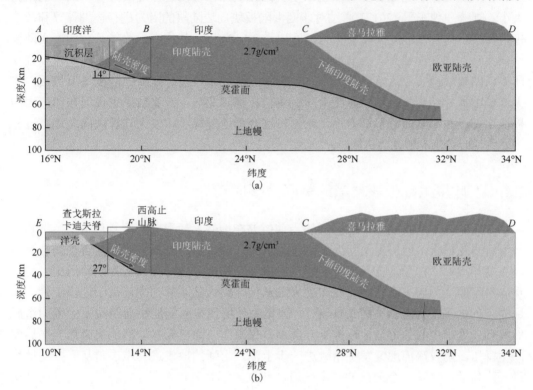

图 3.9 从南到北横跨印度大陆板块 A—B—C—D 线地质解译简化图（a）及 E—F—C—D 线地质解译简化图（b）（Xu，2015；Liang，2020）

2.7g/cm³ 表示陆壳密度

通过前面依据实测地震资料的地质解释结果，可以很容易计算得到印度南部东侧的推力 P_1 约为 256 MPa，而印度南部西侧的推力 P_2 可达 480 MPa（图 3.10）。特别注意，

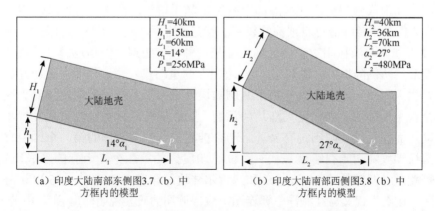

图 3.10 倾斜莫霍面重力滑脱模型及剪切力计算

我们只计算了其中的一小段，图 3.10 中的 (a) 和 (b) 分别代表了图 3.7(b) 和图 3.8(b) 中方框部分。我们认为其主要重力滑移力只集中在该有限区域，而印度大陆板块已经俯冲到欧亚大陆板块的部分不会产生重力滑移力。

上述重力滑移力是否能够驱动印度大陆板块漂移还要看印度大陆板块四周的阻力大小。刘鎏和魏东平（2012）通过对印度大陆板块周边陆块的阻力进行详细计算和数值模拟得出，只有在印度大陆板块南部施加 450 MPa 以上的推力，才能符合印度大陆板块向北移动的观测结果。本书的计算结果说明，重力滑移驱动力大于阻力，足以推动印度大陆板块漂移。这个驱动力也合理解释了为什么印度、欧亚大陆板块碰撞后，在大洋俯冲板片断离情况下，印度大陆板块仍在强烈北漂。计算结果也说明在印度大陆板块南部，东侧重力滑移推力小于西侧，这合理地解释了印度大陆板块向北漂移过程中发生逆时针运动的动力机制。

3.4.5　印度大陆板块北漂的单向漂移模式

以上证据只是说明印度大陆板块当前能够在地幔上涌形成的倾斜莫霍面上滑移，且滑移力足够大。但历史上印度大陆板块从冈瓦纳大陆的裂解和漂移是否也是这种力起主要作用？"将今论古"是传统的地质研究和推理方法，我们认为地质历史上也是重力滑移驱动力起主要作用。在印度大陆从冈瓦纳大陆裂解初期，由于地幔上涌，在地壳下部的莫霍面造斜 [图 3.11(a)]，因重力作用使得两侧地块向两边发生重力滑脱而移动，处于中心的上涌地幔因上升最高首先凝固，而已经移动的地块必然会在后面产生降压，诱发深部地幔发生熔融进一步上涌，上涌的地幔进一步造斜从而推动地块进一步移动，这是一个连锁的莫霍面造斜和重力滑脱过程 [图 3.11(b)]。造成的结果是大陆板块仰冲在大洋板块之上发生漂移，印度大陆漂移过程中可能会持续散落一些被拉伸减薄的大陆残片。这个驱动力模式合理地解释了印度洋上散落的大陆残片，它们是印度大陆板块冈瓦纳大陆裂解初期，被极度拉伸减薄的陆壳块体。由于洋中脊区域是地幔上涌最高的区域，洋中脊处海拔高于两侧洋壳，洋中脊区域类似一个巨型的背斜构造 [图 3.11(c)]，背斜构造顶部因为存在洋壳向两侧的拉伸作用而始终处于伸展状态，从而形成张裂缝，使得深部地幔发生降压熔融，在洋中脊区域产生间断喷发的玄武岩。但并不意味着背斜顶部的裂隙能够把整个巨厚的岩石圈背斜完全分开。

印度大陆向北漂移相对于冈瓦纳大陆是一种"单边跑"的运动模式（图 3.3），而大西洋裂解后两侧陆块同时漂移是"双边跑"的运动模式。这说明，大西洋裂解后两侧陆块发生近似对称漂移运动是由于两侧陆块体量相当。而印度陆块相对于冈瓦纳大陆是一个很小的陆块，当印度大陆从冈瓦纳大陆裂解时，只有印度大陆发生了大规模水平运动，而冈瓦纳大陆则没有显著运动。推测位于南大西洋的第一个洋中脊是印度大陆和南极洲大陆初始裂解破裂线。而位于印度洋的第二个洋中脊的形成比较复杂，推测它可能是马斯克林（Mascarene）和塞舌尔陆块与印度大陆（61～56 Ma）分裂的初始裂解区，在新生代又与红海洋中脊连通形成。近期的研究说明印度洋洋中脊曾经发

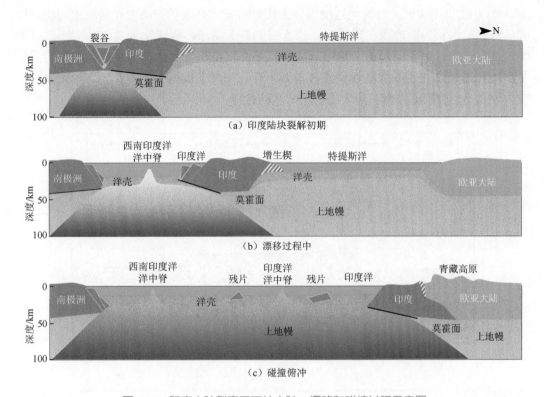

图 3.11　印度大陆裂离冈瓦纳大陆、漂移和碰撞过程示意图

生过洋中脊跳跃现象，即从印度陆块和马达加斯加陆块中间的洋中脊跳跃到印度陆块和塞舌尔陆块之间，这是海底扩张模式没有合理解释的，而本书给出的新大陆漂移模型却能合理解释这种洋中脊跳跃现象。

3.4.6　新模型与其他模型的比较和推广

1. 几个模型的比较

表 3.1 把海底扩张推力、俯冲板片拖拽拉力和本书的陆壳自重滑移力进行了对比，结果说明，陆壳自重滑移力可以合理解释所有的关键问题。

表 3.1　三种不同模型对比表

问题	海底扩张推力	俯冲板片拖拽拉力	陆壳自重滑移力
能否解释大洋中散落的大陆残片？	否	是	是
能否解释印度洋磁异常特征？	否	是	是
能否解释当前印度板块向北运动的动力？	是	否	是
能否合理解释印度北漂中的左旋？	否	否	是
是否有人工地震勘探证据？	否	否	是
存在的致命问题	无法解释大洋中大陆残片	无法解释当前印度仍在北移	

　　图 3.12 以南美洲大陆板块运动为例来比较传统的海底扩张动力和陆壳重力驱动模式，海底扩张认为驱动源在洋中脊，而本书的新大陆漂移模式认为其驱动力在南美洲大陆西侧深部，不断上涌的上地幔形成了斜坡，使得南美洲大陆依靠自身的重力发生了漂移。图 3.12 也说明大陆板块漂移前部不存在俯冲造成的负浮力拉力，也就是说，拉力模式不能合理解释南美洲大陆板块的运动过程。

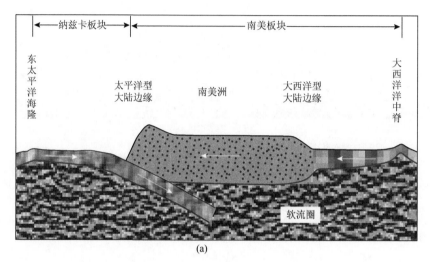

(a)

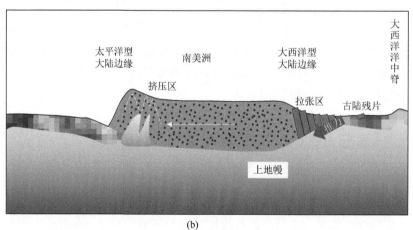

(b)

图 3.12　传统的海底扩张动力（a）和陆壳重力驱动模式（b）比较示意图

　　由此看出，本书所提出的模型具有以下特征：①大陆板块发生移动的驱动力最初来源于大陆裂解中的地幔岩浆上涌；②大陆板块因自身重力作用沿倾斜的莫霍面滑脱而移动；③已经移动的大陆板块造成后部降压诱发下面地幔熔融进一步上涌，上涌的地幔进一步造斜从而推动板块进一步移动。这是一个连锁的造斜和重力滑脱过程，造成的结果是大陆板块仰冲在大洋板块之上发生漂移。

2. 新模型可以解释被动大陆边缘陆壳沿莫霍面滑移的驱动力问题

本书提出的陆块依靠自身重力滑移驱动机制具有普适性。具体体现在被动大陆边缘的结构特征上，被动大陆边缘模型包括火山型和贫岩浆型两种。典型的被动大陆边缘剖面特征说明，依靠陆壳自身重力滑移对陆块施加的驱动力普遍存在。

图 3.13（a）是火山型被动大陆边缘模型，（c）是其简化地质解释，说明依靠陆壳自身重力沿莫霍面的滑移对陆块施加的驱动力普遍存在。特别注意该图中的莫霍面倾斜角度远大于贫岩浆型被动大陆边缘模式。图 3.13（b）是贫岩浆型被动大陆边缘模型，（d）是其简化地质解释，从这个简化模型图上可以很容易看出，陆壳沿着莫霍面发生滑移产生了向右的驱动力。图 3.13（a）也说明了上地幔在大陆漂移之后是如何转化为大洋地壳的，大洋地壳是上地幔上涌过程中分异冷却形成的。在洋壳、上地幔和陆壳的三角过渡区，存在速度为 7.3 ~ 7.6 km/s 的高速下地壳，推测为以上地幔为主并和地壳混熔形成的火山岩区域。这与印度大陆当前的状态完全吻合，火山型被动大陆边缘对应印度大陆南部西侧，而贫岩浆型被动大陆边缘对应印度大陆南部东侧。它们产生的重力滑移驱动力很显然也是火山型大于贫岩浆型。由此驱动印度大陆板块在北漂中产生左旋。

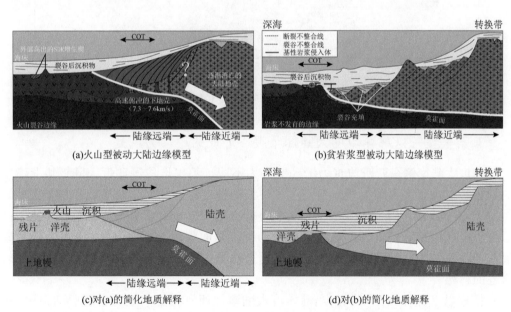

图 3.13　两种被动大陆边缘结构模型与滑移驱动力简化图（Rifting，2013）

根据本书提出的新大陆漂移模型，大陆板块漂移后会形成火山岛链和尾迹特征。印度大陆板块漂移后也留下了显著的尾迹特征，著名的马尔代夫岛链就是印度大陆漂移后留下的尾迹，该岛链主要由火山岩和大陆残片组成，这些火山岩也是印度大陆漂移过程中岩浆上涌的高点区域，岛链上发育较密集的断裂破碎带。根据大陆漂移后留下的尾迹，可以在地形地貌图上对东半球主要陆块来源进行追踪（图 3.14）。

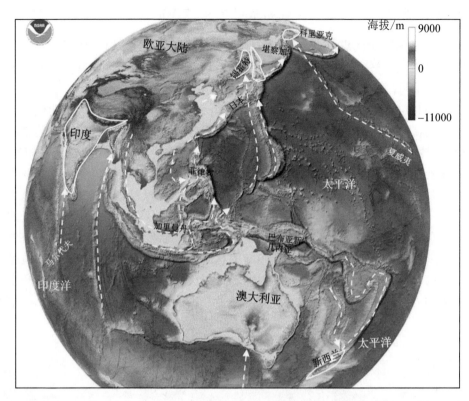

图 3.14　基于大陆漂移后尾迹特征对全球部分区域主要陆块的来源进行追踪
（据 USGS 全球地形地貌图）

3. 新模型可以解释印度大陆德干裂谷形成的驱动力问题

印度大陆南侧东西两边重力滑动驱动力不同，不仅造成了印度大陆板块北漂中的旋转，也对印度大陆板块本身产生了很大的构造改造作用。众所周知德干玄武岩爆发于 66 Ma 前，但其爆发的动力机制是什么则一直没有得到很好的解释（德干高原位于印度中部和南部、印度半岛的中西部，总面积达 50 万 km^2）。此外，还有斯里兰卡陆块从印度大陆裂离的驱动力问题。对于这些，本书的模型都能够给出比较合理的解释。

根据以上计算结果可知，当前印度大陆南部西侧施加的重力滑移驱动力达 480 MPa，而其南部东侧的重力滑移驱动力约为 256 MPa。推测印度漂移过程中，也存在东西两侧滑移驱动力大小不一的现象。当印度陆块最南端在马尔代夫火山岛链区域时，其最南端的东侧因地幔上涌到地表（形成火山岛），因此此时所产生的重力滑移力最大，对印度产生逆时针旋转的同时，也从印度南部掰开了斯里兰卡地块，同时也掰开了德干裂谷（图 3.15），引发了德干玄武岩的大爆发。

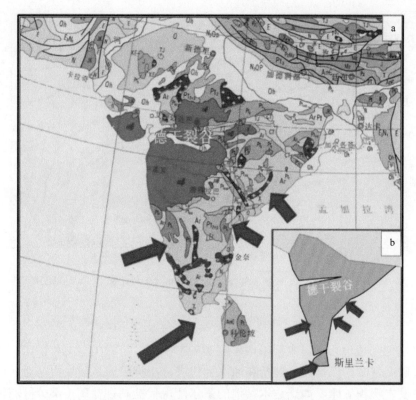

图 3.15　印度南部西侧与东侧驱动力差异造成的剪切作用切开了两个裂谷

(a) 印度区域地质图；(b) 德干裂谷和斯里兰卡裂离机制示意图（任纪舜等，2013）

3.5　青藏高原隆升的资源效应

　　众多研究说明，青藏高原的隆升与印度地块、喜马拉雅地块、拉萨地块、南羌塘地块、北羌塘地块、可可西里地块、昆仑地块（或柴达木地块）、祁连地块和塔里木地块等的拼合过程密切相关，这些地块都是遥远的冈瓦纳大陆在不同时期依次裂解后向北单向漂移到达当前位置的。它们的拼贴和碰撞控制了青藏高原的隆升与演化，也控制了青藏高原的矿产资源形成与改造。这些拼贴的地块之间以缝合带或断裂带为界，如图 3.16 所示，图中，MBT 代表主边界逆冲；YZS 代表印度 - 雅鲁藏布江缝合带；BNS 代表班公 - 怒江缝合带；LSS 代表龙木错 - 双湖缝合带；HJS 代表可可西里 - 金沙江缝合带；SKS 代表南昆仑缝合带；SQS 代表南祁连缝合带；NQS 代表北祁连缝合带；ATF 代表阿尔金走滑断裂。

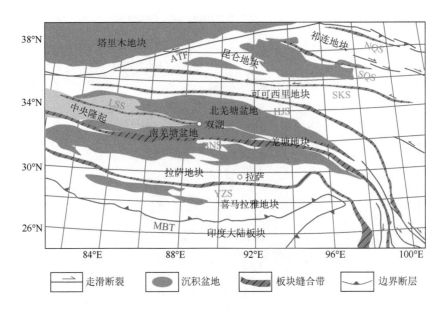

图 3.16　青藏高原区域大地构造简图（Wu et al.，2012）

　　青藏高原形成过程中，主要形成了三类矿产资源：第一类是沉积矿床，主要是盐类和油气矿产资源，以钾盐、锂盐和油气为代表，盐类矿床是陆块拼贴后所围限的盆地内的蒸发岩沉积矿床，如柴达木盆地的察尔汗现代盐湖钾盐矿（部分区域锂资源丰富）和羌塘盆地可能存在的固体古钾盐矿，还有青藏高原上星罗棋布的现代较小盐湖，部分盐湖钾、锂含量较高。而油气资源是沉积盆地内有机质沉积矿床，如柴达木盆地油气田和羌塘盆地的古油藏。第二类是造山过程或造山后伸展阶段岩浆活动形成的金属矿，以铜矿和锂矿为代表，如玉龙成矿带的巨龙铜矿和喜马拉雅地区琼嘉岗超大型伟晶岩型锂矿。第三类是地热资源，以传统地热和干热岩为主，如羊八井地热田和共和盆地干热岩。

　　在陆块拼合碰撞及青藏高原隆升过程中，所形成的羌塘盆地和柴达木盆地是两个较好的含油气盆地和钾盐沉积盆地，其中，羌塘盆地钾盐主要富集在中生代晚期，而柴达木盆地主要富集在新生代晚期。羌塘盆地区域地表及钻探发现多套中生代石膏等蒸发岩沉积物，地球化学研究说明，这些海相蒸发岩可能已达到氯化物析出阶段，可能存在固态钾盐沉积。其形成和改造与青藏高原隆升的大地构造运动密切相关。青藏高原的隆升主要经历了包括羌塘地块、拉萨地块和印度大陆板块在不同时期的碰撞拼合过程。中三叠世、晚三叠世南、北羌塘地块发生碰撞，南、北羌塘地块开始统一接受侏罗系沉积，发育富含有机质的海相地层；中侏罗世、晚侏罗世，拉萨地块与羌塘地块发生碰撞，造成地壳强烈缩短，羌塘盆地快速抬升，形成了巨厚的蒸发岩沉积和红层沉积；新生代古近纪早期，印度大陆和欧亚板块碰撞，导致羌塘地块和羌塘盆地发生强烈挤压，发育大规模逆冲推覆构造体系。这种强烈的构造运动对前期形成的蒸发岩沉积产生了强烈的改造作用。

3.6　小结

（1）青藏高原新生代的大规模隆升是印度大陆和欧亚大陆碰撞的结果，但印度大陆漂移的动力机制既不是海底扩张也不是俯冲拖拽力，而是印度大陆板块自发运动的驱动力。它是由地幔持续热上涌进而产生连续重力滑移力所驱动的。新建立的陆壳自身重力"滑移推力"驱动模型不但能够得到地震勘探数据的证明，还可用于解释德干玄武岩爆发的诱因问题以及斯里兰卡陆块从印度大陆裂解的成因等问题。

（2）印度洋上诸多大陆残片是印度大陆板块在漂移路径上不断散落的被拉伸减薄的陆壳碎片所形成的。印度大陆北漂过程中存在逆时针旋转是受力不均匀所致。

（3）青藏高原的形成和隆升是多个陆块拼合碰撞的结果，这些大地构造运动过程也控制了青藏高原的成矿过程，所形成的矿产资源主要有三类，分别是沉积矿床（以钾盐和油气资源为主）、金属矿床（以铜矿和锂矿为主）及地热资源（以传统地热和干热岩为主）。

第4章

羌塘盆地东部中生代古盐湖
成盐潜力与区域物源联系

　　我国的钾盐资源主要分布在西部的第四纪盐湖（如察尔汗盐湖、罗北洼地、扎布耶盐湖等）中，我国学者对其已经开展了成钾机理、成盐演化等诸多方面的研究工作并取得了卓著成绩（袁见齐等，1983；张彭熹和张保珍，1991；王弭力等，1997b；刘成林等，2002；焦鹏程等，2003；郑绵平，2007）。目前我国境内尚未发现大型古代钾盐矿床，而在相邻的呵叻高原地区（泰国和老挝境内）则发现了超大型的白垩纪海相古钾盐矿床 (Hite, 1974)。呵叻高原与云南兰坪—思茅盆地及羌塘盆地基本为同一构造带所限（曲懿华，1997），长期以来，关于老挝、泰国呵叻盆地白垩纪巨型钾盐矿的成因及其与我国兰坪—思茅盆地间的关联性一直争议颇多。而近年来越来越多的证据显示二者间可能存在着密切的成因联系，但巨量的成盐水体是何时以何种方式经由兰坪—思茅盆地最终进入呵叻盆地的一直都是悬而未决的重大科学问题。

　　羌塘盆地东部与兰坪—思茅盆地紧密相接（图 4.1），该区域自北向南分布有多个

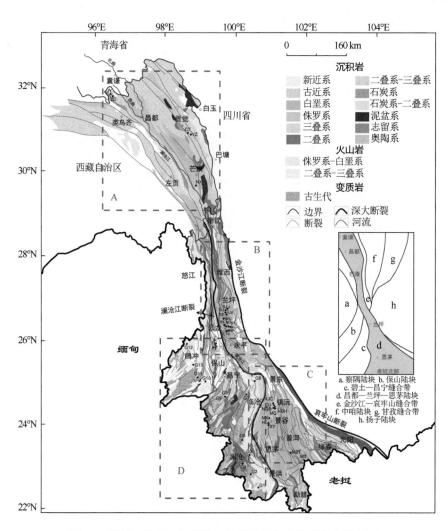

图 4.1　昌都—兰坪—思茅盆地地理位置概略及采样点分布图

A. 昌都地块；B. 兰坪地块；C. 思茅地块；D. 腾冲—保山—临沧（秦西伟，2019）

盐泉点（石膏、菱镁矿、石盐、钾盐等），形成一个巨大的成盐带，其中云南江城勐野井白垩纪钾盐沉积是迄今为止我国所发现的第一个固体钾盐矿床。因此，对羌塘盆地开展系统的科学调查或许能为兰坪—思茅—呵叻盆地钾盐矿的成因及关联科学问题的深入认识提供重要线索。目前依据包括：①呵叻盆地白垩纪海相钾盐矿为缺失镁盐且石膏体量与钾盐体量严重失衡的"异常蒸发岩"体系，意味着成盐海水进入呵叻盆地前可能已发生变质演化，原始溶液体系早期演化过程曾脱去了大量的石膏，但兰坪—思茅包括呵叻地区都未发现存在足以匹配这套蒸发盐沉积的石膏沉积量，而羌塘地区中生代地层中却存在大量的海相石膏沉积。②依据海水蒸发实验，海水直接蒸发无法形成呵叻钾盐盆地的含盐系的蒸发矿物序列，当且仅当已演化至石盐甚至钾盐阶段的海水在陆表水的共同参与下才可形成类似的蒸发岩序列，且同时伴生有原生白云石、菱镁矿等的沉积。而羌塘盆地东部发现存在蒸发型成因的侏罗系 - 白垩系大型菱镁矿与白云岩沉积，可能暗示了该区存在成钾潜力。③如前所述，羌塘东部地区还发育有大量中生代盐泉点，其中部分泉点成为当地居民长期制取食用盐的主要途径，甚至成为著名旅游景点（如西藏芒康盐井纳西民族乡）。

基于此，本次科学考察对羌塘地区，尤其是羌塘东部地区开展了中生代沉积序列、蒸发岩发育特征及盐泉水特征等方面的调查，通过系统采集中生代稳定沉积地层单元的岩石、蒸发岩样品及盐泉水等样品，力图基于区域岩相古地理分析、沉积学分析及各类样品的多指标分析，系统阐明羌塘地区蒸发岩序列与兰坪—思茅盆地的关联特征，并初步评价该区域的成盐成钾潜力。

4.1　羌塘盆地东部地质概况及考察取样情况

羌塘盆地东部昌都盆地位于西藏东北部，属于三江构造带的中部地区。昌都盆地经历了复杂的地质构造演化（图 4.2）：从稳定克拉通阶段（Sinian Period-D）至洋壳扩张阶段（C—P$_1$），再从俯冲阶段（P$_2$—P$_3$）至碰撞阶段（T$_1$—E），最后为昌都大陆裂谷盆地阶段（N—Q）（钟康惠等，2006）。昌都盆地沉积地层以紫色、栗色或砖红色的砂岩和泥岩、砾岩为主，同时夹杂着从侏罗纪至始新世的蒸发岩（石膏、泥质灰岩及石盐），昌都盆地石炭系至三叠系地层中也广泛分布着石英砂岩、石灰岩、泥岩及火山岩（钱琳，2007）。

2019 年 4 月科考队对羌塘盆地东南部的昌都地区开展了野外调查工作（图 4.3），此次野外工作详细考察了昌都地区中生代地层发育比较完整的地区，考察路线从北部囊谦地区一直延续到南部德钦地区，共考察中生代地质剖面 12 条，主要包括吉曲乡剖面、类乌齐县生格贡村石膏矿剖面、芒达乡剖面、察雅北部剖面、芒康县城东及城西剖面，通过剖面观察与系统取样，共获取固体样品 109 件、盐泉样品 30 余件，并发现一处发育有大量石膏与碳酸盐岩沉积的早白垩世晚期地层序列，可能对该区古水体的演化具有重要的指示意义。2020 年 10 月科考队对羌塘东部南、北羌塘过渡带及区内的菱镁矿点进行了重点考察，获取了固体样品 30 余件。

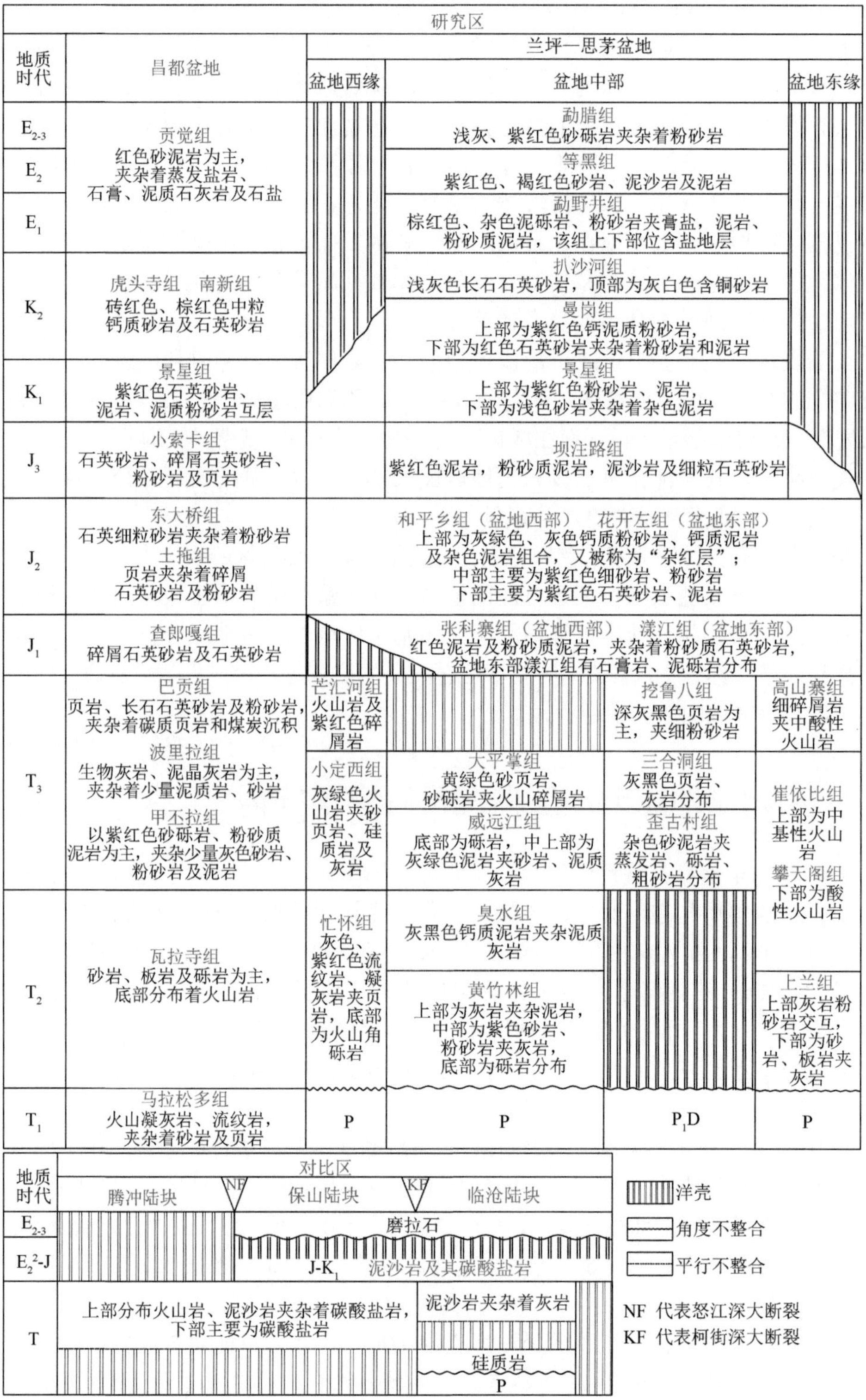

		研究区		
地质时代	昌都盆地	___兰坪—思茅盆地___		
		盆地西缘	盆地中部	盆地东缘
E₂₋₃	贡觉组 红色砂泥岩为主，夹杂着蒸发盐岩、石膏、泥质石灰岩及石盐		勐腊组 浅灰、紫红色砂砾岩夹杂着粉砂岩	
E₂			等黑组 紫红色、褐红色泥岩、泥沙岩及泥岩	
E₁			勐野井组 棕红色、杂色泥砾岩、粉砂岩夹膏盐，泥岩、粉砂质泥岩，该组上下部位含盐地层	
K₂	虎头寺组 南新组 砖红色、棕红色中粒钙质砂岩及石英砂岩		扒沙河组 浅灰色长石石英砂岩，顶部为灰白色含铜砂岩 曼岗组 上部为紫红色钙泥质砂岩，下部为红色石英砂岩夹杂着粉砂岩和泥岩	
K₁	景星组 紫红色石英砂岩、泥岩、泥质粉砂岩互层		景星组 上部为紫红色粉砂岩、泥岩，下部为浅色砂岩夹杂着杂色泥岩	
J₃	小索卡组 石英砂岩、碎屑石英砂岩、粉砂岩及页岩		坝注路组 紫红色泥岩，粉砂质泥岩，泥沙岩及细粒石英砂岩	
J₂	东大桥组 石英细粒砂岩夹杂着粉砂岩 土拖组 页岩夹杂着碎屑石英砂岩及粉砂岩		和平乡组（盆地西部） 花开左组（盆地东部） 上部为灰绿色、灰色钙质粉砂岩、钙质泥岩及杂色泥岩组合，又被称为"杂红层"；中部主要为紫红色细砂岩、粉砂岩；下部主要为紫红色石英砂岩、泥岩	
J₁	查郎嘎组 碎屑石英砂岩及石英砂岩		张科寨组（盆地西部） 漾江组（盆地东部） 红色泥岩及粉砂质泥岩，夹杂着粉砂岩石英砂岩，盆地东部漾江组有石膏岩、泥砾岩分布	
T₃	巴贡组 页岩、长石石英砂岩及粉砂岩，夹杂着碳质页岩和煤炭沉积 波里拉组 生物灰岩、泥晶灰岩为主，夹杂着少量泥质岩、砂岩 甲丕拉组 以紫红色砂砾岩、粉砂质泥岩为主，夹杂着少量灰色砂岩、粉砂岩及泥岩	芒汇河组 火山岩及紫红色碎屑岩 小定西组 灰绿色火山岩夹砂页岩、硅质岩及灰岩	大平掌组 黄绿色砂页岩、砂砾岩夹火山碎屑岩 威远江组 底部为砾岩，中上部为灰绿色泥岩夹砂岩、泥质灰岩	挖鲁八组 深灰黑色页岩为主，夹细粉砂岩 三合洞组 灰黑色页岩、灰岩分布 歪古村组 杂色砂泥岩夹蒸发盐岩、砾岩、粗砂岩分布	高山寨组 细碎屑岩夹中酸性火山岩 崔依比组 上部为中基性火山岩 攀天阁组 下部为酸性火山岩
T₂	瓦拉寺组 砂岩、板岩及砾岩为主，底部分布着火山岩	忙怀组 灰色、紫红色流纹岩夹页岩，底部为火山角砾岩	臭水组 灰黑色钙质泥岩夹泥质灰岩 黄竹林组 上部为灰岩夹泥岩，中部为紫色砂岩、粉砂岩夹灰岩，底部为砾岩分布	上兰组 上部灰岩粉砂岩交互，下部为砂岩、板岩夹灰岩
T₁	马拉松多组 火山凝灰岩、流纹岩，夹杂着砂岩及页岩	P	P	P₁D	P

	对比区				
地质时代	腾冲陆块	NF	保山陆块	KF	临沧陆块
E₂₋₃			磨拉石		
E₂²-J			J–K₁ 泥沙岩及其碳酸盐岩		
T	上部分布火山岩、泥沙岩夹杂着碳酸盐岩，下部主要为碳酸盐岩			泥沙岩夹杂着灰岩	
			硅质岩		
			P		

图例：
▦ 洋壳
▤ 角度不整合
▤ 平行不整合
NF 代表怒江深大断裂
KF 代表柯街深大断裂

图 4.2　羌塘东部昌都盆地岩石地层单元及其与邻区对比（钱琳，2007；焦建，2013）

图 4.3　科考人员野外考察取样情况

4.2　羌塘盆地东部盐泉水化学特征及其意义

1. 泉水中溶质来源解析

研究区泉水矿化度（TDS）变化范围较大（TDS 为 2.30 ～ 228.25 g/L），TDS 的平均含量为：盐泉水 61.07g/L；温泉水 11.79 g/L；冷泉水 7.30 g/L。pH 变化范围为 6.52 ～ 8.44。

如图 4.4（a）所示，阳离子三元图呈现线性关系，研究区所有盐泉水、温泉水及冷泉水阳离子以 Na^++K^+ 为主，阴离子以 Cl^- 为主，然而腾冲热海地热区的温泉其阴阳离子组分与之截然不同，HCO_3^- 及 Cl^- 为阴离子主要组分（HCO_3^->Cl^->SO_4^{2-} 或 HCO_3^-≈Cl^->SO_4^{2-}），Na^+ 为阳离子主要组分（Na^++K^+>Ca^{2+}>Mg^{2+}），HCO_3^- 和 Na^+ 分别为腾冲瑞滇地热区温泉水的阴阳离子的主要组分（Zhang G et al.，2008；Guo and Wang，2012）。云南西部其他地区（腾冲—保山—临沧地块），其地热水可以分为三种类型：类型 1 主要为 Ca-HCO_3 型；类型 2 主要为 Na-HCO_3 型；类型 3 主要为 $Ca(Na)$-SO_4 型（Zhang Y, et al.，2016）。这就说明了研究区盐泉水及温泉水化学组分保持相对一致，这与西藏盐井、青海囊谦出露的泉水（地热水）水化学组成相似（图 4.4），同云南西部腾冲、保山、临沧地区出露的地热水水化学组成截然不同。研究区泉水瓦良亚什科水化学分类如表

4.1 所示，昌都地区盐泉水按瓦良亚什科分类，以氯化物型为主，部分以硫酸钠亚型为主，这与囊谦地区及云南兰坪—思茅地区含盐带盐泉水的水化学类型相似。而根据舒卡列夫水化学分类，研究区所有盐泉水样均为 Na-Cl 型水。

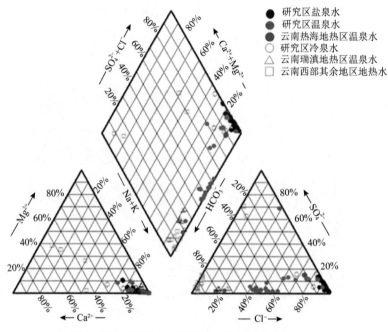

(a)昌都—兰坪—思茅盆地、西藏盐井、云南热海、瑞滇
及其他地区泉水和地热水主量元素派珀（Piper）图

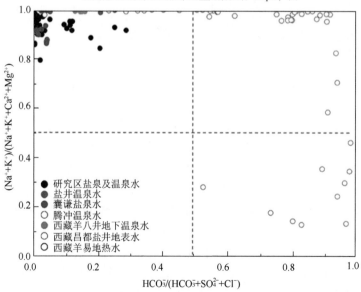

(b)昌都—兰坪—思茅盆地、西藏盐井、青海囊谦、云南
其他地区泉水及地热水主量元素成分图

图 4.4　研究区泉水和地热水主量元素 Piper 图和成分图

表 4.1　西藏昌都地区盐泉水采样点水化学分类

采样地点（自北向南）	出露地层	样品编号	备注	水化学类型（瓦良亚什科）
囊谦县白扎盐场	始新统 贡觉组	BZ-01	盐泉水	硫酸钠亚型
类乌齐县加桑卡乡吉亚村	下侏罗统、中侏罗统察雅群 底部砖红色粉砂岩	GD-01	盐泉水	硫酸钠亚型
		GD-02	盐泉水	硫酸钠亚型
类乌齐县吉多乡旱尺村	下侏罗统、中侏罗统察雅群 底部砖红色粉砂岩	ZC-01	盐泉水	硫酸钠亚型
		ZC-02	盐泉水	硫酸钠亚型
贡觉县插托村	古近系贡觉组，矿点位于油扎向斜西翼	CT-01	盐泉水	氯化物型
		CT-02	盐泉水	氯化物型
		CT-03	泉水	氯化物型
贡觉县油扎村	古近系贡觉组，矿点位于油扎向斜东翼	YZ-01	盐泉水	硫酸钠亚型
		YZ-02	盐泉水	硫酸钠亚型
		YZ-03	泉水	硫酸钠亚型
芒康县盐井纳西民族乡加达村	侏罗系花开左组（J_2h）、漾江组（J_1y）	NX-01	盐泉水	氯化物型
		NX-02	盐泉水	氯化物型
		NX-03	盐泉水	氯化物型

　　海水蒸发曲线可以被广泛地用于判别沉积盆地中地层水的物质来源（Rittenhouse，1967；Kharaka et al.，1987，2007）。一般而言，蒸发浓缩水会沿着海水蒸发曲线（SET）分布，岩盐溶滤水会投落至 SET 上方，蒸发海水同其他成因水的混合水会投落至 SET 下方。如图 4.5(a) 所示，研究区泉水点在 logCl 与 logNa 关系图中近似投落至海水蒸发曲线附近，泉水 Na、Cl 摩尔比近似等于 1 ∶ 1。这就表明研究区泉水源于盐岩溶解，同时泉水的深部循环导致富 Cl 卤水的产生及泉水 Na/Cl 比值近似等于 1 ∶ 1（Fontes and Matray，1993），这也就使得 Na 相对于 Br 而言在泉水中要相对富集［图 4.5(b)］。如图 4.5(d) 和 (e) 所示，Ca 相对于 Cl 及 Br 而言相对富集，这可能是泉水对含 Ca 矿物［包括 $CaSO_4$、$CaCO_3$、$CaMg(CO_3)_2$］的溶解所致，因为石盐的溶解不会对 Ca 的含量产生影响。在研究区碳酸盐岩围岩区页岩及砂岩的离子交换反应，同时也会导致泉水中二价阳离子（Ca^{2+}、Mg^{2+}）增多，Cerling 等（1989）认为大气降水对黏土矿物进行淋滤时，同样也会发生离子交换反应，释放出 Na 离子。研究区碳酸盐岩围岩中白云石及方解石的白云石化也会导致泉水中 Ca 离子的增多。研究区泉水含 Mg 矿物［包括 $CaMg(CO_3)_2$ 及 $MgCO_3$］的溶解会导致泉水中 Mg 离子的富集，然而黏土矿物的吸附作用同样也会导致溶液中 Mg 离子含量的减少。如图 4.5(g) 和 (h) 所示，Mg 离子相对于 Cl 和 Br 而言整体上呈现亏损，这就表明研究区黏土矿物对 Mg 的吸附作用要比泉水对含 Mg 矿物的溶解更加强烈。研究区含水层对含 Li 硅酸盐的溶解会导致溶液中 Li 含量的增加，这就为 Li 离子比 Cl 及 Br 相对富集给出了解释［图 4.5(j) 和 (k)］，因为 Li 不参与成岩作用。

　　在海水蒸发的过程中，Br 离子在残余溶液中不断浓缩，而 Cl 离子则优先从溶液中分离出来。地层水点位在 logCl 与 logBr 关系图［图 4.5(i)］中的分布位置可以指示地层水不同的物源及影响其水化学性质的演化过程。当泉水点位投落在海水蒸发曲线右下方时，表明泉水在石盐沉降之前经历了强烈的浓缩蒸发作用，因为在石盐沉降之后，Cl 离子含量会减少，Br 离子相比 Cl 离子会大量富集（Land and Prezbindowski，1981；Stoessell and Carpenter，1986）。然而水点位投落在海水蒸发曲线左上方时，Cl 离子相比

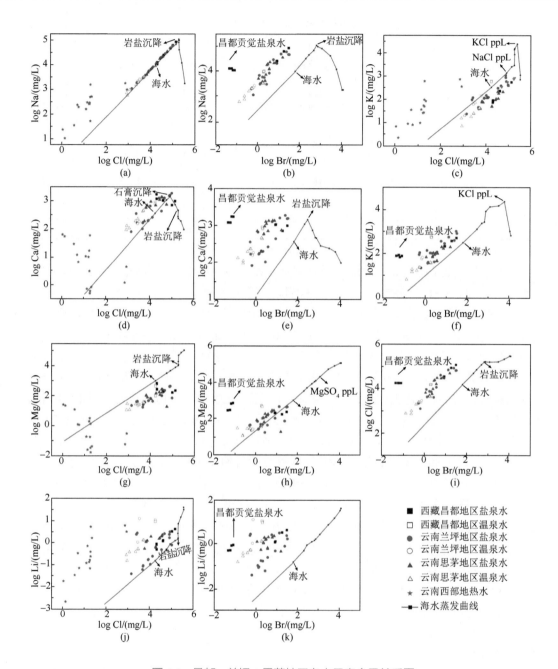

图 4.5　昌都—兰坪—思茅地区泉水元素含量关系图

Br 离子明显富集, 这就表明泉水源于石盐溶滤, 也有可能混合了海洋水或大气降水 (Kharaka et al., 1987)。如图 4.5 (i) 所示, 研究区泉水点位投至海水蒸发曲线左上方, 并与海水蒸发曲线趋势保持一致, 表明研究区泉水溶质主要源于石盐溶滤, 并混合了大量的大气降水。

　　研究区泉水及石膏矿的 $^{87}Sr/^{86}Sr$ 及 Ca/SO_4 比值图表明泉水溶解的硫酸盐为海相成因 (图 4.6)。而 $B/\delta^{11}B$ 关系式表明 B 主要来源于海相碳酸盐的溶解, 海相碳酸盐的溶解是控制泉水 B 含量及 B 同位素值的重要因素（图 4.7）。综上，研究区泉水同围岩（海相碳酸盐）发生了强烈的水岩作用，但没有受到壳源岩浆岩及深部地幔的影响。研究区盐泉水较温泉水的高 $\delta^{11}B$ 值，可能由以下三个原因导致：温泉水水气两相的分离、温泉水经历较弱的水岩作用、CO_2 释放所导致的碳酸盐沉降。而所有样点的密切关联性则可能意味着昌都地区与兰坪—思茅地区盐泉水中溶质的同源性特征。

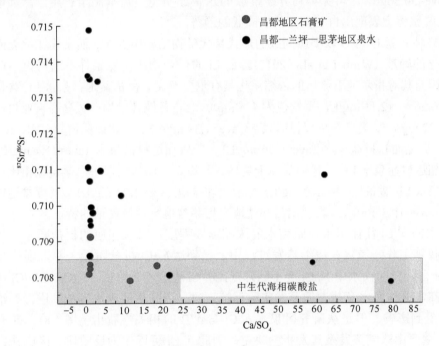

图 4.6　研究区泉水样品 $^{87}Sr/^{86}Sr$ 及 Ca/SO_4 关系图

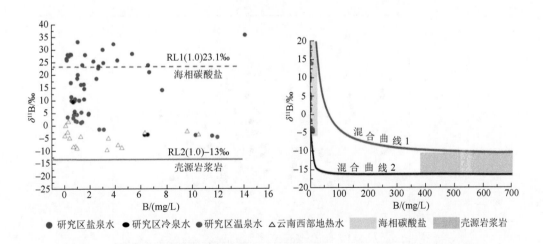

图 4.7　研究区（昌都—兰坪—思茅盆地）与对比区云南西部（腾冲—保山—临沧地块）泉水 B 含量与 $\delta^{11}B$ 值关系图

RL1、RL2 分别代表了同不同围岩体系（海相碳酸盐、壳源岩浆岩）发生水岩作用的水岩反应模拟线

2. 研究区泉水化学特征对区域成盐成钾特征的指示

昌都盆地盐泉水 TDS 变化范围为 30.25 ～ 228.65g/L，平均值为 70.76g/L。TDS 各地含量为：类乌齐吉亚村盐泉水（ave=198.1g/L）、类乌齐早尺村盐泉水（ave=70.38g/L）、贡觉插托村盐泉水（ave=36.71g/L）、贡觉油扎村盐泉水（ave=38.16g/L）、芒康加达村盐泉水（ave=30.56g/L），可见类乌齐盐泉水 TDS 高于贡觉，贡觉高于芒康，昌都地区盐泉水 TDS 整体上表现出自北向南依次降低的趋势。

保守性元素 Li 往往以类质同象的形式替代矿物结构中的 Mg 而富集在地壳圈层及岩浆演化的晚期（Wanner et al.，2017），而 Li 的化合物在自然条件下通常也不能结合成矿，因而其对指示地下流体的浓缩演化具有重要意义。昌都盆地盐泉水 Li^+ 含量变化范围为 0.56 ～ 12.11 mg/L，平均值为 4.40mg/L。Li^+ 各地含量为：类乌齐吉亚村盐泉水（ave= 4.22 mg/L）、类乌齐早尺村盐泉水（ave=1.39 mg/L）、贡觉插托村盐泉水（ave=0.96 mg/L）、贡觉油扎村盐泉水（ave=0.56 mg/L）、芒康加达村盐泉水（ave=11.4 mg/L），可见芒康加达村盐泉水 Li^+ 含量明显高于类乌齐及贡觉。而与兰坪—思茅盆地相比，昌都盆地盐泉水 Li^+ 含量（ave=4.40 mg/L）高于兰坪盆地（ave=1.04 mg/L），兰坪盆地低于思茅盆地（ave=1.55 mg/L），表现出昌都盆地 > 思茅盆地 > 兰坪盆地的特征。

卤水的 $\delta^{37}Cl$ 往往用来反映卤水的浓缩蒸发程度，对应相应的析盐顺序，从而用来指导找钾工作。卤水在浓缩蒸发过程中，已到达 NaCl 析盐阶段，并未到达 KCl 及 $MgCl_2$ 阶段，此时卤水中 NaCl 会不断降低，$\delta^{37}Cl$ 也会不断降低，K/Cl、Mg/Cl 比值会逐渐增高，这与海水及盐湖的蒸发实验保持一致。当陆相地表水对盐湖进行补给时，$\delta^{37}Cl$ 会受到影响。但是从研究区泉水 $\delta^{37}Cl$ 与 $\delta^{11}B$ 的相关性看出（图 4.8），研究区泉水 $\delta^{37}Cl$ 主要由浓缩蒸发及蒸发析盐决定，因此 $\delta^{37}Cl$ 可以作为反映研究区成盐古卤水浓缩蒸发的指标，从而利于找钾。

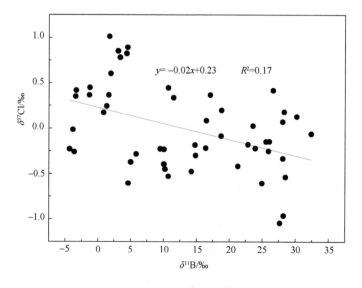

图 4.8　研究区泉水 $\delta^{11}B$ 与 $\delta^{37}Cl$ 关系图

　　根据氯同位素的分馏机理，在蒸发环境下，成盐古卤水的浓缩蒸发程度越高，其析出的岩盐 $\delta^{37}Cl$ 越偏负。昌都—兰坪—思茅盆地均属于特提斯构造域，其成盐物质均源于古特提斯海水，成盐地层中所出的岩盐 $\delta^{37}Cl$ 应相差不大，然而实际所采集的岩盐溶滤水样中其 $\delta^{37}Cl$ 存在明显的差别，只能归结为不同阶段沉积存在差异，其成盐古卤水的浓缩蒸发阶段不同。从研究区昌都—兰坪—思茅盆地所采集的 51 个泉水样品 $\delta^{37}Cl$ 来看，冷泉水及温泉水 $\delta^{37}Cl$ 要明显高于盐泉水，兰坪盆地云龙汤邓村温泉水（ave=0.385）、云龙茶亭寺温泉水（ave=0.407）、思茅盆地景谷芒卡村温泉水（ave=0.305）、景谷换乐村温泉水（ave=0.812）等地 $\delta^{37}Cl$ 均大于 0，可见温冷泉水没有经历较为强烈的浓缩蒸发，水岩作用较弱，其 $\delta^{37}Cl$ 可以作为贫溴地区水化学找钾的有效指标。研究区冷温泉水的 $\delta^{37}Cl$ 的偏正还可能与陆表淡水的大量补给以及较弱的水岩作用有关。前人对长江口海水及太平洋内部海水氯同位素研究发现，长江口海水 $\delta^{37}Cl$（0.46‰～0.85‰，ave=0.63‰）相比太平洋内部海水（–0.53‰～0.6‰，ave=0.02‰）明显偏正，这也说明大量淡水混入对氯同位素值的影响。成盐古卤水较低的浓缩程度以及淡水的大量混入，都是成钾的不利因素。如图 4.9 和图 4.10 所示，研究区泉水 $\delta^{37}Cl$ 的正负与 $Br\times10^3/Cl$ 系数的相关性并不明显，研究区泉水 Br 含量较低，测量误差同样也使得 $Br\times10^3/Cl$ 系数并不能很好地指示成盐古卤水的浓缩蒸发程度，所以 $\delta^{37}Cl$ 较 $Br\times10^3/Cl$ 系数而言，在该区能更有效地指导找钾工作。

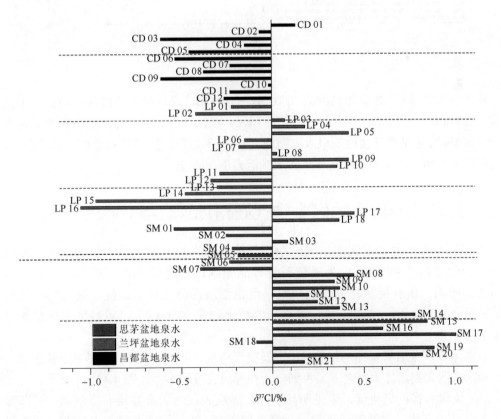

图 4.9　昌都—兰坪—思茅盆地泉水 $\delta^{37}Cl$ 分布

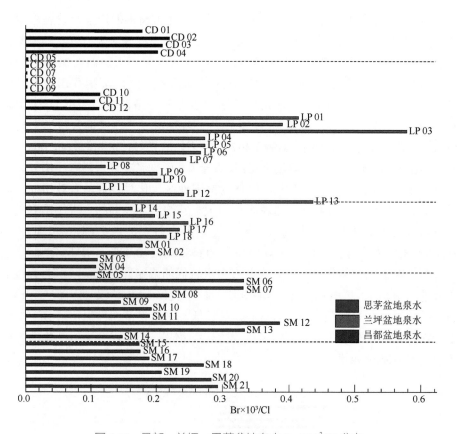

图 4.10　昌都—兰坪—思茅盆地泉水 $Br \times 10^3/Cl$ 分布

　　研究区盐泉水 $\delta^{37}Cl$ 变化范围为 -1.05‰ ～ 0.45‰，平均值为 -0.2‰。昌都盆地盐泉水 $\delta^{37}Cl$（ave=-0.29 ‰）低于兰坪盆地（ave=-0.26 ‰），兰坪盆地低于思茅盆地（ave=-0.04‰），可见昌都盆地盐泉水浓缩程度要强于兰坪盆地，兰坪盆地强于思茅盆地，自北向南（昌都—兰坪—思茅盆地）其成钾潜力依次变差。

4.3　羌塘东部昌都地区中生代石膏地球化学特征

　　本次科考工作主要对区内采集的中生代硫酸盐样品进行了沉积学及同位素地球化学方面的分析（图 4.11）。为避免石膏样品受到沉积时伴生黏土矿物等杂质对测试结果的影响，所有待测样品均利用重钨酸钠溶液提前进行了提纯。通过对提纯后样品进行 XRD 检测，发现待测石膏样品的纯度均在 97% 以上，较好地保证了测试结果的准确性。

　　根据本次所采石膏样品的结构、构造及变形特征，可以将其分为结核状、纹层状、块状和次生四大类，各大类之下又可细分为相互组合成的小类（图 4.12）。

　　（1）块状石膏：呈块状，未见明显层理，露头表现为大套厚层石膏沉积，局部显少量杂质呈斑点状，该类石膏沉积在西藏东部居多，形成了大量硫酸盐沉积，代表了长期持续的沉积条件［图 4.12(a)(b)(f)］。

(2) 互层状石膏：由薄层石膏纹层（白色）和灰色泥质碎屑岩互层组成。纹层厚度通常约为 2 cm 厚，代表沉积过程中石膏蒸发沉积时数次受到淡水带来的碎屑物影响。这类石膏在兰坪盆地居多［图 4.12(d)］。

(a) 宾达石膏矿

(b) 达拉卡石膏矿

(c) 扎古昆巴石膏矿

(d) 麻窝塘石膏矿

(e) 火拉村石膏矿

(f) 小长山石膏矿

图 4.11　昌都—兰坪地区石膏矿点

图 4.12　石膏样品岩相特征

　　（3）次生脉状石膏：宏观上呈脉状，代表原生沉积的特征，后期有大气降水等参与的条件下，原有硬石膏被置换（Ortí and Rosell, 2000），石膏晶体为针状或细短柱状［图4.12(c)］。

　　（4）纹层状石膏夹局部碎屑层：为薄层石膏与碎屑岩的互层（或混合）沉积，该类石膏是兰坪和思茅盆地石膏沉积的一大特色。表明沉积时水条件相对不稳定，而相对稳定期则沉积了原生纹层状石膏，突然在此之上又沉积了由原生纹层石膏形成的碎屑石膏以及黑色碎屑，说明了相对较稳定水动力条件下沉积原生纹层石膏后，有相对高能水动力动荡，导致大量碎屑加入［图4.12(e)］。

　　（5）石膏胶结的泥砾岩：紫红色泥砾岩为颗粒支撑结构，泥砾间多为点接触式，其间被石膏及泥砂质物质充填胶结，代表了高能动荡的沉积环境［图4.12(d)］。

1. 石膏硫同位素地球化学特征

　　研究表明，25℃时溶解的 SO_4^{2-} 与沉积型硫酸盐之间的硫同位素分馏系数很小（Sakai, 1968）。从世界上其他一些盆地中现代溶解 SO_4^{2-} 和沉积型硫酸盐中硫同位素分馏系数来看，石膏结晶过程中硫的同位素分馏作用同样十分弱（Holser and Kaplan, 1966）。这些研究表明沉积型硫酸盐中硫同位素比值反映了其相应的蒸发型古海水（或古湖水）的硫同位素比值。因此，人们常依据现代蒸发岩中硫酸盐的硫同位素来判断其沉积古环境。

总体而言，所有样品硫同位素（$\delta^{34}S$）在 13.53‰ ~ 20.69‰。从样品所属的时代来看，13 个侏罗纪样品的 $\delta^{34}S$ 值在 15.23‰ ~ 20.69‰，且主要集中在 17.10‰ ~ 20.69‰，这与现代海相卤水的硫同位素值（20.5‰）基本一致。而 9 个白垩纪石膏样品 $\delta^{34}S$ 在 13.53‰ ~ 15.40‰；10 个三叠纪样品的 $\delta^{34}S$ 在 13.75‰ ~ 17.49‰，且主要集中在 13.75‰ ~ 15.26‰，这与老挝他曲盆地含钾盐塔贡组基底硬石膏（13.8‰ ~ 15.3‰）（张华等，2014）和泰国呵叻盆地含钾盐马哈沙拉堪组基底硬石膏（14.3‰ ~ 17‰）(Tabakh et al.,1999) 基本一致，也与兰坪—思茅盆地勐野井组硬石膏硫同位素值（13.4‰ ~ 15.2‰）较一致（王立成等，2014）。此外，测试数据显示不同时代的石膏样品硫同位素值 $\delta^{34}S$ 变化较大。侏罗纪石膏样品的硫同位素值 $\delta^{34}S$ 从羌塘盆地东部至云南兰坪—思茅盆地有逐渐增大的趋势。而样品岩相学差异所造成的同位素值的变化不明显。

不同于上述缺氧环境中硫酸盐硫同位素值，本次所采集的样品原生石膏 $\delta^{34}S$ 主要集中于 13.53‰ ~ 20.69‰，表明成盐期细菌还原作用微弱，其对石膏硫同位素的分馏作用贡献很小。这也与所采集的样品所处的总体为有氧环境下的红色碎屑岩沉积的形成环境相一致。

一般大气降水的 $\delta^{34}S_{V\text{-}CDT}$ 为 0‰ ~ 5‰，天然淡水的值为 5‰ ~ 10‰（Holser and Kaplan，1966），表明未受到海水影响及细菌还原作用影响的陆相水体的硫同位素应在 10‰ 以下。如果陆相水体受到海水影响，则会表现出海水和大陆淡水的特点。

三叠纪至白垩纪，全球海洋硫酸盐的 $\delta^{34}S_{V\text{-}CDT}$ 为 14‰ ~ 32.4‰（Strauss，1999；陈锦石等，1981），代表了该时期海水的硫同位素组成。本次所采样品从三叠纪至白垩纪，石膏硫同位素比值均分布在 13.53‰ ~ 20.69‰，落入同期海洋硫酸盐的硫同位素分布 $\delta^{34}S$ 范围内，表明该区硫酸盐样品为海相成因。前已述及，由于未受细菌还原作用的影响，样品在沉积时期卤水主体为海水，同时后期可能还受大陆淡水补充的影响，使得部分样品的 $\delta^{34}S_{V\text{-}CDT}$ 较低，如白垩纪小长山地区石膏矿、石登石膏矿等。上述硫同位素研究表明：昌都地区乃至兰坪地区，在三叠纪、侏罗纪及白垩纪形成的蒸发岩，其卤水成分主要来自海水，但可能有大陆水体的掺杂。

2. 石膏锶同位素地球化学特征

自然界锶有 4 个稳定同位素：^{84}Sr、^{86}Sr、^{87}Sr 和 ^{88}Sr，其中 ^{87}Sr 是放射源的，它是由 ^{87}Rb 经过 β 衰变而来的。随着 ^{87}Rb 的衰变，^{87}Sr 在地质历史储库中逐渐增多。锶和钙在元素周期表中同属一个主族且位置相邻。锶、钙离子半径相近，比值为 1.14，同时，锶、钾离子半径相差不大，比值为 0.85，因此锶常以分散状态出现在含钙、钾的矿物中，如碳酸盐、硫酸盐、斜长石和磷灰石等。由于锶同位素在不同的地质储库中具有其特征组成，且在地表化学过程和生物过程中不易发生同位素分馏，因此成为地质过程反演的有效示踪剂。

通过对研究区不同时代、不同地区的硫酸盐样品开展锶同位素的测定，发现各个时代的 $^{87}Sr/^{86}Sr$ 值变化范围很小（图 4.13），其值分布范围为 0.707316 ~ 0.717587，且主体分布范围为 0.7073 ~ 0.709719。这说明这些石膏样品从三叠纪到白垩纪，其锶同位素比值是比较稳定的。同时该区的 $^{87}Sr/^{86}Sr$ 与现代海洋的 $^{87}Sr/^{86}Sr$ 值（0.7092）十分接近，表明研究区硫酸盐可能为海相成因。此外，部分样品的 $^{87}Sr/^{86}Sr$ 值最大可达0.717587，反映了成盐期海水通过河流等方式提供了部分相对富放射性成因的锶，因而具有较高的 $^{87}Sr/^{86}Sr$ 值。Palmer 和 Edmond（1989）研究认为全球河流输入的平均 $^{87}Sr/^{86}Sr$ 值为0.7119，较现代海水的0.7092值要高，也从侧面证实了这个推断。从上述分析可知，该区成盐期的蒸发岩应为海相成因，同时有部分陆相水的参与。盆地锶同位素组成的主要控制因素为高 $^{87}Sr/^{86}Sr$（0.720±0.005）值的壳源硅铝质岩石经风化后通过河流补给。所以对研究区来说 $^{87}Sr/^{86}Sr$ 值的大小反映了陆源碎屑物对成盐盆地的供应情况。

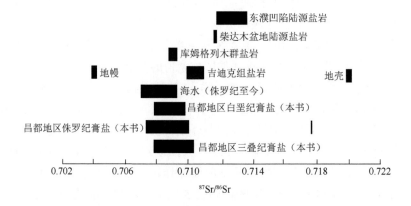

图 4.13　不同物质来源的锶同位素组成（王兴元等，2015）

4.4　碎屑岩物源示踪

碎屑锆石物源示踪是近年来发展十分成熟的示踪盆地物源的分析方法，国内外学者对其进行了大量的实践。为了查清羌塘盆地与兰坪—思茅盆地间中生代时期的物源关系，前期相关项目对位于云南思茅盆地江城勐野井钾盐矿区的钻孔岩心开展了碎屑锆石物源示踪工作。分别选取勐野井组含盐系地层中部的粉砂岩样品和其下扒沙河组砂岩样品开展了后续分析。

样品所挑选的锆石颗粒呈浅黄色—无色透明短柱状，少部分为长柱状、等粒状和不规则状，且绝大部分锆石颗粒均被不同程度搬运磨圆，为典型碎屑锆石的形貌特征。锆石粒径为 90～200μm。少量锆石后期磨圆特征不明显，晶体形态完好，在阴极发光照片中呈现为环带和条带结构，且没有变质后留下的变质增生边，为典型的岩浆活动产物。一部分锆石后期经历了强烈的重结晶作用，使得其原始生长的环带信息几乎被完全置换，这部分锆石在阴极发光照片中显示为灰白色或白色（图4.14），且往往以具有古老的年龄信息为特征。少部分锆石颗粒具有核幔边界结构，其特征是核部仍然残留有微弱的环带信息，而其外部已发生重结晶而呈现出外部薄的增生边。还有少量锆石颗粒在阴极发光照片中显示出更加复杂的结构类型，其为经历了多期变质作用的产物。从这些锆石的形貌特征来看，它们显然不是单一的岩浆锆石的产物，可能为多种成因类型的锆石颗粒的集合体，表明了其多种物源类型。

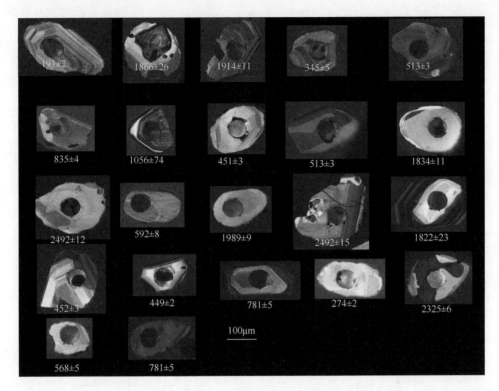

图 4.14　勐野井组及扒沙河组砂岩代表性锆石阴极发光图像和年龄值（Ma）

　　在前人相关研究的基础上对比了羌塘地块、松潘甘孜地块、拉萨地块、扬子地块、兰坪—思茅地块等可能存在物源联系的地区间的碎屑锆石年龄谱图（图 4.15），结果表明所测样品的 1596 ～ 2823Ma 的年龄信息与羌塘、松潘甘孜及扬子地块均较为相符，表明前寒武纪时代这些地区可能存在较为密切的物源联系。而中生代以来的年龄谱峰则更清晰地显示出羌塘地块、松潘甘孜地块与兰坪—思茅地块的密切物源联系。

　　实际上，从羌塘盆地的物源特征来看，其三叠纪地层沉积物源显示长英质特征，物源区构造背景以大陆岛弧为主，兼有大洋岛弧和被动大陆边缘构造背景特征（屈李华等，2015），这与兰坪—思茅盆地的物源区构造属性一致。北羌塘盆地在泥盆纪—早二叠世为大洋，具有伸展背景下的被动大陆边缘的沉积特征。羌北地区北侧的古特提斯可可西里—金沙江缝合带形成过程是被动大陆边缘向大陆岛弧演化的过程（冯兴雷等，2010；边千韬等，1993）。彭虎等（2014）利用碎屑锆石 U-Pb 年龄研究了羌塘盆地中部石炭系沉积地层物源，显示羌塘盆地中部的年龄峰值与扬子大陆周缘年龄信息一致。表明其物源区主要来自扬子大陆周缘。

　　从上述论述来看，虽然羌塘盆地与兰坪—思茅盆地之间缺乏一些古流向等证据佐证二者之间的水力联系，但从其共同的物源区构造背景、沉积地层地球化学特征、区域构造演化特征来看，二者之间物源具有多种相似性，表明这两个盆地之间的物源具有一定的联系性。这也就说明羌塘地块、哀牢山构造带、扬子地块等地区共同组成了兰坪—思茅盆地物源区。

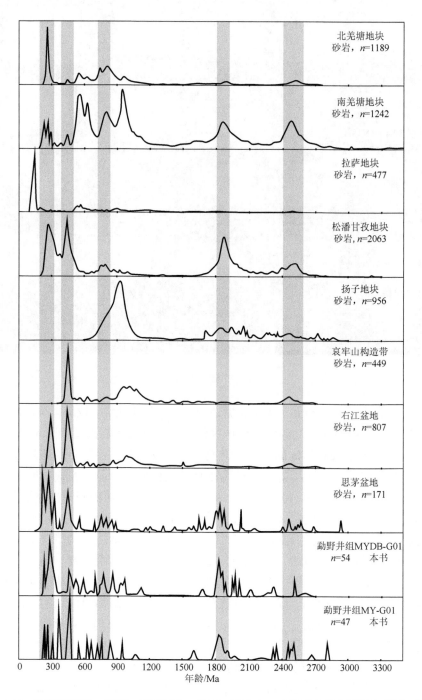

图 4.15 思茅与羌塘、拉萨、松潘甘孜、扬子、哀牢山、右江盆地碎屑锆石年龄谱对比图

改自王立成等，2014

4.5　小结

通过在羌塘东部地区（昌都盆地）开展系统的调查工作，对研究区典型的中生代地层剖面露头进行了系统对比与取样分析，并对其中不同区域的中生代地层沉积相类型、演变特征、物源属性指标等进行了系统类比。在此基础上对研究区内广泛分布的盐泉、膏盐沉积及菱镁矿沉积等蒸发岩沉积序列进行了系统梳理与多指标的测试分析，分析了研究区中生代地层的成盐潜力。

基于研究区岩相古地理演化过程与包括元素地球化学、同位素示踪（δ^{34}S、^{87}Sr/^{86}Sr）等在内的多种指标分析，明确了羌塘盆地东部中生代地层内大规模发育的蒸发岩沉积具有典型的海相物源特征，认为中侏罗世—白垩纪期间的海侵/海退作用可能为区内膏盐类蒸发岩沉积的形成提供了物质基础，而沉积期间干旱的气候背景与构造圈闭条件为蒸发岩的形成奠定了基础。另外，羌塘盆地东部始新世贡觉组地层中盐泉水出露较多，中生代盐泉水则主要出露于中侏罗世地层。盐泉水的水化学组成与同位素组成均显示成盐流体明显受到了大气水的改造作用，表现出水体掺杂变质的特征。而在成盐演化阶段上认为研究区的盐泉水主要源自己演化至石盐沉积阶段沉积地层的溶滤，同时微量元素与氯同位素分析表明氯同位素对指示成盐成钾具有较好的效果，并认为羌塘盆地东部古水体可能具有较高的浓缩程度，甚至有可能强于毗邻的兰坪—思茅盆地。同时，为深入了解昌都地区与兰坪—思茅盆地含盐系地层间的物源关系，通过对比两地含盐地层的碎屑锆石年龄谱分布特征，认为两地含盐系地层在碎屑物质来源上具有良好的相似性，表明两地在中生代晚期可能受控于相似的物源体系，并具有一定的物源联系，这对指示思茅—呵叻巨型成钾盆地的成盐物质来源及开展后续的深入工作均具有重要意义。

总之，通过基础地质特征与沉积学特征，结合各类样品的多指标分析，初步明确了羌塘东部地区昌都盆地具有较好的成盐条件，同时与其南部兰坪—思茅盆地中生代含盐系地层间存在显著的物源联系。这些认识为解决兰坪—思茅—呵叻超大型成盐带的溶质来源问题提供了一定程度的科学依据，同时为深入了解昌都地区的成盐成钾潜力奠定了基础。

## 第 5 章

柴达木盆地盐湖锂、镁、硼资源元素物源及迁移规律

5.1 柴达木盆地盐湖分布特征与资源禀赋

中国是世界上盐湖资源最丰富的国家之一，盐湖资源也是我国具有相对国际优势的矿产资源，其中，钾、锂、硼、铷、铯等资源用途极广。柴达木盆地位于青藏高原北部，是青藏高原最大的造山带沉积盆地，也是中国盐湖集中分布区。盆地赋存的盐湖资源对国家及地区经济发展和资源安全保障具有重大战略意义。

整体而言，青藏高原湖泊受其所处自然环境、气候和地质背景的控制，区域内的盐湖水化学类型具有南北分带、东西分区的特点（图 5.1）。大概可以将其分为"四带一区"：由南往北，为藏南低矿化度碳酸盐型亚带（I_1）、羌南高矿化度碳酸盐型亚带（I_2）、羌北硫酸钠亚带（Ⅱ）、昆仑—可可西里硫酸镁亚型带（Ⅲ）和库木库里—柴达木氯化物型 – 硫酸盐型带（Ⅳ）以及硫酸钠亚型外泄亚区（Ⅴ）（郑绵平，1989，2010，2016）。从盐湖水化学类型而言，青海地区缺少碳酸盐型盐湖，而西藏地区又缺

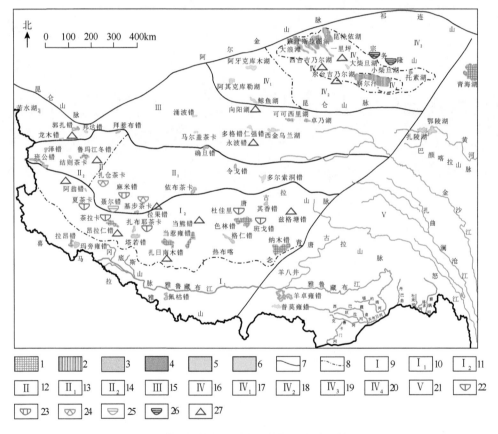

图 5.1　青藏高原盐湖水化学分带图（郑绵平等，2016）

1. 咸水湖；2. 干盐湖；3. 碳酸盐型；4. 硫酸钠亚型；5. 硫酸镁亚型；6. 氯化物型；7. 水化学类型分界线；8. 亚带分界线；9. 碳酸盐型带；10. 低矿化度亚带；11. 高矿化度亚带；12. 硫酸钠亚型带；13. 硫酸钠亚型带；14. 硫酸钠 – 碳酸盐型亚带；15. 硫酸镁亚型带；16. 氯化物 – 硫酸盐型带；17. 库木库里硫酸镁亚型带；18. 硫酸钠亚型亚带；19. 硫酸镁亚型亚带；20. 氯化物型亚带；21. 硫酸钠亚型外泄区；22. 硼砂型；23. 镁硼酸盐 – 钠硼解石型；24. 柱硼镁石 – 库水硼镁石型；25. 库水硼镁石型；26. 钠硼解石 – 柱硼镁石型；27. 卤水型

少氯化物型盐湖；青海地区的硫酸盐型盐湖以硫酸镁亚型为主，而西藏地区的则以硫酸钠亚型居多（张彭熹等，1999）。青海、西藏两省区是中国最主要的两大盐湖区，其盐湖面积占到全国盐湖面积的 64% 以上。其中，西藏是我国盐湖数量最多的省级行政区，面积 2 km² 以上的盐湖多达 275 个。而青海是我国盐湖资源最集中、开发规模最大和开发程度最高的省级行政区，整个青海省范围内约有 33 个盐湖，盐湖总面积约为 1 万 km²，占全省湖泊总面积的 47.26%。青海省的盐湖主要分布在南祁连山间盆地、柴达木断陷盆地和青南高原三个亚区，其中柴达木断陷盆地亚区内盐湖分布最多，种类最全，仅柴达木盆地盐类沉积面积就达 1.7 万 km²，卤水 400 亿 m³（张彭熹等，1999）。总体而言，青海和西藏两地的盐湖都以富含硼、锂资源而著称于世，尤其柴达木盆地盐湖富集钾、锂、硼、镁、锶等元素。

5.2　柴达木盆地锂、镁、硼资源赋存特征及研究现状

柴达木盆地位于青藏高原北部，是我国内陆大型的山间盆地，被阿尔金山、祁连山和昆仑山所包围，呈封闭不规则菱形，总面积 1.21×10^5 km²。盆地地处干旱气候区，常年干旱少雨、蒸发强烈。受南部昆仑山山系和北部祁连山山系高山冰雪融水和降水水文补给，盆地内形成 20 多个尾闾盐湖，其大多数分布在盆地中东部。一里坪、西台吉乃尔盐湖、东台吉乃尔盐湖、察尔汗盐湖别勒滩区段赋存卤水锂矿床；察尔汗盐湖多个区段赋存卤水钾矿床；德宗马海、巴仑马海、大柴旦盐湖、小柴旦盐湖赋存卤水和固体硼矿床；一里坪、西台吉乃尔盐湖、东台吉乃尔盐湖、察尔汗盐湖赋存卤水和固体镁矿床。盆地及周边山系地层出露较全，主要分布古元古界地层、奥陶灰岩及华力西晚期花岗岩等，岩浆岩在山区广泛分布，且从酸性至超基性岩都有出露，受区域构造控制，沿断裂呈带状分布；周边山系前缘主要沉积古近系和新近系油砂山组-狮子沟组地层；盆地内则主要被第四系地层所覆盖（图 5.2）。

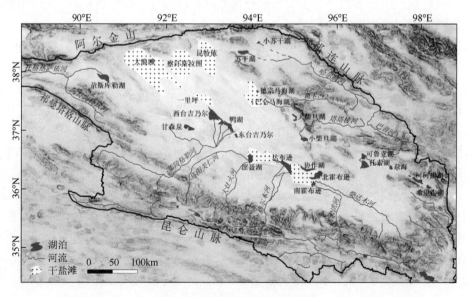

图 5.2　柴达木盆地盐湖分布图

那陵格勒河是柴达木盆地中一条重要河流，发源于盆地中南缘东昆仑山脉，是盆地中流域面积和径流量最大的河流。那陵格勒河补给源有大气降水、冰雪融水和地下水等，河流出山口后河水大量下渗漏失补给地下水，至冲洪积扇前缘细土平原带与溢出地表的地下水汇集成"泉集河"，其中较大的"泉集河"有乌图美仁河、台吉乃尔河。据监测资料现在那陵格勒河年平均径流量 $12.9×10^8$ m³/a（徐威，2015），按照目前的河系特征，那陵格勒河河水除了小部分通过地表和地下径流汇入乌图美仁河外，最终流入别勒滩盐湖，而大部分径流汇入台吉乃尔河，经由东台吉乃尔河和西台吉乃尔河以及支流，河流的最终排泄点为盆地中部的东台吉乃尔湖、西台吉乃尔湖。

因那北构造阻挡，那陵格勒河自出山口后发育有两级冲积扇。第一级冲积扇面积为 1470 km²，从出山口至扇缘落差达 500 m（Yu et al.，2013）。超过50%的河水在出山口后渗漏补给山前冲洪积扇地下水，在冲洪积扇前缘，地下水重新溢出与地表水汇集，形成泉集河，东台吉乃尔河与乌图美仁河即为本区较大的两条泉集河（徐威，2015）。乌图美仁河主要补给察尔汗盐湖别勒滩区段；而东台吉乃尔河受那北背斜构造阻挡，形成区域内第二级冲洪积扇，面积达 1472 km²，落差约为 100m，最终补给至东台吉乃尔盐湖、西台吉乃尔盐湖、一里坪盐湖和鸭湖。

东台吉乃尔盐湖位于该区东部，湖盆受北部台吉乃尔背斜构造、西部鸭湖背斜构造和东部涩北构造控制。钻孔揭露该区蒸发盐总厚度为 10～25 m，主要包括两个蒸发盐层，由一层稳定的湖相沉积物隔开。主要盐类矿物为石盐，局部可见芒硝和白钠镁矾等硫酸盐矿物。钾、锂、硼矿床主要赋存在晶间卤水中，卤水类型为硫酸镁亚型（曹文虎和吴蝉，2004）。西台吉乃尔盐湖位于西端，由北西部的红三旱四号背斜构造、北东侧的巴嘎雅乌尔背斜构造等背斜构造所包围。该湖盐沉积厚度一般小于 35 m，盐类沉积特征、盐类矿物组合、卤水类型与东台吉乃尔盐湖较一致（曹文虎和吴蝉，2004）。

一里坪盐湖的东部通过苦水沟与西台吉乃尔盐湖相连，西与油泉子、大风山相连，北部为俄博梁三号构造，南部为红三旱四号构造，整体为一长条形盆地，呈 NWW 向展布（曹文虎和吴蝉，2004）。前人研究显示，一里坪湖水不直接由那陵格勒河水补给，而是经西台吉乃尔盐湖浓缩后补给的（朱允铸等，1990）。鸭湖与东台吉乃尔盐湖、西台吉乃尔盐湖同为第二级冲积扇的扇前湖。近年来，由于那陵格勒河径流量不断增加及东台吉乃尔盐湖、西台吉乃尔盐湖、一里坪盐湖人工堤坝的建成，鸭湖面积不断扩大（毛晓长等，2018）。别勒滩区段位于察尔汗盐湖最西端，别达隆起将其与东部的达察凹陷隔开。该区段面积超过 1500 km²，盐沉积厚度达 70 m，主要包括两个蒸发盐层，由一层稳定的碎屑层隔开。主要盐类矿物为石盐，晶间卤水为硫酸盐型硫酸镁亚型（张彭熹，1987）。

大柴旦和小柴旦盐湖位于柴达木盆地北缘祁连地区与北柴达木超高压变质带之间，它们的卤水硼含量为盆地盐湖之首，且在湖底沉积有全球少有分布的柱硼镁石矿层，是我国发现的主要的固体硼酸盐盐湖矿床。热泉出露于柴达木盆地北缘祁连山系达肯达坂山，属于祁连地块，其以地下潜流的形式补给大柴旦盐湖。达肯达坂山山区的变质岩和火成岩发育了一系列断裂构造，为山区裂隙潜水的形成提供了基本条件，尤其为深循环的地热水形成提供了良好条件，因而形成大柴旦北部北麓温泉带（郑绵平，1989）。祁连地块的深成岩为奥陶纪－志留纪的花岗岩（Yin et al.，2002），这些古生代的花岗岩被普遍认为是热泉流体的储源岩（Stober et al.，2016）。塔塔棱河位于柴达木盆地北缘祁连地块，为大柴旦和小柴旦盐湖的重要补给源，河流上游分布有沉积型硼矿（居红土硼矿）及多处富硼泥火山（乌兰保姆），是河水富硼的主要原因（郑绵平，1989；张雪飞，2014）。

5.2.1　锂资源

1. 锂资源的研究现状及意义

随着新能源汽车及储能材料的快速发展，锂作为一种重要的能源金属，其需求量不断增加，已被列为我国战略性矿产资源之一（王秋舒和元春华，2019）。柴达木盆地那陵格勒河（以下简称那河）补给的尾闾盐湖区（一里坪干盐滩、东台吉乃尔盐湖、西台吉乃尔盐湖和察尔汗盐湖别勒滩区段）赋存了我国最大的卤水锂矿床，锂资源总储量达 230 万 t（以金属锂计）（Yu et al.，2013）。

前人对该区域锂矿成矿物源开展了持续而深入的研究，形成了不同的认识。Chen 和 Bowler（1986）认为，柴达木古湖自西向东迁移导致易溶的钾、锂资源在东部一里坪、东台吉乃尔、西台吉乃尔、察尔汗盐湖富集成矿。然而，该观点不能解释锂元素仅在察尔汗盐湖别勒滩区段富集，而在其他区段（达布逊、察尔汗和霍布逊区段）含量明显偏低的事实，因此该观点受到较严重的挑战（朱允铸等，1990）。张彭熹（1987）认为柴达木盆地现代盐湖锂矿是表生条件下多源杂交矿床，锂的可能来源包括：①围岩风化；②盆地周边及内部深部水；③盆地西部新近纪含盐系地层风化淋滤；④盆地内出露的油田水。而朱允铸等（1989）认为东台吉乃尔、西台吉乃尔盐湖和一里坪盐湖锂矿的形成与那河的补给有关。那河上游受沿昆南断裂和新生代火山活动区分布的富锂热泉水补给，使河水锂含量升高，并在上述湖区汇集浓缩，形成卤水锂矿。近年来，研究区水体的元素，氢、氧、硼同位素及河流锂补给通量计算均表明，那河水是尾闾湖区锂成矿的主要物源（Tan et al.，2012；Yu et al.，2013；Wei et al.，2014）。而李建森等（2019）通过研究水体氢、氧、锶同位素，得出东台吉乃尔、西台吉乃尔盐湖和一里坪盐湖富锂卤水是由 258 份那河水和 1 份盆地西北部迁移卤水混合蒸发浓缩形成的。综上所述，已有研究对于那河尾闾盐湖区锂成矿物源（古湖残留、围岩风化、含盐系地层淋滤水、油田水、深部水等）仍存在一定争议。且前人研究主要集中在那河出山口之后的水体，对该河流上游及其支流的考察较少，河水中锂是否全部来源于上游热泉的补给，区域中是否存在其他含锂物源，相关研究仍然薄弱。

盐湖卤水锂矿形成过程中伴随着复杂的水化学演化过程，而柴达木盆地内不同水体的水化学组成存在明显的差别，如根据瓦良亚什科水化学分类方法，油田水水化学类型主要为氯化物型，而河水主要为碳酸盐型和硫酸钠亚型，盐湖卤水则主要为硫酸镁亚型和氯化物型（张彭熹，1987）。Lowenstein 等（1989）曾利用水化学方法探讨了察尔汗盐湖河水和泉水的混合成因。而锶同位素在表生地球化学过程中很难发生分馏，因此被广泛应用于示踪天然水体的离子来源，水体径流、混合过程以及水岩相互作用等水文地质过程（肖军等，2013；Fan et al.，2018）。Fan 等（2018）利用锶同位素示踪了察尔汗盐湖自析盐以来长期受控于南部昆仑山河水与北部沿断裂带上涌的泉水的混合成盐过程。硫同位素也被用于地质体物源识别与水文过程示踪研究中（刘成林等，1999；樊启顺等，2009）。自然界中，影响硫同位素分馏的因素较多，导致硫同位素分馏较大（–65‰ ～ +120‰），不同地质体的硫同位素组成差别较大（Thode and Monster，1965；Holser and Kaplan，1966；Raab and Spiro，1991；李庆宽等，2018；Li et al.，2020）。综上所述，水化学、锶－硫同位素均是良好的示踪物源的手段。而综合利用以上多指标对那河及其尾闾盐湖区锂物质来源的研究可能有助于查清有争议的物源。

因此，本书拟通过对研究区进行系统的考察和采样，结合前人的研究工作，综合利用水化学、锶－硫同位素组成（$^{87}Sr/^{86}Sr$-$\delta^{34}S$）对那河及其尾闾盐湖锂的物源进行限定，以期查明研究区锂的来源，深入理解青藏高原富锂盐湖的形成机制。

2. 样品采集与分析

1）样品采集

考察队于 2020 年 5 月对那河及其尾闾盐湖区进行了系统考察和采样，共采集河水样品 11 件，湖水样品 1 件，卤水样品 4 件；包括楚拉克阿拉干河（简称楚河）水样 4 件，那河水样 4 件，东台吉乃尔河水样 1 件，乌图美仁河水样 2 件，鸭湖水 1 件，西台吉乃尔盐湖晶间卤水 3 件，东台吉乃尔盐湖湖表卤水 1 件（图 5.3）。

水样收集在两个 500 mL 高密度聚乙烯窄口瓶中。采样前，用采样点水体刷洗 3 遍后装满，密封并编号。所有采样瓶事先均在实验室内用 10% 硝酸浸泡 48 h，并用超纯水清洗至中性后烘干备用。水样运至实验室后，用 0.45 μm 醋酸纤维膜过滤密封以备测试分析。

2）分析测试

对所有水体样品进行主量（K^+、Na^+、Ca^{2+}、Mg^{2+}、Cl^-、SO_4^{2-}、CO_3^{2-}、HCO_3^-）和微量（Li^+）元素分析。K^+、Na^+、Ca^{2+}、Mg^{2+}、Li^+ 采用电感耦合等离子体发射光谱仪（ICP-OES，ICAP6500 DUO，美国热电公司）分析测定，误差小于 2%；应用重量法测定 SO_4^{2-} 含量，精度为 0.5%；HCO_3^- 和 Cl^- 分别采用容量法和离子色谱仪（ICS-5000+）测定，测试精度为 0.2% ～ 0.3%。测试工作均在中国科学院青海盐湖研究所完成。

对 13 件水体样品进行硫同位素组成测试。采用气体同位素质谱仪（MAT251，Thermo Fisher Scientific Inc.，美国）完成，具体步骤见文献（Li et al.，2020）。根据对标准样品的重复测试，$\delta^{34}S$ 分析精度为 ±0.2‰。对 4 件水体样品进行锶同位素组成分析。由 MAT261 热电离质谱仪完成。样品的分析误差小于 ±8.0×10⁻⁵（±2σ，σ 表示标准偏差）。硫、锶同位素组成的测试均在中国地质调查局武汉地质调查中心完成。

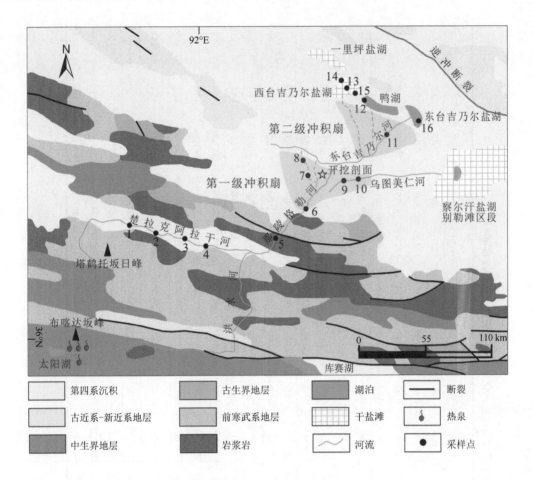

图 5.3　那陵格勒河流域及其尾闾湖区地质概况及采样点分布图
改自 Geological Atlas of China，2002

3. 结果

1）水化学组成

研究区河水、湖水和晶间卤水的水化学组成见表 5.1。相比于世界河水的平均矿化度（120 mg/L）（Wetzel，1975），研究区河水的矿化度普遍较高（560～3617 mg/L），且随着径流路径的增加，矿化度不断增加。河水 pH 大部分分布在 7～9，呈中性或弱碱性，随着水体矿化度的增加，pH 有逐渐降低的趋势。研究区河水中 Na^+、Cl^- 含量普遍较高；那河、东台吉乃尔河和乌图美仁河水中 K^+ 含量明显高于楚河。根据舒卡列夫水化学分类方法，楚河水为 $Na\text{-}Ca\text{-}Cl\text{-}SO_4\text{-}HCO_3$ 型，那河水以 $Na\text{-}Cl\text{-}HCO_3$ 型为主，东台吉乃尔河为 $Na\text{-}Cl$ 型，乌图美仁河则为 $Na\text{-}Cl\text{-}SO_4$ 型。对于微量元素 Li 来说，楚河水锂含量明显偏低，在 0～0.05 mg/L；而那河水锂含量比楚河高一个数量级，平均为 0.63 mg/L；乌图美仁河作为那河的泉集河，其锂含量为 0.68～0.82 mg/L；而东台吉乃尔河水锂含量则为 1.88 mg/L，与其较高的矿化度相对应。

表 5.1 研究区不同水体样品水化学、锶–硫同位素组成特征

采样区域	样品类型	样品编号	pH	Ca^{2+}/(mg/L)	Mg^{2+}/(mg/L)	Na^+/(mg/L)	K^+/(mg/L)	CO_3^{2-}/(mg/L)	HCO_3^-/(mg/L)	Cl^-/(mg/L)	SO_4^{2-}/(mg/L)	TDS/(mg/L)	Li^+/(mg/L)	$\delta^{34}S$/‰	$^{87}Sr/^{86}Sr$
楚拉克阿拉干河	河水	1	6.86	63.27	23.98	81.05	4.02	0.00	182.11	112.38	122.62	591.52	0.05	11.2	
		2	7.84	57.94	23.51	79.29	3.29	0.00	160.38	110.85	123.25	560.14	0.00	10.9	
		3	7.94	77.46	31.15	111.68	4.65	0.00	186.77	160.43	181.49	755.45	0.03	10.4	
		4	8.02	77.22	30.74	131.52	5.19	0.00	162.97	184.83	206.43	801.49	0.00		0.71136
那陵格勒河	河水	5	7.10	84.00	39.37	184.46	14.76	0.00	286.10	260.50	173.65	1049.88	0.61	6.6	
		6	8.07	57.79	33.69	162.47	10.75	12.72	182.63	219.50	156.81	841.07	0.45		
		7	7.88	60.75	33.11	169.07	16.25	0.00	212.12	226.49	166.41	892.09	0.67	12.7	0.7116
		8	7.73	74.23	42.28	210.56	19.48	0.00	280.41	288.48	185.03	1111.17	0.79		
乌图美仁河	河水	9	7.74	252.67	103.91	557.92	27.19	0.00	243.68	606.93	1184.92	2994.77	0.68	15.6	0.71158①
		10	6.99	143.28	72.31	411.81	24.15	0.00	267.99	482.62	639.17	2054.98	0.82	16.6	
东台吉乃尔河	河水	11	8.03	94.24	110.54	989.51	49.65	17.81	305.76	1317.28	711.17	3616.78	1.88	16.4	0.71170
鸭湖	湖水	12	8.30	118.71	152.25	2015.10	76.51	2.24	192.25	3065.56	854.72	6499.29	2.18	14.8	0.71158
那陵格勒河尾闾盐湖	西台吉乃尔盐湖 晶间卤水	13	6.55	223.00	28967.50	82081.80	10007.50	0.00	1210.63	183543.08	46989.00	354490.84	347.50	12.5	
		14	7.15	346.50	12161.50	98250.21	9365.00	0.00	615.66	175472.40	26380.00	323276.29	161.50	12.4	
		15	6.51	278.50	41799.50	57057.04	12754.50	0.00	1916.32	189010.32	40551.00	345134.96	529.00	12.7	0.71156
	东台吉乃尔盐湖 湖表卤水	16	7.80	938.00	1217.50	60340.37	1138.00	61.07	177.56	92005.85	9408.50	165416.99	29.50	15.1	0.71143①
	一里坪 晶间卤水	17	7.32	374.00	24181.00	81351.00	11019.00	0.00	25.90	196464.00	13829.00	327243.00	262.00		0.71150②
	别勒滩 晶间卤水	18	5.72	301.20	77177.08	17137.28	19830.02	0.00	1689.20	257646.84	6150.00	379087.02	427.20	11.3③	0.71150①
		19	6.21	494.60	52723.03	39597.12	21187.22	0.00	1101.23	221587.10	7232.00	343371.69	204.50	12.1③	0.71150①
		20	6.13	396.40	45740.48	52335.19	9502.61	0.00	990.29	208605.60	10054.00	327129.41	179.60	10.6③	0.71154①

续表

采样区域	样品类型	样品编号	pH	Ca²⁺/(mg/L)	Mg²⁺/(mg/L)	Na⁺/(mg/L)	K⁺/(mg/L)	CO₃²⁻/(mg/L)	HCO₃⁻/(mg/L)	Cl⁻/(mg/L)	SO₄²⁻/(mg/L)	TDS/(mg/L)	Li⁺/(mg/L)	δ³⁴S/‰	⁸⁷Sr/⁸⁶Sr
格尔木河	河水	21	8.25	60.10	43.75	130.27	4.96	0.00	262.21	187.91	106.41	824.00	0.058		
		22	8.31	39.68	36.80	97.07	4.41	0.00	244.32	115.53	83.09	635.00	0.046		
		23	8.11	39.45	37.02	87.67	4.25	0.00	216.81	117.36	87.01	603.00	0.046		
		24	8.27	39.45	37.07	86.95	4.40	0.00	216.15	118.99	86.19	600.00	0.053		
		25	8.38	39.67	36.60	82.19	4.03	0.00	202.40	115.05	86.03	579.00	0.054		
洪水河	河水	26		47.30	34.00	329.00	29.80	0.00	291.10	510.20	62.40	1320.90	2.04		
		27		91.40	17.30	900.00	114.00	0.00	166.00	1689.30	31.20	3007.70	8.50		

注:一里坪晶间卤水数据来自张彭熹,1987;别勒滩晶间卤水数据来自 Fan 等,2018,其中锂含量数据尚未发表;格尔木河水数据来自杜仲谋,2018;洪水河数据来自允铸等,1990;①代表同位素数据来自 Fan 等,2018;②代表同位素数据来自李建森等,2019;③代表同位素数据来自 Li 等,2020。

鸭湖水的矿化度（6499 mg/L）明显高于流入的东台吉乃尔河水，但远低于东、西台吉乃尔盐湖卤水（165417～354491 mg/L）。鸭湖水中 Na^+、Cl^- 含量远高于其他离子，水化学类型为典型的 Na-Cl 型。

东台吉乃尔盐湖湖表卤水矿化度低于西台吉乃尔盐湖晶间卤水，而 pH 相反，且东台吉乃尔盐湖湖表卤水各离子组分与西台吉乃尔盐湖相差甚远，前者 Na^+、Cl^- 含量占阴阳离子总量的绝大部分，水化学类型为 Na-Cl 型，而后者主要为 Na-Mg-Cl 型（Li et al.，2020）。

2）锶同位素组成

本节中共分析 4 件水体样品的锶同位素组成（表 5.1）。楚河的锶同位素组成为 0.71136，低于东台吉乃尔河锶同位素组成 0.71170。鸭湖水锶同位素组成（0.71158）与西台吉乃尔盐湖晶间卤水（0.71156）几乎一致。

3）硫同位素组成

本次研究共获得了 13 件水体样品的硫同位素组成（表 5.1）。楚河的硫同位素组成较一致，分布在 10.4‰～11.2‰，平均值为 10.8‰，明显高于那河上游水体的硫同位素组成（6.6‰）。而那河下游第一级洪积扇末端河水的硫同位素组成明显升高，为 12.7‰，至第二级冲积扇东台吉乃尔河河水硫同位素组成增至 16.4‰，与乌图美仁河河水硫同位素组成（15.6‰～16.6‰）相近。鸭湖水硫同位素组成为 14.8‰，明显高于西台吉乃尔盐湖（12.4‰～12.7‰），而与东台吉乃尔盐湖湖表卤水（15.1‰）接近。

4. 那陵格勒河锂的来源

1）水化学证据

为全面了解那河锂的来源，本节总结了邻区主要河流格尔木河及那河支流洪水河的水化学组成和锂含量特征，并与本研究获取的数据进行了详细对比（表 5.1）。在 Piper 图中，可见不同水体的分布区域相对集中但又存在不同（图 5.4）。格尔木河水 Mg^{2+} 占总阳离子比例及 CO_3^{2-}+HCO_3^- 占总阴离子比例明显高于那河、洪水河和楚河。而那河和洪水河水 Na^++K^+ 占总阳离子比例及 Cl^- 占总阴离子比例明显高于格尔木河和楚河。虽然那河、洪水河、楚河与格尔木河同样发源于东昆仑山，但在河流水化学组成上存在明显的差别。那河水化学组成受到楚河支流和洪水河支流两种不同水化学类型水体的混合影响（图 5.4）。

对比河水锂含量，楚河从上游至与洪水河混合之前河水锂含量均较低（0～0.05 mg/L），与邻近的格尔木河锂含量（0.04～0.06 mg/L）相当，高于世界主要大河的锂含量（0.0002～0.0234 mg/L；Huh et al.，1998），但明显比那河（0.45～0.79 mg/L）和洪水河（2.04～8.50 mg/L）的锂含量低 1～2 个数量级，且那河锂含量低于洪水河，说明楚河与洪水河的混合，稀释了洪水河中的锂含量，那河水高锂含量主要受控于洪水河的补给。而洪水河高锂含量又来自于哪里？

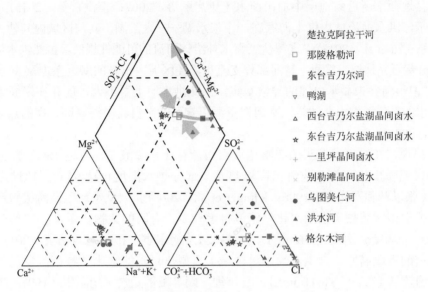

图例：
○ 楚拉克阿拉干河
□ 那陵格勒河
■ 东台吉乃尔河
▽ 鸭湖
△ 西台吉乃尔盐湖晶间卤水
☆ 东台吉乃尔盐湖晶间卤水
+ 一里坪晶间卤水
× 别勒滩晶间卤水
● 乌图美仁河
▲ 洪水河
★ 格尔木河

图 5.4　那陵格勒河流域及邻区不同水体水化学类型 Piper 图

一里坪晶间卤水数据引自张彭熹，1987；别勒滩晶间卤水数据引自 Fan 等，2018；洪水河数据引自朱允铸等，1990；格尔木河数据引自杜仲谋，2018

　　河水中溶质的来源一般可归结为五种：人类活动、硅酸岩风化、碳酸岩风化、蒸发岩溶解和雨水，且硅酸岩矿物的风化贡献了水体中大部分的锂（Wu，2016；张俊文，2018）。Zhang 等（2019）对发源于东昆仑山多条河流（清水河、诺木洪河、格尔木河、灶火河等）的研究显示，人类活动对河流溶质的贡献可忽略不计，河流溶质来源主要包括硅酸岩风化、碳酸岩风化、蒸发岩溶解和雨水。其利用正向模型对不同端元的溶质贡献程度进行了计算，结果显示蒸发岩溶解贡献了河水中超过一半的溶质，碳酸岩风化贡献了约 25% 的溶质，硅酸岩风化贡献了河流溶质总量的 20% 以下。上述河流中锂含量普遍低于 0.05 mg/L，较那河和洪水河中锂含量低一个数量级，即使那河或洪水河中溶质全部来源于硅酸岩风化，也不能为河水提供足够的锂。此外，前人研究显示，中酸性岩浆岩及火山凝灰岩中锂含量普遍较高，其风化淋滤可为河水提供较多的锂（Ide and Kunasz，1989），而洪水河上游地区沿昆南断裂带发育有一定规模的中酸性侵入岩和火山岩，流域内也广布花岗闪长岩和二长花岗岩，岩石风化淋滤可能为那河和洪水河提供了足够的锂。然而，Tan 等（2012）对那河（26.3×10^6 μg/g）及邻区的格尔木河（$27.4 \times 10^6 \sim 28.1 \times 10^6$ μg/g）、乌图美仁河（24.1×10^6 μg/g）和昆仑河（27.2×10^6 μg/g）中河床砂的锂含量分析显示，不同河流的河床砂锂含量十分相近，而河床砂可近似代表流域平均岩石组分，这意味着那河中高锂含量并不受控于围岩风化（李庆宽等，2021）。

　　显然，洪水河及那河中较高的锂含量有着其他的富锂补给源。在青藏高原，除部分盐湖卤水富硼、锂外，其他富硼、锂的水体主要包括高原内部广泛分布的热泉水和柴达木盆地西部新近系地层中油田卤水（樊启顺等，2007；李洪普等，2015）。遥感影像图显示，洪水河流域内仅上游存在一个淡水湖——太阳湖，其与区域内其他湖泊并无水力联系（Yu et al.，2013），富锂盐湖卤水补给该河流的可能性极低。虽然洪水河上游也出露部分新近系地层，然而，楚河部分支流也流经区域内出露的新近系地层（Yu et al.，2013），但该河并未显示出锂的异常富集，因此洪水河上游不太可能存在沿断裂上升的油田卤水的补给。综上所述，洪水河锂资源很有可能来自其上游富硼、锂的热泉水（李庆宽等，2021）。

据报道，在洪水河源头的布喀达坂山南麓存在一热液带，有近 150 个热液喷口，这些喷口或喷出热蒸气，或流出高温热水，部分热水温度可达 92℃，超过当地沸点近 7℃（张以弗和郑祥身，1996；Klinger et al.，2005）。因洪水河上游海拔较高，环境恶劣，关于该区域热泉水的水化学组成报道较少，有限的数据显示该区域部分热泉水锂、硼元素含量分别高达 96 mg/L、507 mg/L（胡东生，1997；马茹莹，2015）。据前人已报道的青藏高原（含洪水河上游区域）典型热泉水的水化学特征，发现热泉水矿化度普遍较高（723 ～ 63641mg/L），且富锂、硼等微量元素（胡东生，1997；李振清，2002；庞小朋，2009；Tan et al.，2012；许鹏等，2018）。将青藏高原典型热泉水水化学组成投点至 Piper 图中，发现洪水河水化学组成明显接近于热泉水，且位于楚河与热泉水的中间区域（图 5.5）。根据舒卡列夫水化学分类方法，热泉水和洪水河水同为 Na-Cl-HCO$_3$ 型，说明洪水河水化学组成可能主要受到热泉水的影响。

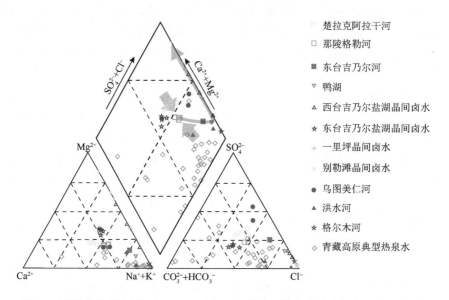

图 5.5　那陵格勒河流域及邻区不同水体和青藏高原热泉水水化学类型 Piper 图

一里坪晶间卤水数据引自张彭熹，1987；别勒滩晶间卤水数据引自 Fan 等，2018；洪水河数据引自朱允铸等，1990；格尔木河数据引自杜仲谋，2018；青藏高原典型热泉水数据引自胡东生，1997；李振清，2002；庞小朋，2009；Tan 等，2012；许鹏等，2018

2）锶同位素证据

楚河与那河流域地质背景相似，但那河（平均值 0.71151，n=6；陈帅，2020）锶同位素组成略高于楚河（0.71136），意味着补给那河的另一条支流——洪水河具有较高的锶同位素组成。洪水河较高的锶同位素组成一方面可能受控于流域围岩的风化，另一方面可能与其上游热泉水的补给有关。

本次科考未能测得洪水河的锶同位素组成，但收集到洪水河周边河流的锶同位素组成，包括洪水河上游可可西里地区的楚玛尔河（0.71003）、沱沱河（0.71046）、源泉河（0.70949）等（赵继昌等，2007；牛新生等，2014），该区域河水均具有较低的锶同位素组成，意味着洪水河较高的锶同位素组成受控于围岩风化淋滤的可能性极小。且报道，洪水河的锶含量（1.5 mg/L）明显高于楚河（0.78 mg/L）、格尔木河（0.60 mg/L）、楚玛尔河（0.60 mg/L）河水的锶含量（胡东生，1997），这种高的锶含量如果受控于围岩风化淋滤，则碳酸盐风化应为河流锶的主要来源（Wu et al., 2009），而区域碳酸盐一般具有较低的锶同位素组成（0.70782 ～ 0.70845），与洪水河较高的锶同位素组成相矛盾。因此，洪水河高的锶同位素和锶含量应与其上游补给的热泉水有关。据报道，布喀达坂山热泉的锶同位素组成为 0.71218，与青藏高原典型热泉水的锶同位素组成（0.71224 ～ 0.71259）接近，明显高于区域河水，且热泉水的锶含量高达 56 mg/L，可为洪水河提供丰富的锶，使洪水河锶含量高于周边河水（赵平等，2003；李建森等，2019）。

因此，虽然本次未能获得洪水河锶同位素组成的数据，但通过研究区及邻区不同地质体系统的锶同位素组成对比发现，洪水河上游富锂热泉水是其河水溶质的重要来源（李庆宽等，2021）。

3）硫同位素证据

前人对研究区内水体或沉积物的硫同位素组成研究较少，仅报道了东台吉乃尔盐湖湖水的一个硫同位素值，为 11.6‰，但对邻区山间地带及盆地内不同水体、沉积物、围岩的硫同位素组成报道较多（郑喜玉，1988；魏新俊等，1993；王弭力等，1997a；樊启顺等，2009），为本书奠定了良好的基础。

本书分析了楚河和那河水 SO_4^{2-} 的硫同位素组成，发现楚河水硫同位素值（10.8‰）明显高于那河上游河水（6.6‰），表明河流中 SO_4^{2-} 来源发生了较大的变化或河水径流过程中发生了硫同位素分馏过程导致那河河水硫同位素组成降低。考虑区域内可能导致硫同位素分馏的因素包括硫酸盐还原作用、硫酸盐矿物结晶析出等，而硫酸盐还原作用会导致水体 SO_4^{2-} 的硫同位素显著上升。虽然硫酸盐矿物结晶析出可导致水体硫同位素组成降低，但区域水体矿化度较低，远未达到硫酸盐矿物饱和析出的状态，因此河水硫同位素组成的下降应主要受到 SO_4^{2-} 来源变化的影响。那河与楚河流域地质背景相似，且那河山区地带目前并无大规模硫铁矿报道，因此推测其硫同位素组成的降低应该与洪水河的补给有关。

本书系统总结了柴达木盆地和邻区水体、沉积物及青藏高原典型热泉水的硫同位素组成，发现热泉水硫同位素组成明显偏低（图 5.6），与洪水河偏低的硫同位素组成相对应。

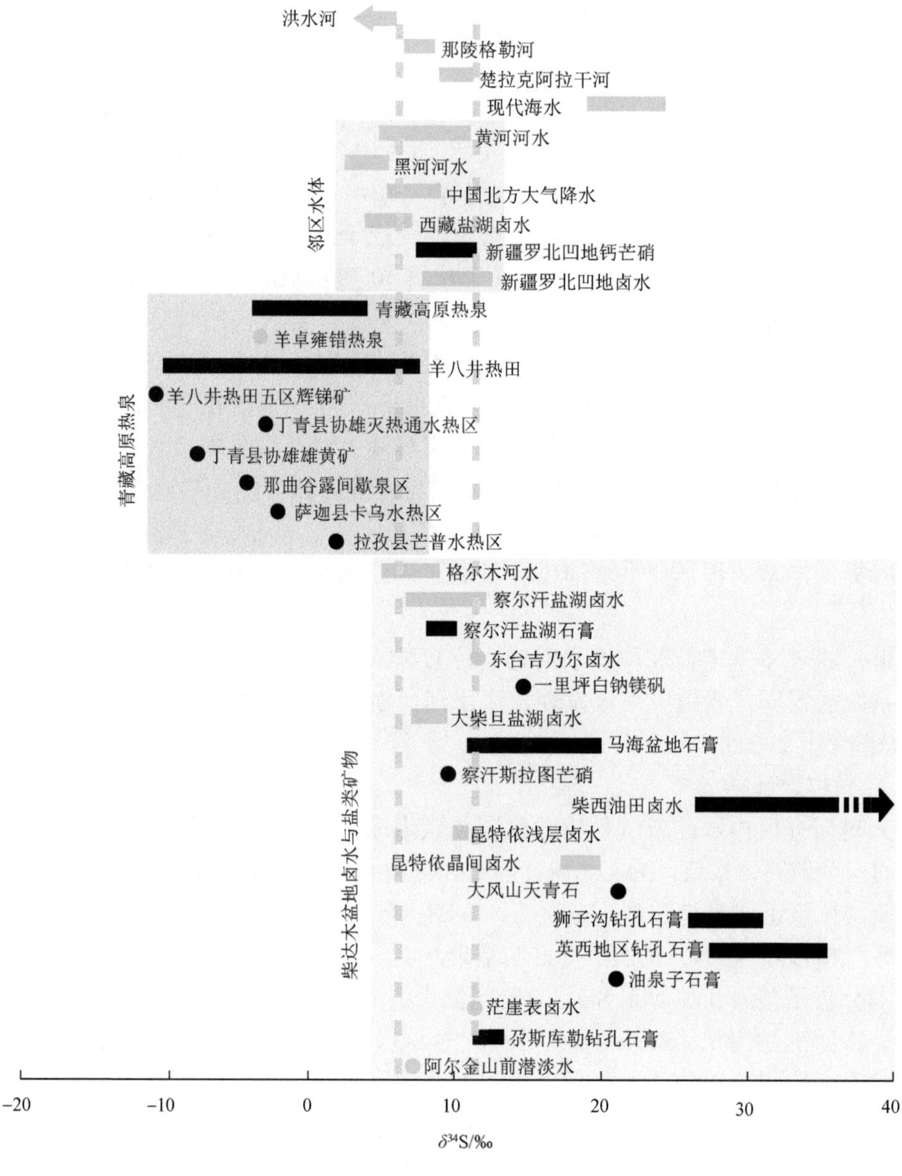

图 5.6 柴达木盆地和邻区及青藏高原典型地热区不同水体、沉积物的硫同位素组成对比

图中黑色代表固体，蓝色代表液体；阿尔金山前潜淡水、茫崖表卤水、油泉子石膏、大风山天青石、昆特依晶间卤水、昆特依浅层卤水数据来自王弭力等，1997a；尕斯库勒钻孔石膏、察汗斯拉图芒硝、马海盆地石膏数据来自魏新俊等，1993；英西地区钻孔石膏数据来自陈启林等，2019；狮子沟钻孔石膏数据来自彭立才等，1999；柴西油田卤水数据来自樊启顺等，2009；大柴旦盐湖卤水、一里坪白钠镁矾、东台吉乃尔卤水数据来自杨谦，1993；察尔汗盐湖石膏和卤水数据来自 Li 等，2020；格尔木河水数据来自未发表数据；拉孜县芒普水热区、萨迦县卡乌水热区、那曲谷露间歇泉区、丁青县协雄雄黄矿、丁青县协雄灭热通水热区、羊八井热田五区辉锑矿、羊八井热田等数据来自佟伟等，1982；羊卓雍错热泉数据来自 Feng 等，2017；青藏高原热泉数据来自 Guo，2012；新疆罗北凹地卤水、钙芒硝数据来自刘成林等，1999；西藏盐湖卤水数据来自郑喜玉，1988；中国北方大气降水数据来自洪业汤等，1994；黑河河水数据来自 Li 等，2013；黄河数据来自洪业汤等，1995

　　结合上文水化学和锶同位素证据，可得出洪水河受到上游富锂热泉水的补给而富锂这一结论。世界上主要盐湖卤水锂矿的形成均与地热水的补给关系密切，如美国 Clayton 谷、阿根廷普纳高原 Guayatayoc 和 Hombre Muerto 盐湖、玻利维亚 Uyuni 盐湖等（Garrett，2004；Godfrey et al.，2013；Araoka et al.，2014；Steinmetz，2017）。锂作为不相容元素，易在岩浆演化后期和高温水岩反应中进入液相，使地热水中锂含量明显升高。地热水中的锂经河流输送至湖盆，在干旱气候下，最终蒸发浓缩形成卤水锂矿（李庆宽等，2021）。

5. 尾闾盐湖区锂的来源

　　前人对东台吉乃尔盐湖、西台吉乃尔盐湖锂矿的成因进行了较多的研究，锂资源来源可能包括那河水、柴达木古湖残留水、盆地西部含盐系地层淋滤水、油田水等。然而，目前为止，有力的地球化学证据仍然缺乏。由于研究区盐湖卤水处于不同的蒸发浓缩程度，且水化学类型基本相同，水化学方法在本区域并不足以用来阐明区域锂的来源，因此本节主要围绕锶、硫同位素证据展开讨论。通过采集东台吉乃尔盐湖、西台吉乃尔盐湖卤水，鸭湖水，东台吉乃尔河水样品，分析其锶、硫同位素组成，同时结合已报道的区域不同水体的锶、硫同位素组成，对尾闾盐湖区锂矿的物源做了进一步限定。

1）锶同位素证据

　　通过对比乌图美仁河（0.71158；Fan et al.，2018）、东台吉乃尔河（0.71170）、鸭湖（0.71158）和察尔汗盐湖别勒滩区段（0.71150～0.71154；Fan et al.，2018）、东台吉乃尔盐湖（0.71143；Fan et al.，2018）、西台吉乃尔盐湖（0.71156）、一里坪盐湖（0.71150；李建森等，2019）水体的锶同位素组成发现，研究区水体的锶同位素组成相似，均落在 0.71143～0.71170，变化范围较窄，说明尾闾盐湖区盐类物质主要来源于补给河水。前人认为一里坪盐湖、东台吉乃尔盐湖、西台吉乃尔盐湖中溶质部分来源于柴达木古湖迁移演化残留物质及盆地西部含盐系地层的风化淋滤和油田水的补给。而 Zhang 等（2019）通过对比盆地内不同区域卤水的 K^+、Mg^{2+} 含量变化，认为柴达木古湖的迁移演化残留盐类物质对东台吉乃尔盐湖、西台吉乃尔盐湖溶质的贡献并不显著。Fan 等（2018）也提出现今柴达木盆地各盐湖水体的水化学类型主要受控于现代补给水体，而非古卤水的迁移。朱允铸等（1990）则通过对比柴达木盆地内东、西部干盐滩的形成时间，也否定了古湖迁移浓缩对盆地中东部盐湖盐类物质的可能贡献。而盆地西部含盐系地层淋滤水和油田水的补给，从盆地地形（西高东低）和研究区构造背景来看，确实存在这一可能。然而，盆地西部含盐系地层和油田水锶同位素组成普遍在 0.71157～0.71196 和 0.71121～0.71220（王弭力等，1997a；Tan et al.，2011；Fan et al.，2018），相比于一里坪、东台吉乃尔盐湖、西台吉乃尔盐湖湖水，西部含盐系地层的锶同位素组成略高，而油田水锶同位素组成明显偏高。油田水的补给将会导致东台吉乃尔盐湖、西台吉乃尔盐湖卤水的锶同位素组成远高于实际值。因此，作者认为，来自盆地西部的油田水对研究区尾闾盐湖的补给可忽略不计（李庆宽等，2021），而含盐系地层淋滤水补给与否仍需进一步研究。

2）硫同位素证据

那河下游、乌图美仁河、东台吉乃尔河、鸭湖水体的硫同位素组成分布在 12.7‰ ～ 16.6‰，明显高于那河上游河水的硫同位素值（6.6‰），显示在冲积扇下游地区可能存在着高硫同位素值的 SO_4^{2-} 补给源或使河水 SO_4^{2-} 硫同位素组成上升的过程。导致河水硫同位素组成上升的过程主要为硫酸盐还原作用，但区域河水更新速率较快，不适宜硫酸盐还原作用的发生，且地层中未发现大量黄铁矿存在。而研究区内存在一那北构造，其导致那河在出山口后发育有两级冲积扇。那北构造的隆起使沉积时代较老的地层出露，而结合图 5.7 中盆地钻孔地层中硫酸盐矿物的硫同位素组成一般较高，可推测河水部分溶解地层中硫同位素组成较高的硫酸盐矿物，使其硫同位素组成升高（Bo et al.，2013；李庆宽等，2018）。但不同河水中较均一的锶同位素组成及较小的锂含量变化显示，该地层淋滤过程对水体影响有限，主要为河水提供了 SO_4^{2-} 及部分阳离子。察尔汗盐湖别勒滩区段、东台吉乃尔盐湖、西台吉乃尔盐湖和一里坪盐湖卤水（10.6‰ ～ 15.1‰）低于乌图美仁河、东台吉乃尔河与鸭湖水体的硫同位素组成（14.8‰ ～ 16.6‰），而这种下降趋势符合现代海水蒸发实验和世界大型蒸发岩矿床中硫同位素组成演化的趋势（图 5.7）。在海水蒸发前期过程中，水体硫同位素组成存在下降的趋势，后期水体与初始水体硫同位素组成差别可达 ～ 2‰；而在自然界中，类似的硫同位素组成的差别可达 6‰（Thode and Monster，1965；Raab and Spiro，1991）。

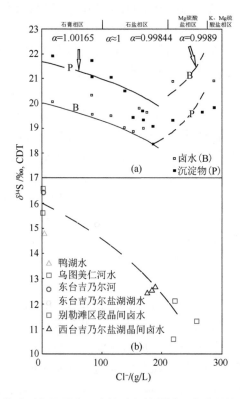

图 5.7　海水（a）及研究区水体（b）蒸发过程中硫同位素组成变化

海水曲线来自 Raab and Spiro，1991；CDT 是球粒陨石最为标准样品的缩写

这种硫同位素组成的差别与硫酸盐矿物的析出有关。Sakai（1968）研究指出，在室温下，溶液中的硫酸根与结晶析出的硫酸盐矿物间存在硫同位素分馏，且因硫酸盐矿物不同而分馏系数不同，分馏系数最大的矿物为硬石膏，达 2.4‰。因此，随着水体蒸发浓缩和硫酸盐矿物的析出，溶液和矿物的硫同位素组成有下降的趋势，且矿物的硫同位素组成高于溶液。根据以上分析，研究区盐湖中水体的硫同位素对比表明，察尔汗盐湖别勒滩区段、东台吉乃尔盐湖、西台吉乃尔盐湖、一里坪盐湖溶质主要来源于那河水。而柴达木盆地西部含盐系地层和油田水硫同位素组成在 9.6‰ ～ 31.1‰ 和 26.5‰ ～ 54.6‰（王弭力等，1997a；樊启顺等，2009；Tan et al.，2011），均明显高于研究区盐湖卤水的硫同位素组成。因此，来自盆地西部的含盐系地层淋滤水和油田水对研究区尾闾盐湖的物源补给有限（李庆宽等，2021）。

6. 结论

以那陵格勒河流域及其尾闾盐湖为研究区，在总结前人研究成果的基础上，应用水化学、锶－硫同位素等手段对研究区锂的来源进行了研究，获得了以下认识。

（1）研究区不同河流的水化学类型不同，楚拉克阿拉干河水为 Na-Ca-Cl-SO$_4$-HCO$_3$ 型，那陵格勒河水以 Na-Cl-HCO$_3$ 型为主，乌图美仁河为 Na-Cl-SO$_4$ 型，东台吉乃尔河则为 Na-Cl 型；那陵格勒河水化学特征受楚拉克阿拉干河和洪水河（Na-Cl 型）两条支流的混合控制。

（2）楚拉克阿拉干河水锂含量明显偏低（0 ～ 0.05 mg/L）；而那陵格勒河水锂含量比楚河高一个数量级，平均为 0.63 mg/L，其高锂含量主要来自洪水河的补给。

（3）洪水河中高的锂含量与其上游热泉水的补给有关，热泉水具有高锶含量、高锶低硫同位素组成特征。

（4）那陵格勒河尾闾盐湖卤水锂资源主要来自那陵格勒河水的补给，柴达木古湖残留水、盆地西部含盐系地层淋滤水或油田水对尾闾盐湖溶质的贡献可忽略不计。

5.2.2　镁资源

1. 镁资源的研究现状及意义

柴达木盆地蕴藏着丰富的石油、天然气和盐湖钾、镁、锂、硼、锶等盐类矿产资源。盆地中部的一里坪干盐滩、西台吉乃尔盐湖、东台吉乃尔盐湖和察尔汗盐湖别勒滩区段分布有丰富的锂资源，其储量达到 23×10^5 t，占我国卤水锂资源总量的约 80%，战略资源地位显而易见（余俊清等，2018）。近年来，随着各国新能源战略中锂地位的抬升，动力锂离子电池需求迅速增长。因此，盐湖卤水资源中提锂备受关注和重视，尤其高 Mg/Li 盐湖卤水中镁锂分离是其工程化研究的关键技术问题，而对盐湖卤水中镁的分布特征和物源属性的研究凸显不足。为了查明柴达木盆地中部盐湖富镁的主控因素，科考队开展了东昆仑山洪水河－那陵格勒河及其尾闾盐湖的野外考察、采样及已有数据的综合对比研究，初步探讨了研究区富镁的地球化学物质来源。

20 世纪 80 年代以来，前人对柴达木盆地盐湖进行了系统的资源调查和研究工作，提出盆地盐湖镁的分布是普遍的，它是再溶盐二次富集，盐湖卤水长期演化的结果，特别是赋存在卤水中的镁，已构成巨大的液体矿床（张彭熹，1987；杨谦，1993；袁见齐等，1983）。目前关于盆地内盐湖卤水和盐类矿物中镁的初始来源尚未报道，而对液体钾镁盐矿床中钾的来源归纳为以下三种：①盆地外围山系花岗岩岩石的风化溶滤汇入（张彭熹，1987）；②盆地西部古近系－新近系上新统含盐岩系的侵蚀溶滤（陈柳竹等，2015）；③深部埋藏古卤水或油田水（段振豪和袁见齐，1988）。盆地内卤水矿床中镁是否与钾具有相似的物质来源和演化过程？高 Mg/Li 盐湖卤水中富镁的最初来源是什么？鉴于柴达木盆地中部盐湖锂、镁资源具有极高的经济价值，摸清其分布特征和成因在提锂基础理论和盐湖资源开发利用中都具有重要的意义。

2. 样品采集与分析

对那陵格勒河尾闾盐湖开展了野外调查，采集西台吉乃尔盐湖表面湖水样品 3 件（编号为 XT-00、XT-01、XT-02）、东台吉乃尔盐湖晶间卤水样品 4 件（DT-01～DT-04）。之后，对那陵格勒河流域及周围围岩开展了调查，并采集了 6 件河水样品（NLGL-01～NLGL-06）。同时采集了围岩样品 14 件。河水和卤水采样量为 2×500 mL，样品采集时先用待采集样品清洗采样容器三次以上，采集样品并及时密封以备分析（图 5.8）。

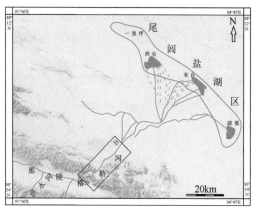

图 5.8　研究区盐湖及采样位置图

水样现场密封后作实验室分析，分析项目为 K^+、Na^+、Ca^{2+}、Mg^{2+}、Cl^-、SO_4^{2-} 和 HCO_3^- 常量化学成分及 Li^+、B^{3+} 微量化学成分。K^+、SO_4^{2-}、HCO_3^- 和 Cl^- 含量采用常规重量法（误差 ±0.5%）和滴定法测定（误差 ±1%）；Ca^{2+}、Mg^{2+} 含量采用乙二胺四乙酸滴定法测定；Na^+ 采用阴阳离子当量平衡差减法计算获得；Li^+、B^{3+} 采用电感耦合等离子体发射光谱法（ICP-OES）测定，以上测试误差均 <± 5%（中国科学院青海盐湖研究所分析室，1988）。岩石样品酸溶之后采用电感耦合等离子体发射光谱法（ICP-OES）

测定元素离子含量，测试误差 4% ～ 5%。采用 X PertPRO 射线衍射仪进行岩石矿物种类以及相对百分含量的测定分析，测试误差 ± 5%。样品测试工作在中国科学院青海盐湖研究所分析测试部完成。

3. 测试结果

那陵格勒河河水及其尾闾盐湖卤水离子组分见表 5.2 和表 5.3。河水常量组分以 Na^+、Cl^- 和 HCO_3^- 为主，其含量分别为 86.0 ～ 161.2 mg/L、135.8 ～ 234.0 mg/L 和 150.6 ～ 195.0 mg/L。微量 B^{3+}、Li^+ 组分相对富集，其含量分别为 1.3 ～ 4.1 mg/L 和 0.2 ～ 0.7 mg/L，是汇入尾闾盐湖中的重要元素。那陵格勒河流域河水从上游至尾闾盐湖，沿着流向离子含量逐渐增大，是河水沿河道溶滤和强烈蒸发浓缩的结果。那陵格勒河尾闾盐湖卤水组分，具有与河水相似的离子分布特征，以 Na^+、Cl^- 为主，其次为 SO_4^{2-}、Mg^{2+}。其中，晶间卤水 Mg^{2+} 含量达到 6.8 ～ 10.1 g/L。同时，晶间卤水的 Li^+ 含量为 482.4 ～ 838.9 mg/L，明显高于表面湖水的含量值（26.2 ～ 35.8 mg/L）。

表 5.2　那陵格勒河河水化学组成　　　（单位：mg/L）

河水	K^+	Na^+	Mg^{2+}	Ca^{2+}	Cl^-	SO_4^{2-}	HCO_3^-	矿化度	Li^+	B^{3+}
上游夏季*	11.0	148.0	25.1	41.8	212.0	79.8	195.0	567.3	0.5	1.3
上游冬季*	11.4	152.0	27.5	36.4	234.0	84.3	178.0	574.1	0.4	1.4
中游夏季*	14.8	147.0	21.4	33.4	196.0	60.3	178.0	507.1	0.7	1.7
中游冬季*	15.6	126.7	22.3	31.8	201.0	66.5	160.0	500.6	0.7	1.8
下游夏季*	12.3	142.0	26.0	42.1	214.0	84.9	175.0	557.0	0.5	1.4
下游冬季*	11.5	161.2	28.0	31.3	231.0	94.1	165.0	564.1	0.5	1.8
NLGL-1	10.4	98.7	17.8	41.7	143.6	55.9	168.9	542.1	0.4	4.1
NLGL-2	10.9	94.9	17.9	42.8	141.2	53.2	171.4	537.0	0.3	3.9
NLGL-3	12.5	86.0	18.1	53.8	148.3	52.3	173.8	549.6	0.4	3.9
NLGL-4	11.6	91.4	16.0	37.2	135.8	49.8	150.6	497.2	0.3	3.8
NLGL-5	10.0	95.6	18.2	42.3	142.8	53.4	168.9	536.0	0.3	3.9
NLGL-6	8.5	96.0	17.2	40.0	141.2	52.7	156.4	515.4	0.2	3.6

* 数据引自文献（Tan et al., 2012），其余数据为本研究测定值。

表 5.3　柴达木盆地盐湖卤水水化学组成

盐湖	K^+/(g/L)	Na^+/(g/L)	Mg^{2+}/(g/L)	Ca^{2+}/(g/L)	Cl^-/(g/L)	SO_4^{2-}/(g/L)	HCO_3^-/(g/L)	矿化度/(g/L)	Li^+/(mg/L)	B^{3+}/(mg/L)
尕斯库勒湖*	4.5	76.9	29.6	0.4	175.8	45.2	0.2	333.2	25.6	108.6
昆特依*	12.2	53.8	37.9	7.3	216.9	0.8	0.1	329.0	26.8	121.7
一里坪*	11.0	81.4	24.2	0.4	196.5	13.8	0.0	327.2	262.0	224.1
西台吉乃尔盐湖*	8.4	101.2	15.7	0.2	183.5	35.3	0.1	334.6	256.0	378.8
东台吉乃尔盐湖*	3.8	116.5	5.7	0.4	187.0	18.0	0.1	344.6	141.0	214.5
别勒滩*	23.2	23.3	64.2	0.4	239.9	6.7	0.1	358.3	124.0	146.1
DT-01	8.1	192.8	10.1	0.1	185.3	26.6	0.7	423.7	690.3	37.5

续表

盐湖	K^+/(g/L)	Na^+/(g/L)	Mg^{2+}/(g/L)	Ca^{2+}/(g/L)	Cl^-/(g/L)	SO_4^{2-}/(g/L)	HCO_3^-/(g/L)	矿化度/(g/L)	Li^+/(mg/L)	B^{3+}/(mg/L)
DT-02	5.5	192.6	6.8	0.2	184.8	20.3	0.4	410.4	678.3	31.9
DT-03	5.5	188.2	6.9	0.4	186.7	20.7	0.6	408.7	838.9	45.5
DT-04	5.6	195.5	7.0	0.4	183.7	20.8	0.6	413.3	482.4	31.6
XT-00	0.7	83.7	0.9	1.5	69.2	4.5	0.1	160.5	35.8	46.3
XT-01	0.5	85.0	0.9	1.5	70.0	3.2	0.1	160.8	35.3	55.8
XT-02	0.5	71.4	0.7	1.1	57.9	3.2	0.1	134.7	26.2	42.4

* 数据引自文献（张彭熹，1987）；其余数据为本研究测定值。

那陵格勒河流域围岩矿物组成见表 5.4。流域主要存在花岗岩、二长闪长岩、灰岩等岩石类型。值得关注的是，大量存在白云石、阳起石、含镁方解石、斜绿泥石等富镁矿物组成的岩石。

表 5.4　那陵格勒河流域围岩矿物组成

岩石类型	矿物		
花岗岩类	石英	白云母	奥长石
	44%	20.4%	33.9%
灰岩类	方解石	白云石	含镁方解石
	8%～80%	19%～60%	29%
阳起石类	阳起石	钠长石	斜绿泥石
	34%～46%	30%～45%	12%～15%

4. 分析与讨论

1）柴达木盆地古湖的演化及盐湖卤水中镁和锂含量分布

柴达木盆地现代盐湖是"柴达木古湖"演化后期的衰亡残迹或是已衰亡的古盐湖的再生（张彭熹，1987）。在湖盆的演化过程中，渐新世（E_3）—中新世（N_1）—上新世（N_2）—更新世（Q_3），古湖盆被分割，不断由西南—西北—中部—东南迁移（图 5.9），呈现了反"S"的迁移演化模式；相应古湖演化顺序为：尕斯库勒—大浪滩—察汗斯拉图—昆特依—马海—一里坪—西台吉乃尔—东台吉乃尔—察尔汗盐湖（郑绵平等，2016）。湖盆经历了大规模沉降，卤水经历了长期演化，导致残余古卤水的矿化度与离子含量不断富集（张彭熹，1987；陈柳竹等，2015）。

按照反"S"盐湖迁移演化顺序，总结了不同盐湖卤水矿化度、K^+、Mg^{2+} 和 Li^+ 含量的变化（图 5.9），发现卤水矿化度呈现平稳且稍微增加的趋势，而 Mg^{2+}、Li^+ 含量呈现相反的变化趋势。其中，Mg^{2+} 含量先持续减少后突增，Li^+ 含量先持续增加后下降；明显的变化集中在一里坪干盐滩、西台吉乃尔盐湖、东台吉乃尔盐湖和察尔汗盐湖别勒滩区段，Mg^{2+} 含量逐渐下降，而 Li^+ 含量却仅在这四个盐湖富集，这种离子富集或变化趋势明显有悖于柴达木盆地古湖逐级演化和离子逐步增加的趋势，该对比说明柴达木盆地中部富锂盐湖中高镁不是盆地古湖由西至东长期演化的结果。

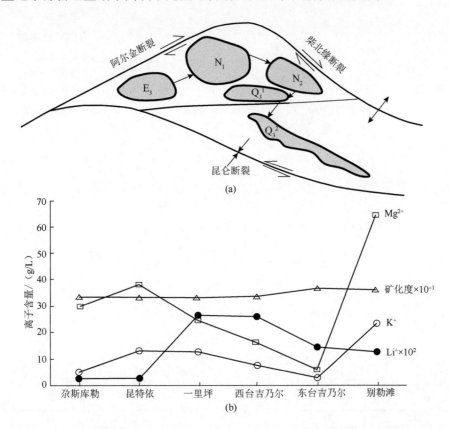

图 5.9　柴达木盆地古湖迁移演化 (a)（郑绵平等，2016）和矿化度及离子含量变化 (b)（陈帅，2020）

2) 那陵格勒河河水和卤水元素地球化学特征

阴阳离子三角图可以显示水体的化学组成特征。研究区盐湖卤水和那陵格勒河河水主要阴阳离子的三角图（图 5.10）显示，盐湖卤水阳离子靠近 $Na^+ + K^+$ 侧，阴离子靠近 Cl^- 侧，远离 SO_4^{2-} 侧。就那陵格勒河河水各阴阳离子含量所占阴阳离子总量的比例而言，河水具有比卤水高的 Ca^{2+} 和 HCO_3^- 含量，低的 Na^+、K^+、Cl^-、SO_4^{2-} 含量和相似的 Mg^{2+} 百分比含量，说明尾闾盐湖卤水的化学组成主要受控于河水补给、蒸发浓缩。强烈的蒸发作用导致卤水组分中 Ca^{2+}、HCO_3^- 含量明显减少，而 Na^+、K^+、Cl^- 含量增加。

那么，盐湖卤水中镁、锂是否都与河水补给有关？二者的初始来源是什么？在自然界，碱金属元素锂通常以类质同象与镁共生。西藏高 Mg/Li 盐湖卤水镁、锂含量对比分析表明（董涛等，2015），富镁、锂盐湖都分布于班公湖-怒江缝合带附近，说明卤水中高镁和锂与深部构造带有关，深部流体被地热水等携带至地壳上部经河流排泄最终补给湖泊或直接流向地表盐湖。柴达木盆地中部盐湖卤水 Mg^{2+}、Li^+ 含量呈现相反的变化趋势。这种变化也出现在各类岩浆岩（火成岩）中，说明镁、锂的化学性质尽管相似，但二者的物源可能不一致（董涛等，2015；Tan et al.，2012；韩凤清，2001）。

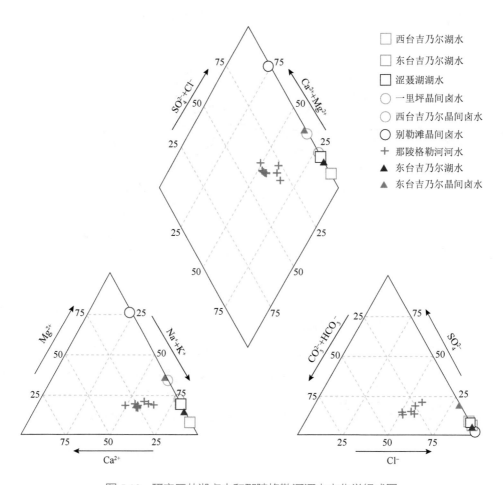

图 5.10 研究区盐湖卤水和那陵格勒河河水水化学组成图

　　为了清晰地对比柴达木盆地中部高 Mg/Li 盐湖卤水镁、锂的物源属性，把一里坪干盐滩、西台吉乃尔盐湖、东台吉乃尔盐湖和察尔汗盐湖别勒滩区段晶间卤水的 Mg^{2+}、Li^+ 含量投影到南海海水和青海湖湖水蒸发曲线中（李亚文和韩蔚田，1995；孙大鹏等，1995）（图 5.11），结果表明这些盐湖卤水中 Mg^{2+} 含量都落在蒸发曲线或附近，说明盐湖中高镁与其他湖水和海水的化学组成一样，蒸发浓缩引起高镁含量，说明那陵格勒河尾闾盐湖中镁是河水流经围岩的风化淋滤、补给河流，排泄到尾闾湖经强烈蒸发作用形成的；而卤水中的 Li^+ 明显远离于蒸发曲线，说明盐湖中富锂不是由河水或湖水的强烈蒸发和浓缩形成的，还有其他来源（陈帅，2020）。关于研究区盐湖卤水中锂的来源，前人已经做过大量研究（余俊清等，2018；Tan et al.，2012），认为是昆仑山高温热泉群富锂泉水长期注入洪水河，汇入那陵格勒河，最终流入盐湖中，蒸发富集成矿。这些对比说明，尾闾盐湖中镁、锂离子具有不同的物质来源，且镁不是来自高温热泉群。

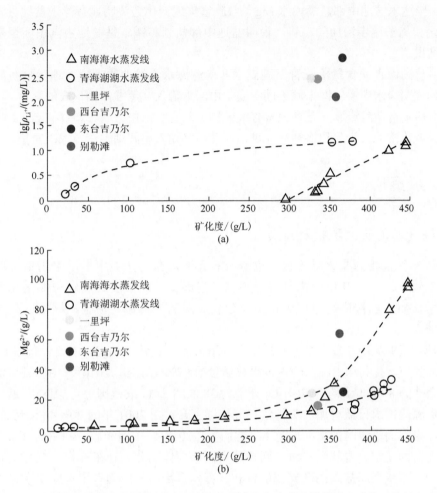

图 5.11　盐湖和河水镁、锂含量在南海海水及青海湖湖水蒸发曲线演化分布（陈帅，2020）

3）流域围岩和镁含量对比

为了查明那陵格勒河流域围岩矿物和镁含量信息，科考队从勘察流域出露地层分布情况入手，旨在理清流域范围内围岩岩性及矿物含量特征。结果显示，那陵格勒河流域主要分布有花岗岩、二长闪长岩、灰岩等。值得关注的是，流域范围内广泛存在白云石、阳起石、含镁方解石、斜绿泥石等富镁矿物组成的岩石，且镁含量高达 0.6%～11.5%（表 5.4）。山区内富镁矿物经冰川融水或大气降水长期的风化淋滤，持续将镁离子带入那陵格勒河（陈帅，2020）。

5. 小结

通过对那陵格勒河流域地球化学特征研究，主要得出以下结论。

（1）与河水相比，盐湖卤水 Na^+、K^+、Cl^- 和 SO_4^{2-} 明显富集；在阳离子含量比例中，河水和盐湖卤水具有相似的 Mg^{2+} 百分含量（～25%）。

（2）柴达木盆地中部盐湖卤水 Mg^{2+}、Li^+ 富集或变化趋势明显有悖于盆地古湖自西向东演化和离子逐步增加的趋势，说明盆地中部盐湖高镁不是盆地古湖由西至东长期演化的结果。

（3）盐湖卤水镁含量落在青海湖湖水和南海海水蒸发曲线上，而锂含量明显高于该曲线，说明卤水中镁、锂来源不同，镁是由河水输入、蒸发浓缩形成的。

（4）那陵格勒河流域分布有大量含镁矿物（阳起石、白云石、斜绿泥石），且镁含量高，经风化溶滤，为那陵格勒河提供镁，并最终输入尾闾湖中蒸发浓缩富集。

5.2.3 硼资源

1. 硼资源的研究现状及意义

硼是一种重要的非金属元素，也是亲石元素，在自然界中多以络阴离子形式存在造岩矿物中。硼及其化合物具有耐高温、耐磨损、高强度、质轻和催化性等特殊物理化学性质，已被广泛应用于化工、建材、医药、机械、冶金、核工业和新型材料等领域。

全球硼资源集中在环太平洋和地中海构造带内（李空，2016），主要分布在土耳其、美国、俄罗斯、智利和中国，约占世界总储量的97%(USGS，2016)。中国硼矿资源储量约占全球的8%，资源量（以 B_2O_3 计）为3828.68万 t（袁建国等，2018）。近年来中国对硼资源的需求日益增加，对外依存度持续上升，由2001年的20%增长至2016年的79%，出现硼资源的供需不平衡（袁建国等，2018）。中国硼矿资源主要分布在东北和西北地区的辽宁、吉林、青海、西藏四省区，大体上分为辽东—吉南沉积变质型硼矿成矿带、青藏高原盐湖型硼矿成矿带和江苏六合冶山—广西钟山黄宝夕卡岩型硼矿成矿带（宋叔和，1994；赵鸿，2007）。随着硼矿资源的开采和利用，目前高品位硼矿主要集中在青藏高原盐湖型成矿带（张雪飞，2014），硼矿资源量约占全国的50%（林勇杰等，2017）。

柴达木盆地位于青藏高原北部，分布有大量盐湖型硼矿资源，是我国重要的硼矿工业生产区。资源勘察表明，已发现的大型盐湖型硼矿床有5处，分别为大柴旦、小柴旦、一里坪、西台吉乃尔和察尔汗盐湖；中、小型盐湖型硼矿床多处（林勇杰等，2017）。硼矿（以 B_2O_3 计）总资源量为1677.03万 t（魏新俊，2002），占现代盐湖型硼资源量的60%左右（邵世宁和熊先孝，2010）。柴达木盆地已知矿床矿点数量多，找矿前景良好，为全国最大的硼矿远景区（王莹等，2014）。因此，研究和总结柴达木盆地补给水及蚀源区岩石硼含量分布特征、富硼区域的物质来源，对柴达木盆地硼资源的形成机制、找矿前景等有着重要的意义。通过采集柴达木盆地北缘不同河流和富硼水样品，分析其矿化度、pH、硼和锂含量，结合盆地其他流域水体和岩石的硼含量数据，总结柴达木盆地水岩体系硼地球化学特征，以期对柴达木盆地富硼区域物质来源进行初步探讨。

2. 样品采集与测试

科考队采集了巴音河河水样品 4 件（图 5.12 中编号为 01～04）、塔塔棱河上游河水样品 2 件（编号为 05 和 06）、塔塔棱河下游河水样品 2 件（编号为 07 和 08）、鱼卡河河水样品 1 件（编号为 09）、哈尔腾河河水样品 1 件（编号为 10）和热泉水样品 1 件（编号为 45）。野外采样过程中利用质水分析仪（YSI）现场测试水体的 pH，样品采集后于 24h 内通过 0.45μm 醋酸纤维滤膜过滤，过滤之后在用于阳离子分析的样品中加入超纯硝酸酸化至 pH<2，用于阴离子分析的样品不添加保护剂，然后储存于聚乙烯瓶中密封避光保存待测。所用的聚乙烯塑料瓶事先均在实验室经过高纯度的 HCl 溶液和超纯水清洗干净并干燥。于室内对所采样品的 K^+、Na^+、Ca^{2+}、Mg^{2+}、Cl^-、SO_4^{2-}、CO_3^{2-}、HCO_3^- 及 B^{3+}、Li^+ 含量进行测定，矿化度（TDS）为所有离子含量相加（包含 HCO_3^-），测试结果见表 5.5。测试均在中国科学院青海盐湖研究所分析测试部完成，测试仪器为 NexION2000B 型电感耦合等离子体质谱仪（ICP-MS），测试精度 <2%。

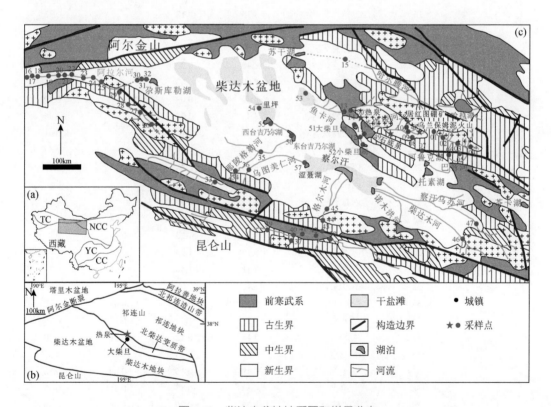

图 5.12　柴达木盆地地质图和样品分布

编号 01～10、45 样品为本书采样点，其余样品位置来自参考文献

81

表 5.5　柴达木盆地不同流域河水及其尾闾盐湖卤水硼锂含量、矿化度对比

河流发育山系	编号	河流	pH	B^{3+}/(mg/L)	Li^+/(mg/L)	TDS/(g/L)
祁连山	01	巴音河	7.79	0.38	0.05	0.70
	02	巴音河	7.82	0.28	0.02	0.45
	03	巴音河	7.75	0.33	0.04	0.74
	04	巴音河	7.80	0.57	0.04	0.41
	05	塔塔棱河	7.71	0.87	0.05	0.83
	06	塔塔棱河	7.97	0.74	0.05	0.78
	07	塔塔棱河	7.99	0.78	0.07	0.48
	08	塔塔棱河	8.14	0.85	0.05	0.56
	09	鱼卡河	8.07	0.52	0.02	0.31
	10	哈尔腾河	8.13	0.27	0.02	0.46
阿尔金山[①]	11	库拉木拉克萨伊河	8.90	0.04	—	0.62
	12	库拉木拉克萨伊河	8.10	0.02	—	0.36
	13	库拉木拉克萨伊河	8.20	0.03	—	0.44
	14	库拉木拉克萨伊河	8.30	0.02	—	0.35
	15	库拉木拉克萨伊河	8.20	0.05	—	0.35
	16	库拉木拉克萨伊河	8.30	0.12	—	0.33
	17	库拉木拉克萨伊河	8.20	0.12	—	0.33
	18	库拉木拉克萨伊河	8.30	0.12	—	0.38
	19	库拉木拉克萨伊河	8.40	0.23	—	0.58
	20	库拉木拉克萨伊河	8.00	0.43	—	1.05
	21	阿提阿特坎河	8.40	0.09	—	0.49
	22	阿提阿特坎河	8.30	0.08	—	0.45
	23	阿提阿特坎河	8.40	0.14	—	0.61
	24	阿提阿特坎河	8.20	0.28	—	0.64
	25	阿拉尔河	8.30	0.34	—	0.87
	26	阿拉尔河	8.30	0.33	—	0.84
	27	阿拉尔河	8.30	0.39	—	0.90
昆仑山	28	洪水河中游[②]	—	4.69	2.04	1.32
	29	那陵格勒河[③]	8.37	1.33	0.48	0.72
	30	那陵格勒河[③]	8.15	1.73	0.66	0.65
	31	那陵格勒河[③]	8.11	1.40	0.52	0.70
	32	乌图美仁河[③]	8.48	2.03	0.74	0.92
	33	小南川河[③]	8.15	0.38	0.09	0.22
	34	雪水河[③]	7.93	1.44	0.12	0.95
	35	昆仑河[③]	8.18	0.12	0.11	0.30
	36	昆仑河[③]	8.18	0.15	0.11	0.32
	37	昆仑河[③]	8.19	0.16	0.09	0.35
	38	昆仑河[③]	8.38	0.15	0.11	0.33
	39	格尔木河[③]	8.35	0.20	0.08	0.36
	40	格尔木河[③]	8.34	0.23	0.09	0.37
	41	格尔木河[③]	8.15	0.85	0.07	0.63
	42	柴达木河[③]	8.32	0.26	0.11	0.69
	43	察汗乌苏河[③]	8.21	0.17	0.18	0.66

续表

河流发育山系	编号	河流	pH	B^{3+}/(mg/L)	Li^+/(mg/L)	TDS/(g/L)
柴北缘深部富硼水体	44	乌兰保姆泥火山④	—	176.44	—	5.13
	45	大柴旦热泉	7.93	46.29	3.65	1.32
尾闾盐湖卤水	46	茶卡湖⑤	6.80	44.28	8.80	322.92
	47	尕海湖⑤	8.28	26.39	12.50	90.75
	48	小柴旦湖⑤	7.80	1253.18	36.20	175.20
	49	大柴旦湖⑥	7.95	506.43	90.70	275.11
	50	德宗马海湖⑥	7.42	343.10	17.00	355.90
	51	巴龙马海湖⑥	7.40	86.94	4.00	314.08
	52	苏干湖④	8.90	29.08	—	32.25
	53	尕斯库勒湖⑤	7.56	106.45	24.60	333.24
	54	一里坪⑥	7.32	224.06	262.00	327.73
	55	西台吉乃尔湖⑥	7.77	309.41	199.00	336.84
	56	东台吉乃尔湖⑥	7.75	226.20	159.00	331.92
	57	涩聂湖⑥	7.10	265.48	191.00	332.25
	58	达布逊湖⑥	5.32	321.65	88.40	470.18
	59	南霍布逊湖⑥	7.80	7.50	—	312.69
	60	北霍布逊湖⑥	7.50	21.58	—	243.07

①引自 Han 等，2018；②引自朱允铸等，1990；③引自 Tan 等，2012；④引自郑绵平，1989；⑤引自张彭熹，1987；⑥引自于升松等，2009。

3. 结果与讨论

1）柴达木盆地不同流域河水和尾闾盐湖卤水硼含量分布特征

如表 5.5 和图 5.13 所示，柴达木盆地祁连山、阿尔金山和昆仑山流域河水的硼锂含量均高于世界主要河流平均硼（0.0102 mg/L）、锂（0.0018 mg/L）值（Gaillardet et al.，2003）。总体来看，除昆仑山流域那陵格勒河外，祁连山流域是柴达木盆地相对较为富硼的流域（图 5.13），该流域硼含量最高的河流为塔塔棱河（0.87 mg/L），河流中上游大致沿南祁连断裂带发育，该区域不仅汇集富硼泥火山水（176.44 mg/L），还沉积有居红土等硼矿。同时，祁连山流域达肯达坂山出露富硼热泉水，硼含量高达 46.29 mg/L（表 5.5）。昆仑山那陵格勒河流域为柴达木盆地富锂的流域（图 5.13），该流域主要受上游洪水河支流的补给，洪水河锂含量高达 2.04 mg/L（朱允铸等，1990），受周围的火山及断裂活动有关的温泉热水补给（朱允铸等，1989，1990；展大鹏等，2010；Yu et al.，2012；Tan et al.，2012）。因此，柴达木盆地富硼锂河流与富硼锂地下水补给密切相关。阿尔金山流域发育的河流少，目前尚无锂含量数据报道，其硼含量低。

通过柴达木盆地不同流域河水及尾闾盐湖硼锂含量对比（图 5.13 和图 5.14）（姜盼武等，2021）发现，各流域及其尾闾盐湖硼锂含量分布具有不均一性和不同步性。硼资源集中分布于盆地北部河水、热泉水和泥火山水及尾闾盐湖中（大柴旦盐湖、小柴旦盐湖和马海盐湖），而锂资源则集中分布于盆地南部那陵格勒河流域及其尾闾盐湖中

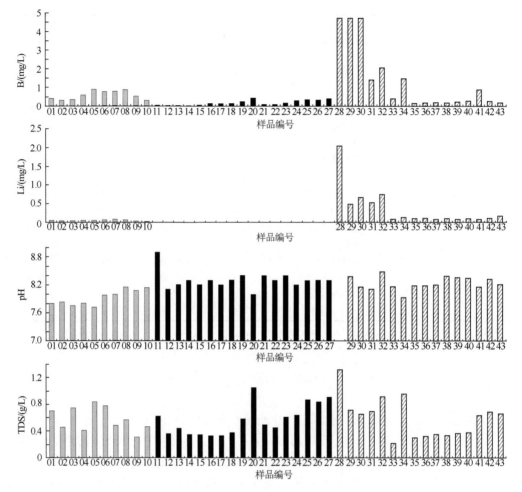

图 5.13　柴达木盆地不同山系发育河水硼锂含量、pH 及矿化度对比（姜盼武等，2021）

01 ～ 10 为祁连山数据，11 ～ 27 为阿尔金山数据，28 ～ 43 为昆仑山数据

（一里坪、东台吉乃尔盐湖、西台吉乃尔盐湖和涩聂湖），由此可见造成盆地资源差异性分布的主要原因是补给水的硼锂含量高低差异（图 5.13）。从祁连山和昆仑山流域硼锂资源分布来看，两个流域虽然均因受到富硼锂地下水补给而部分河流富硼锂，但二者硼锂含量无明显相关性，呈现出既伴生又不同步性变化的特征（图 5.13）。

　　另外，通过对不同流域河水 pH 和矿化度对比，发现柴达木盆地河流的 pH 在 7.7 ～ 8.9，均呈弱碱性。祁连山流域河流较阿尔金山和昆仑山流域偏中性，平均 pH 为 7.9（图 5.13）。从矿化度来看，大部分河流主干矿化度大于 0.5 g/L，属于较高矿化度河水，而支流矿化度则小于 0.5 g/L，属于中等矿化河水。柴达木盆地不同流域河水矿化度均比世界河流平均值（65 mg/L）高（Meybeck and Helmer，1989）。如图 5.13 所示，硼锂含量随矿化度的变化而变化，呈现良好的对应关系。河水中硼锂含量随矿化度增高，说明除物源补给之外，强烈的蒸发作用也是流域资源富集的原因。

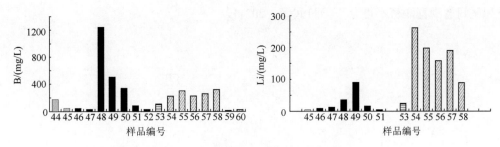

图 5.14　柴达木盆地富硼水和盐湖卤水硼锂含量对比

44 和 45 为柴北缘深部富硼水体，46～52 为祁连山尾闾盐湖，53 为阿尔金山尾闾盐湖，54～60 为昆仑山尾闾盐湖

2）柴达木盆地外围山系岩石硼含量分布特征

在地壳厚度范围内，柴达木盆地基岩建造出露的总厚度平均为 36 km，其中新生代沉积占总质量的 10%，中生代以前的岩石（基地岩石）占总量的 90% 以上（张彭熹，1987）。因此，基岩的硼、锂含量对柴达木盆地硼、锂区域丰度具有重要的意义。根据柴达木盆地外围基底各类岩石的 132 个样品的分析结果和计算，外围基底岩石中平均硼含量为 58 ppm[①]，平均锂含量为 61.3ppm（张彭熹，1987），分别为地壳平均含量（刘英俊等，1984）（硼为 12ppm，锂为 32ppm）的 4.8 倍和 1.9 倍，表明柴达木盆地是显著的富硼区。但按照不同区域来看（祁连山地区、阿尔金山地区、昆仑山地区），外围山系基地岩石硼锂富集程度又有所差异。

祁连山地区的样品主要取自温泉沟、冷泉沟、绿梁山、锡铁山及塔塔棱河一带，共 55 件岩石样品，主要为下古生界各类变质岩，包括各类片麻岩、片岩、板岩、大理岩等，还有海西期的花岗岩和下古生界、中生界的石灰岩、泥岩、砂岩、砂砾岩等。经过计算，祁连山地区基地岩石平均硼含量为 103ppm，是地壳平均含量的 8.6 倍；平均锂含量为 32ppm，与地壳平均含量相当（张彭熹，1987）。阿尔金山地区的岩石样品主要取自海西石棉矿北山和当金山口至阿克塞一带，共 32 件岩石样品，主要为下古生界各类变质岩，包括各类片岩、千枚岩、大理岩、页岩等，还有下古生界和上古生界角砾岩、灰岩、岩浆岩等。经过计算，阿尔金山地区基底岩石平均硼含量为 41ppm，平均锂含量为 99ppm（张彭熹，1987），分别为地壳平均含量的 3.4 倍和 3.1 倍。昆仑山地区的岩石样品主要取自格尔木至昆仑山口一带，共 45 件岩石样品，主要为下古生界各类变质岩，包括各类片岩、石英岩、板岩等，还有下古生界和上古生界的各类灰岩、岩浆岩、砂砾岩等。经过计算，昆仑山地区基底岩石平均硼含量为 14ppm，平均锂含量为 108ppm（张彭熹，1987），分别为地壳平均含量的 1.2 倍和 3.4 倍。

对比显示，盆地外围山系中祁连山地区基底岩石的平均硼含量要明显高于阿尔金山地区和昆仑山地区（图 5.15），其中最为富硼的是电气石花岗岩（2640ppm）（表 5.6）；平均锂含量却明显低于阿尔金山地区和昆仑山地区（图 5.15），这与盆地内不同流域河水及尾闾盐湖卤水硼含量分布特征一致，说明补给水体的硼含量、蚀源区岩石的硼含

————————

①　1ppm=1×10^{-6}。

量和尾闾盐湖富硼密不可分（姜盼武等，2021）。

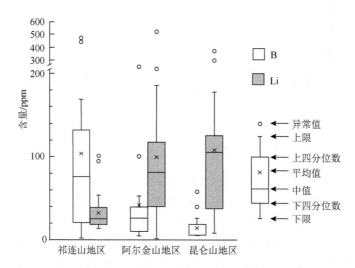

图 5.15　柴达木盆地外围山系基底岩石硼、锂含量对比（张彭熹，1987）

表 5.6　柴达木盆地北缘岩石硼含量（李家桢，1994）

地层		岩性	硼含量平均值 /ppm	硼含量 / 地壳含量平均值
显生宇	第四系	砂砾层	34	2.83
		地表含盐黏土、黏土、砂土	667	55.58
	古近系 - 新近系	砂砾层、泥岩、泥灰岩	48	4
	白垩系	砂砾岩、砂泥岩	47	3.92
	侏罗系	砂岩、页岩、煤岩	50	4.17
	三叠系	灰岩、砂岩、板岩	88	7.33
	二叠系	千枚岩、板岩	49	4.08
	石炭系	变质砂岩、大理岩	108	9
	奥陶系	石灰岩、页岩	12	1
	寒武系	石灰岩、大理岩、片岩、千枚岩	49	4.08
元古宇	震旦系	凝灰砂岩、凝灰板岩、砂岩、砂砾岩、灰岩	53	4.42
		花岗片麻岩、角闪片麻岩、绿色片岩	100	8.33
		电气石花岗岩	2640	220
		花岗岩	58	4.83
		花岗伟晶岩	93	7.75
		闪长岩、辉岩	15	1.25
		蛇纹岩、橄榄岩	54	4.5
		安山岩、英安岩、凝灰岩	15	1.25

注：硼含量 / 地壳含量平均值一列数据引自刘英俊等，1984。

3）柴达木盆地北缘富硼区域物源分析

柴达木盆地北缘盐湖大型硼矿床形成，与该区富硼的地球化学背景和特殊的补给来源有关（杨谦，1983）。前人对其富硼物源进行了大量研究，主要提出岩石风化淋滤和汇聚、深部富硼地下水补给、山区含盐风成沉积溶滤输入等成因（姜盼武等，2021）。

（1）岩石风化淋滤和汇聚成因。作为陆相碎屑岩型的盐湖，蚀源区岩石风化无疑是盐分的普遍来源（郑绵平，1989），柴达木盆地北缘山区各地层岩石均较为富硼（表 5.6）。同时，柴达木盆地北缘的达肯达坂山是中国西部出露最大的花岗岩体（面积达 2200 km²）（Wu et al.，2006），其中各时期的岩浆均有出露，尤其以印支期电气石花岗岩分布最广（张彭熹，1987；杨谦，1983；郑绵平，1989）。该区含电气石花岗岩硼含量非常高，平均含量达到 2640 ppm（表 5.6），远远高于正常花岗岩的硼含量，出露面积达 800 km²，构成硼的异常区（邱盛南和李衍霖，1979）。在漫长的地质年代中，经历着物理－化学风化作用过程，有相当数量的硼被迁移汇入湖泊中，但淋滤实验和迁移量还有待进一步验证（郑绵平，1989）。Vengosh 等（1991）报道，从围岩及沉积物中快速淋滤的流体具有低 δ^{11}B 值和较高 B/Cl 比值，这种负相关性也在柴达木盆地北缘河水和大柴旦热泉水的 δ^{11}B-B/Cl 值得到验证（肖应凯等，1999），表明柴达木盆地北缘河水从围岩和地层中淋滤出相当数量的硼，对尾闾盐湖富集成矿起到一定的作用（图 5.16）。

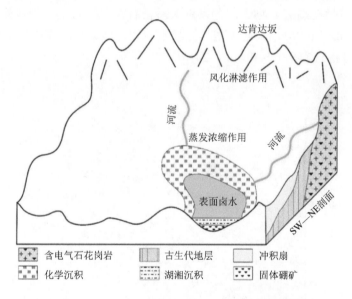

图 5.16　含电气石花岗岩风化淋滤富硼模式图

（2）深部富硼地下水补给成因。柴达木盆地北缘断裂非常发育，主要为 NW—NWW 向。达肯达坂山北麓，热泉沿构造破碎带溢出地表，呈群体产出，泉水硼含量达 46.29 mg/L（表 5.5），以潜流的形式注入大柴旦盐湖中。塔塔棱河为大柴旦盐湖和小柴旦盐湖的重要补给源，其中、上游断裂发育，分布有泥火山（乌兰保姆泥火山）（图 5.12），其硼含量高达 176.44 mg/L（表 5.5），并有古温泉水沉积硼矿床（居红土硼矿床）和多个硼矿化点等均沿 NWW 向呈串珠状分布，与区内主断裂构造方向一致。这些来自深部的富硼水体及硼矿点是塔塔棱河河水中硼的重要来源（张雪飞，2014；郑绵平，1989）。

据郑绵平（1989，1992）报道，柴达木盆地北缘热泉水、泥火山水与西藏雅鲁藏布江及国外某些"岩浆型"地热水相似，因此指出这种似于"岩浆型"地热水中的硼、锂资源可能主要来自于深部重熔岩浆（图 5.17）。根据张彭熹（1987）对柴达木盆地内各类天然水（包括大柴旦热泉水）中 δD 和 $\delta^{18}O$ 分析，大柴旦热泉水应为雨水溶液，经断裂带下渗流入深部，增温后以热水的方式返回地面（图 5.17）。李建森等（2017）研究表明大柴旦热泉水具有极低的 δD 和 $\delta^{18}O$ 值特征，低于周围冷泉水和河水的同位素组成值。通常积雪和冰雹等冰雪降水具有较低的 δD 和 $\delta^{18}O$ 值，而雨水的同位素组成值则较高，因此推断热泉水水体的来源以冰雪融水为主。

Stober 等认为大柴旦热泉北部花岗岩，由于它巨大的出露面积，很有可能向下延伸很深，而成为热泉的储源岩（图 5.18）(Stober et al.，2016；Bucher and Grapes，2011)，并且大柴旦热泉水中的硼、锂、氟的含量与矿化度关系非常密切，因此大柴旦热泉水为典型的来自花岗岩深层裂隙含水层的水（Stober et al.，2016，1999；Seelig and Bucher，2010）。野外观察发现大柴旦热泉附近的花岗岩发生了强烈的水热蚀变，推断水体在深部储库和沿断裂上涌的过程中与围岩发生强烈的水-岩交换反应，从而为水体提供了硼等资源（图 5.17）(Stober et al.，2016)。硼在岩浆分异作用过程的晚期、晚阶段富集，分散在造岩矿物中，尤以进入斜长石、钾长石较多（刘英俊等，1984；Grew and Anowitz，1996），因此大柴旦热泉水中硼可能来自于花岗岩中的长石溶解或转变为黏土矿物的过程（Stober et al.，2016）。

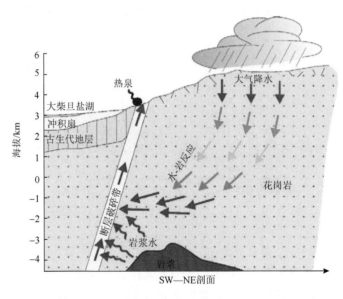

图 5.17　深部地下水补给富硼模式图

（3）山区含盐风成沉积溶滤输入成因。柴达木盆地西部分布着大面积"干盐滩"以及广泛发育古近系-新近系巨厚含盐地层，均较为富集硼、锂等元素（张彭熹，1987）。目前，超过 1/3 的盆地表面正在被快速侵蚀，盆地西部裸露的基岩和大面积分布的雅丹地貌就是明显的证据（Heermance et al.，2013；Rohrmann et al.，2013）。盆地内主导风向为西北风，春季和冬季的强风将大量的沙尘带到盆地的东南 / 东部（Qiang et al.，2010）。来自沙尘暴的沙尘输入是干旱区河流搬运物质的一个重要来源（Feng et al.，2004；Zhu et al.，2008；Wu，2016），邻近干盐湖的物质活动也可能对河水产生重要影响（Wu，2016）。

　　Stober 等（2016）测定大柴旦热泉和附近河水的 Cl/Br 值分别为 550 和 673，均远远高于大气降水、花岗岩裂隙水及浅层地下水等水体的 Cl/Br 值。而来自盐类沉积溶解水具有极高的 Cl/Br 值，约为 1000（Stober and Bucher，1999；Davis et al.，1998），这说明 Cl/Br 值异常高的大柴旦热泉水可能溶解了大量盐类矿物。野外调查显示，在祁连山高海拔地区的山坡上分布有风成沉积，推断来自柴达木盆地风成沙沉积中盐类矿物溶解后通过花岗岩裂隙渗入地下汇入热泉水，提高了热泉水的硼含量。

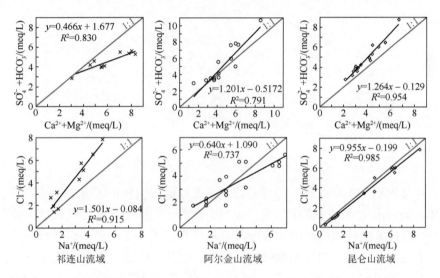

图 5.18　柴达木盆地祁连山、阿尔金山和昆仑山流域主量元素对比及相关性分析
meq 表示毫克当量

　　含盐风成沉积溶滤输入同样在柴达木盆地北缘的河水中得到了验证，通过分析柴达木盆地补给河流主量元素之间的关系（图 5.18），发现柴达木盆地补给河流的（$Ca^{2+}+Mg^{2+}$）与（$HCO_3^-+SO_4^{2-}$）之间、Na^+ 与 Cl^- 之间具有较强的相关性，说明蒸发盐的溶解为祁连山流域河水主量离子提供了重要的溶质。在内陆河中蒸发盐的溶解是其溶质化学组成的重要来源（Wu，2016）。含盐风成输入同样也在降水中得到了体现，据柴达木综合地质勘查大队资料，柴达木盆地北缘大、小柴旦地区大气降水的盐分含量高达 0.03 g/L，硼含量高达 0.5 mg/L（郑绵平，1989）。频繁严重的沙尘暴中含有盐类物质，导致降水中含盐元素含量高，矿化度最大值甚至可以达到 1000 mg/L（Feng et al.，2004；Ma et al.，2012）。综上所述，柴达木盆地频繁的沙尘活动，使得盐类矿物在祁连山地区形成风成沉积，在大气降水的作用下，使得风成沉积中含硼的盐类矿物溶解汇入河流或沿着岩体的裂隙下渗至深部，最后随热泉或泥火山岩裂隙通过上涌出露地表补给盐湖，对富集成矿起到一定作用（图 5.19）。

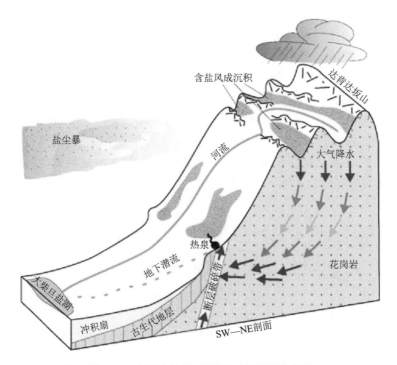

图 5.19　山区含盐风成沉积溶滤富硼模式图

　　岩石风化淋滤和汇聚成因、深部富硼地下水补给成因和山区含盐风成沉积溶滤输入成因都对柴达木盆地北缘富硼盐湖富集成矿具有一定作用，但岩石风化淋滤和汇聚成因、山区含盐风成沉积溶滤输入成因的贡献量有待进一步研究。而据目前的塔塔棱河与柴达木盆地北缘热泉的流量和硼含量推算，深部富硼地下水输入大柴旦盐湖的硼资源量在 1.54×10^7 t 以上，接近或超过大柴旦盐湖硼的资源量（郑绵平，1989）。因此深部富硼地下水补给可能为柴达木盆地北缘富硼区域的主要物质来源。

　　通过对比柴达木盆地不同流域补给水体及其尾闾盐湖、周围山系基岩硼、锂含量，主要获得以下结论。

　　（1）柴达木盆地深部的富硼锂地下水补给的河水是尾闾盐湖硼锂含量的主导因素。柴达木盆地不同流域补给河水硼锂含量分布不均匀。昆仑山流域主要为那陵格勒河呈现富硼锂特征，是那陵格勒河上游的洪水河受热泉补给所致，而祁连山流域河流总体呈现出相对富硼贫锂特征。

　　（2）祁连山地区岩石的硼含量最高（柴达木盆地北缘为富硼异常区），而锂含量明显低于昆仑山和阿尔金山地区，并与水体呈现的硼含量分布特征相对应。

　　（3）柴达木盆地北缘富硼盐湖的物源归纳为如下三种：岩石风化淋滤和汇聚，主要为柴达木盆地北缘大面积出露的含电气石花岗岩的风化淋滤；深部富硼地下水补给，大气降水沿花岗岩的裂隙下渗和上涌的过程中与围岩发生水-岩交换反应，使水体富硼，或直接来源于地下熔融岩浆产生的富硼岩浆水；山区含盐风成沉积溶滤输入，Cl/Br 比值和 Cl/Na 比值皆证明柴达木盆地北缘补给水体受到了含盐风成沉积的影响。

5.3　小结

研究过程中多次对青藏高原盐湖，尤其对柴达木盆地盐湖展开了深入详细的调查研究。通过对盐湖所处区域的围岩、河流沉积物、地表水、地下水、泉水、卤水等多种相关物质的同位素、微量元素、离子含量、基本水化学特征等指标的测试分析，对研究区内盐湖锂、镁、硼资源进行了系统的物源属性研究，并分析了在这一过程中控制盐湖资源元素分异和富集的机制，进一步揭示了青藏高原盐湖资源的成盐成矿规律，为未来更加精准、绿色、高效地开发利用盐湖资源提供了有力的数据支持和理论指导。

以那陵格勒河流域及其尾闾盐湖为研究区，在总结前人研究成果的基础上，应用水化学、锶-硫同位素等手段对研究区锂的来源进行了研究，获得了以下认识：研究区不同河流的水化学类型不同，那陵格勒河水化学特征受楚拉克阿拉干河和洪水河（Na-Cl 型）两条支流的混合控制；楚拉克阿拉干河水锂含量明显偏低（$0 \sim 0.05$ mg/L）；而那陵格勒河水锂含量比楚河高一个数量级，平均为 0.63 mg/L，其高锂含量主要来自洪水河的补给；洪水河中高的锂含量与其上游热泉水的补给有关，热泉水具有高锶含量、高锶低硫同位素组成特征；那陵格勒河尾闾盐湖卤水锂资源主要来自那陵格勒河水的补给，柴达木古湖残留水、盆地西部含盐系地层淋滤水或油田水对尾闾盐湖溶质的贡献可忽略不计。

针对盆地内不同盐湖硼资源富集程度的差异性，采集河水和泉水样品，分析其硼和锂含量、矿化度和 pH，结合柴达木盆地不同流域补给水及蚀源区岩石已有的硼锂含量，总结盆地水岩体系硼锂含量地球化学特征，并对柴达木盆地北缘富硼盐湖物源进行了探讨。结果表明，柴达木盆地北缘祁连山流域水体和岩石硼含量均较阿尔金山和昆仑山流域高，而其锂含量均较昆仑山那陵格勒河流域低，显示柴达木盆地北缘水岩相对富硼贫锂的地球化学特征。综合对比柴达木盆地不同流域硼锂资源分布，发现整个盆地硼锂含量的不均一性和不同步性特征。针对柴达木盆地北缘富硼盐湖的物源研究，主要归纳为祁连山系岩石（含电气石花岗岩）风化淋滤、深部富硼地下水补给和含盐风成沉积溶滤输入成因，其中深部富硼地下水补给为最主要的来源。

为了查清那陵格勒河尾闾盐湖——一里坪、西台吉乃尔、东台吉乃尔和察尔汗盐湖别勒滩区段高 Mg/Li 卤水富锂、镁的主控因素及成因，科考队还系统采集了柴达木盆地那陵格勒河水、流域围岩和尾闾盐湖卤水样品，进行了水样、岩样元素含量及矿物组合分析。结果表明，河水阳阴离子含量特征分别为 $Na^+>Ca^{2+}>Mg^{2+}$ 和 $Cl^->HCO_3^->SO_4^{2-}$；与河水相比，卤水 Ca^{2+} 和 HCO_3^- 含量降低，Na^+、K^+、Cl^- 和 SO_4^{2-} 明显富集，二者具有相似的 Mg^{2+} 离子含量所占阳离子总量的百分比（$\sim 25\%$）；与南海海水和青海湖湖水蒸发曲线对比，卤水的镁含量落在曲线上，说明卤水富镁是由河水输入、蒸发浓缩控制的，而非盆地古湖自西向东浓缩迁移的结果；通过那陵格勒河流域围岩矿物和镁含量分析，发现河水流经的围岩中沉积有含镁矿物（白云石、含镁方解石和阳起石），且镁含量高达 $0.6\% \sim 11.5\%$，说明高镁的岩石风化溶滤是尾闾盐湖卤水富镁的主因。

总之，应用多种手段对青藏高原柴达木盆地的锂、镁、硼等典型盐湖元素进行了"源-汇"过程的物源属性初步研究，基本掌握了区域典型盐湖资源在"源-汇"过程中的来源，以及分异和富集规律，为未来更加详细深入的盐湖资源元素"源-运-汇"过程及其控制机制调查研究打下了良好的基础。

第 6 章

柴达木盆地油田卤水深层卤水分布
及赋存特征

6.1 区域构造－沉积演化及水文地质特征

6.1.1 区域构造演化

柴达木盆地位于青藏高原的北部，西北以阿尔金山与塔里木盆地相隔，东北以祁连山为界，南以昆仑山为界。盆地东西长约 850 km，南北宽 100～200km，面积约 12.1×10^4 km²，呈不规则菱形。柴达木盆地中生代—新生代的构造－沉积演化与特提斯－喜马拉雅构造域的强烈活动密切相关，源于特提斯洋壳向古欧亚大陆的几次俯冲，以及印度板块与古亚洲板块的碰撞产生的强烈挤压力，以致青藏高原大幅度隆起。受南北向推挤应力的影响，柴达木地块抬升并发生强烈的差异升降运动（赵为永等，2018）。在此特殊的区域背景和应力场下，柴达木盆地经历了四个演化阶段。

1. 中生代断陷阶段

印支运动后，盆地南缘布尔汗布达山南面的东昆仑造山带和东北缘宗务隆裂谷带褶皱回返。早三叠世、中三叠世时盆地整体上升，遭受剥蚀。南面造山带部分块体沿深断裂向北俯冲，插入了柴达木盆地之下，在整体上升的背景下，盆地逐步向北倾斜，导致下侏罗统、中侏罗统沿北缘分布。

2. 古近纪断拗过渡阶段

古新世—中始新世时，印度板块与亚洲大陆板块开始接触、碰撞，向北挤推，促使阿尔金断裂的左旋扭动和北西向断裂的右旋扭动，结果先沿阿尔金东南一侧产生楔形拉张断陷和拗陷。随着昆仑山和阿尔金山隆升，盆地西部大幅度沉降，湖盆范围扩大，盆地开始进入整体沉降的早期阶段——断拗过渡期。

3. 渐新世－中新世拗陷阶段

晚始新世—渐新世时期，边界断裂强烈活动，使得盆地整体稳定下沉，并在盆地西部逐渐发展成统一的茫崖拗陷和一里坪拗陷，开始了盆地大型拗陷的发展期。至早中新世，由于气候比渐新世湿润，湖盆进一步扩大，这是古近纪－新近纪湖盆发展的全盛时期。此时期内，由于阿尔金山的不断抬升，湖盆中心逐渐向北向东迁移，至中新世时期，沉积中心移至茫崖拗陷东部和小梁山拗陷。

4. 上新世褶皱回返阶段

上新世晚期，盆地整体抬升，西部湖盆迅速收缩，沉积中心向东迁移至三湖拗陷，西部除个别地区仍残留有小型封闭性盐湖外，基本结束了盆地的沉积史。

这一时期，随着印度板块向欧亚板块俯冲，青藏高原发生强烈隆起，盆地周围山系急剧抬升，盆地海拔也强烈上升，气候变冷，进入北温带，成为目前的高寒干旱地区。

6.1.2　区域沉积演化

1. 古新世—始新世早期

古近纪古新世—始新世早期为湖盆的发生—发展阶段。受晚期燕山运动的影响，从古近纪早期开始，盆地周边山系继续隆升，盆地进入整体沉降阶段，路乐河组在东高西低的古地形基础上填平补齐，东部地区相对抬升，未接受沉积，盆地西部和北缘地区构造运动强烈，物源供给充分，碎屑岩发育。此时，一里坪地区发育滨浅湖相，沉积中心以浅湖相-半深湖相沉积为主，阿尔金山前、昆仑山前、祁连山前发育冲积扇、扇三角洲、河流相、三角洲相沉积，近岸滨湖亚相砂体也较发育。

始新世早期，盆地西部的这些小型湖盆连片扩大，形成本地区的初始湖泛面，初始湖泛期的沉积中心位于小梁山、南翼山地区，湖岸线沿红沟子—月牙山—尖顶山—乱山子分布，牛鼻子梁—大风山冲积体系开始发育并形成隆起地形。

2. 始新世晚期—早中新世时期

始新世晚期—早中新世时期为古近纪湖盆的稳定沉降、迅速发展阶段。始新世晚期，盆地西部湖盆发育到达鼎盛时期，进入最大湖泛期，湖盆开始由西向东、自南而北有规律地迁移，沉积中心向东迁移至南翼山一带，盆地内半深湖-深湖相明显扩大，湖岸线扩大到碱山构造一线，沉积了一套灰色、深灰色暗色泥岩、泥灰岩。

始新世时期，由于阿尔金山、昆仑山的迅速隆升，沉积中心向东迁移，加之气候变得寒冷干燥，盆地西部湖水逐渐浓缩。因此，在始新世晚期，远离补给源的狮子沟地区开始出现盐类沉积，形成盆地内最早的盐类矿产。

渐新世时期，盆地西部继续沉降，沉降中心向东南部转移。盆地内广大地区基本为一套洪泛-河流相红色粗碎屑岩系，岩性以棕红色砂砾岩、泥岩为主。渐新世晚期，在昆北沉积了以灰色、深灰色泥岩、灰质泥岩和泥晶灰岩等为主的湖相地层（图 6.1）。

中新世早期，湖泊整体维持着较高水位，英雄岭和茫崖拗陷连为一体，以深湖相沉积为主，向周缘依次发育滨浅湖相、河流泛滥平原相，昆仑山前跃进-绿草滩地区广泛发育三角洲前缘相。此时，一里坪地区已成为沉降沉积中心，发育半深湖-深湖相，祁连山和昆仑山前发育冲积扇。该期沉积中心略向北东迁移，南界收缩到咸水泉-油泉子以北，湖面向东扩大的趋势明显。

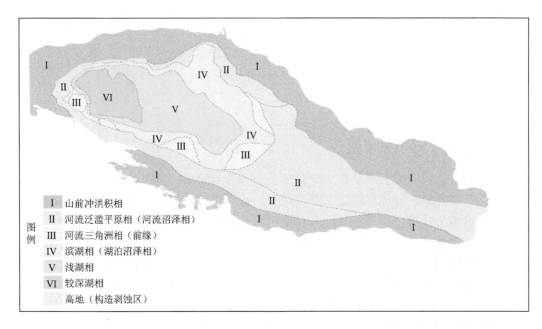

图 6.1　渐新世 – 中新世干柴沟组岩相古地理图

图例
I　山前冲洪积相
II　河流泛滥平原相（河流沼泽相）
III　河流三角洲相（前缘）
IV　滨湖相（湖泊沼泽相）
V　浅湖相
VI　较深湖相
　　高地（构造剥蚀区）

3. 中新世晚期 – 上新世时期

中新世晚期 – 上新世时期为新近纪湖盆的收缩、衰亡阶段。受喜马拉雅山中期构造运动的影响，昆仑山迅速抬升，盆地进入挤压拗陷盆地发育阶段。湖盆面积逐渐萎缩，沉积中心向东迁移至一里坪地区，中新世晚期，柴西南地区以碎屑岩沉积为主，柴西北地区以碳酸盐岩沉积为主，并广泛发育藻灰岩和颗粒灰岩。由于气候相对潮湿，湖水相对淡化，未见大量盐类沉积。

上新世时期，湖泊沉积中心明显东移，南翼山以西变为滨浅湖，由其向东至大风山，几乎均为半深湖。此时气候更加干旱，湖水进一步浓缩，沉积形成了含石膏、芒硝和岩盐的一套盐湖相蒸发岩系。盐类沉积向北东扩展到大浪滩矿区附近，小梁山、南翼山、察汗斯拉图、大风山及油墩子一带出现大范围的盐湖相沉积，形成了许多有价值的盐类矿产。此外，随着水域变浅，沉积物复又变粗，湖相碎屑岩层显著增多，它是湖面收缩、湖泊趋向消亡的标志（陈安东等，2017）。

上新世末期，由新构造运动引起的强烈抬升作用，使洪冲积扇向湖推进，淡水环境转化为扇三角洲与滨浅湖交替的环境。在柴西地区，茫崖拗陷和英雄岭拗陷以滨浅湖相为主，周缘发育河流泛滥平原相，阿尔金山前发育冲积扇；一里坪地区以深湖相 – 浅湖相为主，向周缘发育滨浅湖相、河流泛滥平原相。盆地边缘岩性较粗，以棕灰色与灰色砾岩、砾状砂岩为主。柴达木西北区及盆地中心岩性较细，以灰色与深灰色泥岩、灰质泥岩和砂质泥岩为主，偶见鲕状泥灰岩（图 6.2）。

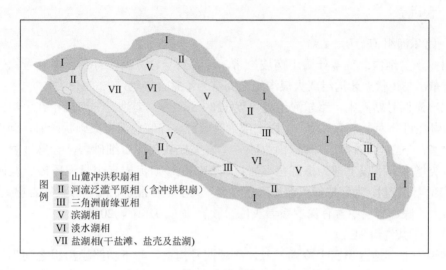

图 例
I　山麓冲洪积扇相
II　河流泛滥平原相（含冲洪积扇）
III　三角洲前缘亚相
V　滨湖相
VI　淡水湖相
VII　盐湖相(干盐滩、盐壳及盐湖)

图 6.2　上新世狮子沟组岩相古地理图

6.1.3　古近纪 – 新近纪分布特征

新生界地层的划分变动较多，1997 年孙崇仁主编的《青海省岩石地层》中，将上、下干柴沟组合并称为干柴沟组，并沿用 1991 年《青海省区域地质志》中将上、下油砂山组合并称为油砂山组。2007 年张雪亭等主编的《青海省区域地质概论：1∶100 万青海省地质图说明书》对《青海省岩石地层》进行了系统修订。

本书以《青海省区域地质概论：1∶100 万青海省地质图说明书》中的地层序列表为依据，为便于青海油田公司资料的研究利用，在组的划分上，仍沿用上、下干柴沟组和上、下油砂山组的划分，第四系则根据《柴达木盆地第四纪含盐地层划分及沉积环境》研究成果采用四分法（表 6.1）。

表 6.1　柴达木盆地新生界地层划分表

地层单位				地层代号
界	系	统	组	
新生界	第四系	全新统（Q_h）	达布逊组	$Q_h d$
		上更新统（Q_{P_3}）	察尔汗组	$Q_{P_3} c$
		中更新统（Q_{P_2}）	尕斯库勒组	$Q_{P_2} g$
		下更新统（Q_{P_1}）	阿拉尔组	$Q_{P_1} a$
	新近系	上新统（N_2）	狮子沟组	$N_2 s$
			上油砂山组	$N_2 y$
		中新统（N_1）	下油砂山组	$N_1 y$
			上干柴沟组	$N_1 g$
	古近系	渐新统（E_3）	下干柴沟组	$E_3 g$
		始新统（E_2）	路乐河组	$E_{1-2} l$
		古新统（E_1）		

1. 古近系

1) 路乐河组（$E_{1-2}l$）

出露于盆地内北部赛什腾山南坡一带，冷湖三号、冷湖四号及冷湖五号构造下部也有分布，与下伏犬牙沟组或大煤沟组之间常为不整合接触。

在冷湖四号钻孔中，路乐河组视厚度 1289 m，为一套洪泛－河流相红色粗碎屑岩系，按岩性可分为上、下两段：上段上部为暗紫红、棕红色泥岩夹砾状砂岩，向下砂、砾岩增多；下部为暗棕红，暗棕褐色砂质泥岩夹棕红色泥质细砂岩，含砾砂岩，向下砂质岩类增多。下段上部为棕红色泥岩，深棕红色砂质泥岩夹少量泥质砂岩及砾状砂岩；下部岩性较粗，为深棕红色泥质砾状砂岩，大小颗粒混杂，向下砾状砂岩层数增多，厚度加大，底部岩层中含有侏罗系黑灰色粉砂岩块（汤建荣，2016）。

2) 下干柴沟组（E_3g）

盆地内北部地区出露于冷湖三号、冷湖四号构造，与下伏路乐河组之间为侵蚀面接触。在冷湖五号深 33 井钻孔中，视厚度为 1035.5 m（未见底），上部为一套湖泊相细碎屑岩系，以棕红色砂质泥岩及棕红、蓝灰色泥岩为主，夹薄层灰绿、灰黄色砂岩、泥质砂岩、粉砂岩、泥质粉砂岩及夹少量杂色泥岩。下部为一套洪泛－河流相红色粗碎屑岩系，以棕红色泥岩及砂质泥岩为主，夹薄层灰绿、灰黄色的砂岩、砂质泥岩、粉砂岩及泥质粉砂岩，底部为紫褐色泥质岩，夹两层泥灰岩。

盆地内西部地区出露于干柴沟、东柴山一带，未见底。在干柴沟构造剖面中，下干柴沟组视厚度为 1029.5 m，岩性以灰色砾岩、砂岩和泥质岩互层为主，夹红色杏黄色砂质泥岩或粉砂岩条带。

下干柴沟组在盆地东部地区大多数构造均有出露，与下伏路乐河组之间为侵蚀面接触。在大红沟剖面，厚 835.4 m。以黄绿、灰绿色巨厚层砂岩为主，夹不等厚的棕灰、棕红、紫红色砂质泥岩、泥岩及少量绿黄、灰白色砾岩和砾状砂岩，可见少量棕灰、灰黄色粉砂岩。

2. 新近系

1) 上干柴沟组（N_1g）

本组在盆地北部地区广泛分布，与下伏下干柴沟组之间为连续沉积。在冷湖五号构造钻孔中视厚度为 798 m，为湖泊相细碎屑沉积建造，岩性以棕红色、灰色泥岩及棕红色砂质泥岩为主，夹薄层灰绿、灰黄色砂岩，泥质砂岩、粉砂岩与泥质粉砂岩。

盆地西部地区，本组分布在干柴沟、油砂山、东柴山等构造剖面及狮子沟、咸水泉、油泉子、尖顶山、大风山等构造钻孔中，与下伏下干柴沟组多为连续沉积（马新民等，2014）。

2) 下油砂山组（N_1y）

分布与上干柴沟组的范围大致相同，一般与下伏地层之间为连续沉积，但在咸水泉构造钻孔中与下伏早古生代变质岩呈不整合接触，在红沟子构造地面与下伏侏罗系地层呈不整合接触。在西岔沟剖面，厚 897.7 m，为湖泊相细碎屑沉积建造，岩性以棕红色泥质粉砂岩，砂质泥岩与棕灰、绿灰、黄灰色砂岩互层。

3）上油砂山组（N_2y）

分布地区与下油砂山组大致相同，与下伏下油砂山组之间为连续沉积。在西岔沟剖面，厚 1418.2 m，以湖相、河流相沉积为主，岩性为灰色细砾岩、砂岩与棕褐色粉砂岩，砂质泥岩之间互层，在盆地中心的油泉子、大风山构造为灰色、灰绿色泥岩与砂质泥岩。

4）狮子沟组（N_2s）

分布地区较上、下油砂山组更为广泛。一般与下伏上油砂山组之间为连续沉积，但在红沟子、咸水泉等构造不整合于上油砂山组之上。在七个泉构造为砾岩、砂岩。在西岔沟剖面，厚 522.53 m，以湖相、河流相沉积为主，岩性主要为棕灰色砂质泥岩夹灰色砂岩及浅棕灰色砾岩。在盆地中心的油泉子、大风山一带为浅棕色、褐色、灰色、灰黑色、土黄色砂质泥岩夹灰色、棕黄色砂岩。下部夹薄层石膏质泥灰岩，泥岩中一般含石膏晶片。

6.1.4　区域水文地质特征

区域内地表水系（体）极不发育，仅在北部边缘山前冲洪积斜地上发育有少量季节性冲沟，在西部有苦水泉和咸水泉等泉点分布，但流量较小，泉流量小于 0.40 L/s，矿化度小于 13.5 g/L。在大浪滩凹地中心最低凹地，雨季局部偶有地表积水，除此之外，纵览全区为一片荒漠。

1. 地下水的赋存条件及分布规律

区域地下水的分布具有和地质、地貌相对应的垂直及水平方向的水文地质分带规律，地下水形成及分布也与地质历史发展密切相关。

区域北部的阿尔金山为一断块抬升山体，在地貌上表现为高山峻岭，具有相对优越的接受大气降水补给的条件，加之阿尔金山自形成以来，又经历了多次构造运动，断裂和裂隙发育，这为裂隙水提供了重要的储存空间。

阿尔金山山前的洪积斜地上，洪积物较发育，岩性结构松散，颗粒粗，为典型的松散岩类，本应是孔隙水储存的良好地段，但受到补给条件的限制，孔隙水很不发育。

盆地内出露的及钻孔揭露的古近系、新近系和第四系下、中更新统地层，由一套微胶结的湖泊相构成，具有由碎屑岩和灰岩、粉细砂及盐岩层构成的含水层，由黏土、淤泥等构成的阻水良好的隔水层，因而在其内部赋存着大量高矿化卤水。受后期新构造运动的影响，发生褶皱后，形成了碎屑岩类裂隙‒孔隙水。

盆地内第四系上更新统和全新统，是一套近水平的湖泊相沉积。更新世以来，未发生较大的构造变动，因而这套以盐岩为主的沉积体内，也赋存着大量高矿化卤水，形成了松散岩类孔隙水的一个特例，即盐岩层晶间卤水。同时也有少量冲洪积松散岩类孔隙水。

2. 地下水类型及含水岩组划分

根据地下水含水介质类型、赋存条件、水理性质等，将区内地下水划分为基岩裂隙水、碎屑岩类裂隙孔隙水、松散岩类孔隙水三种基本类型。

1）基岩裂隙水

基岩裂隙水主要赋存于山区基岩裂隙中。含水层岩性以前中生界的片麻岩、混合岩及花岗岩为主，含水层富水性弱。据在牛鼻子梁山前地带施工的 ZK12 孔揭露，第四系砂砾石层之下的基岩风化壳中，赋存裂隙水。基岩含水层埋深 40.38 m，单井涌水量 73.41 m³/d，矿化度 37.24 g/L，为咸水。

2）碎屑岩类裂隙孔隙水

碎屑岩类裂隙孔隙水主要分布于新生界古近系、新近系及第四系下、中更新统地层中。包括裂隙型深层卤水和孔隙型深层卤水两部分。

（1）裂隙型深层卤水。主要指各背斜构造内赋存的高矿化卤水，含卤水介质岩性为半胶结的泥质砂岩、砂岩、粉砂岩，透水性弱，水头压力高，与石油、天然气共生。主要分布于大风山、小梁山、尖顶山、红沟子、南翼山、油泉子及油墩子等地，埋深一般大于 1000 m，卤水矿层厚度、涌水量及品位等各构造位置差异较大。富水性一般较弱，在油泉子、油墩子，最高达 1555.2 m³/d，矿化度达 118.49 ～ 352.06 g/L。水化学类型为氯化物型水。

（2）孔隙型深层卤水。主要分布在各背斜构造间的向斜凹地内，是赋存于第四系中、下更新统至新近系地层中的高矿化卤水。根据含水介质岩性不同可分为两类：一是含水层岩性主要为含粉砂的石盐、含淤泥的石盐，水化学类型以硫酸镁亚型卤水为主；二是含水层岩性为砂砾石，水化学类型为氯化物型卤水，主要分布在大浪滩－黑北凹地的北部和牛郎织女湖－德宗马海北部。

3）松散岩类孔隙水

松散岩类孔隙水赋存于第四系上更新统及全新统地层中，根据含水介质不同又将其划分为山前冲洪积松散岩类孔隙水和湖相化学沉积盐岩类晶间水。

（1）山前冲洪积松散岩类孔隙水。山前冲洪积松散岩类孔隙水主要分布于山前冲洪积扇上，含水层岩性以冲洪积的砂卵砾石为主。地下水以潜水为主，含水层富水性弱－中等，地下水矿化度一般小于 50 g/L。水化学类型属氯化物型水。

（2）湖相化学沉积盐岩类晶间水。湖相化学沉积盐岩类晶间水分布于各向斜凹地中，含水层岩性为第四系上更新统和全新统的石盐、含砂的石盐、含芒硝的石盐。具潜水、承压水双层结构，属高矿化卤水，水化学类型为硫酸镁亚型水。

3. 区域地下水的补给、径流、排泄条件

在高山深盆这一特殊地貌、封闭的地质、干旱的气候等条件的控制下，区内径流特征表现为无外泄的闭流。各类地下水的分布规律、埋藏条件不同，说明它们各自的补给、径流、排泄条件也有所不同。

1) 基岩裂隙水

基岩裂隙水主要接受大气降水补给。因基岩的构造裂隙发育，地形坡度大，除洪水期见地表流水外，大部分以地下潜流形式运动，地下水径流强。地下水的排泄主要是向山下的冲洪积平原以地下潜流形式进行，另外，少量地下水以蒸发形式进行垂直排泄。

2) 碎屑岩类裂隙孔隙水

该类地下水赋存于古近系、新近系及第四系中、下更新统地层中，地下水埋藏深度大，埋深一般大于200 m，上覆第四系上更新统含粉砂的黏土（为隔水层），属高承压自流水，因而接受垂直及越流补给的可能性不大。同时由于上覆地层的高度压实作用，接受侧向补给的量也有限。初步分析认为该类地下水可能主要是地层沉积时的封存水，大气降水沿裂隙下渗或出山口后沿含水层流动向深部补给，并在还原环境下脱硫，水质转化为高钙氯化物型水。向外界的排泄主要是局部断裂构造的沟通，深层卤水沿断裂上升，以泉水或越流补给的形式排泄。

3) 松散岩类孔隙水

松散岩类孔隙水的补给，一部分来源于大气降水，另一部分来源于北部的基岩裂隙水的地下潜流补给。由于盆地内地形平坦，地下水大多具有承压性，地下水的径流条件差，因此地下水的运动十分缓慢，有的地段甚至处于停滞状态。地下水的排泄方式主要为蒸发排泄，外围的冲洪积平原孔隙水有少部分溢出地表，形成沼泽地。

6.2 深层卤水储层特征

6.2.1 古近系–新近系地层地震层序划分

1. 层序界面的确定

根据地震剖面上古近系–新近系的地震反射终止类型，并结合钻井资料、露头资料，通过对柴达木盆地区域构造背景和古近系–新近系层序特征的综合分析，确定出柴达木盆地古近系–新近系共有7个层序边界，称之为SB1、SB2、SB3、SB4、SB5、SB6、SB7，分述如下。

(1) SB1：是新生界与中生界地层及盆地基底的接触界面，相当于地震反射的TR波。在苏干湖地区、柴达木北缘地区及阿尔金斜坡带的尖顶山、红沟子、红柳泉等地表现为削蚀及假整合的接触关系。岩性上表现为中生界红色粉细砂岩和砂砾岩，向上变为古近系路乐河组的河流相、冲积扇相砾岩、砂砾岩、粗砂岩夹薄层粉细砂岩；在昆仑山前的跃进至东柴山一带则为整合接触关系。岩性上表现为新生界地层直接覆盖于花岗岩、花岗闪长岩的基底岩系之上；在盆地中心则表现为整合接触关系。

(2) SB2：是下干柴沟组与路乐河组的层序界线。在全盆地范围内以平行整合及整合接触为主，局部见不明显的上超。平行不整合主要分布于北缘地区的昆特依拗陷、马海-南八仙地区及西部地区。在岩性上表现为下干柴沟组河流、三角洲相和扇三角洲相砂岩、粉砂岩、泥岩、砂砾岩，路乐河组为河流相、冲积扇相砂岩、砂砾岩为主的沉积。在西部的尕斯库勒湖地区和冷湖西部地区存在下干柴沟组底砾岩。地震反射特征界面上、下的反射特征具有明显的差异，其下的路乐河组反射振幅弱，且连续性差，其上的下干柴沟组反射波振幅增强，连续性中等。

（3）SB3：是上干柴沟组与下干柴沟组的界线，全盆地以整合接触关系为主，局部地区有不整合的接触关系存在。在 SB3 界面以上，湖盆表现为由南向北、由西向东的扩大趋势。

（4）SB4：是下油砂山组与上干柴沟组的界线。在西北、西南见上超现象，局部见削蚀，但范围较小，说明阿尔金山地带在此时期明显抬升。岩性上表现为下油砂山组岩性变粗，扇三角和三角洲相在西部地区更为发育，并且表现为水退型三角洲相为主。

（5）SB5：是上油砂山组与下油砂山组的界线。在柴达木北缘块断带北部见削蚀接触关系，即上油砂山组与下伏的下油砂山组、上干柴沟组、下干柴沟组呈不整合接触。在西北、西南有削蚀关系，并且具上超特点。在红沟子构造缺失上油砂山组地层，狮子沟组地层直接覆于下油砂山组地层之上。

（6）SB6：是狮子沟组与上油砂山组的界面。多见角度不整合接触，柴达木西南地区狮子沟组覆于上油砂山组、下油砂山组和上干柴沟组等不同时代的地层之上，西北部见削蚀，阿尔金山前和昆仑山前狮子沟组底部多见上超。苏干湖地区狮子沟组基本消失。在岩性、岩相上表现为河流相的砂砾岩更为发育，湖泊相沉积范围缩小。

（7）SB7：是第四系与新近系狮子沟组的界线，多为不整合接触关系，在野外露头中这种不整合关系较为常见。

2. 地震层序划分

根据上述 7 个层序界面，将柴达木盆地古近系-新近系自下而上划分为 1 个一级层序、3 个二级层序和 6 个三级层序（表 6.2）。一级层序代表了柴达木盆地古近系-新近系整体自下而上粗—细—粗的完整旋回。3 个二级层序代表了中生代末到古近纪-新近纪的

表 6.2 柴达木盆地古近系–新近系地层层序综合特征

地层			层序			地震层位	层序分界依据		构造运动	构造运动名称	构造运动规模		
界	系	组	一级	二级	三级		上界	下界			小	较大	大
新生界	第四系	七个泉组				T0				喜山Ⅵ			
	古近系-新近系	狮子沟组	Ⅰ	Ⅲ	Ⅵ	T1	消蚀	边缘上超	喜山运动阶段	喜山Ⅴ			
		上油砂山组			Ⅴ	T2′	消蚀	上超		喜山Ⅳ			
		下油砂山组		Ⅱ	Ⅳ	T2	消蚀	上超		喜山Ⅲ			
		上干柴沟组			Ⅲ	T3	顶超、局部消蚀	上超		喜山Ⅱ			
		下干柴沟组		Ⅰ	Ⅱ	T5	退复、局部消蚀	上超		喜山Ⅰ			
		路乐河组			Ⅰ	Tr		上超		燕山Ⅲ			
中生界		犬牙沟组							燕山运动阶段				

三次较大的构造运动，分别是中生代末的燕山运动（简称燕山）III 幕，上、下干柴沟组之间的喜马拉雅运动（简称喜山）II 幕以及上、下油砂山组之间的喜山 IV 幕等构造运动。6 个三级层序中一般发育高位体系域和水进体系域，而低位体系域一般不发育。

1）层序 I 反射特征

层序 I 相当于古新统和始新统的路乐河组地层。下界面为 TR 反射波，与下伏地层为不整合接触，上界面为 T5 反射波，与上覆地层呈整合或平行不整合接触。在柴达木北缘西段 T5、TR 反射波都表现为强振幅、连续反射，其内部反射特征分为上、下两段，上部为一套空白反射或弱反射，下部为中振幅较连续反射，柴达木西南区为弱振幅较连续反射，盆地中部大部分地区为弱反射或杂乱反射。在马海—大红沟、铁木里克和昆北断阶大部分地区，该套地层直接超覆于基岩之上。

2）层序 II 反射特征

层序 II 相当于下干柴沟组地层。底界面为 T5 反射波，在柴达木东部地区该层序直接超覆于中生界或基底之上，顶界面为 T3 反射波。T3 反射波在柴达木西部和盆地中部大部分地区为连续性较差的弱反射，在格尔木及其以东地区，T3 反射波表现为强振幅、连续反射。该层序在盆地内分布最广、厚度大，并且平面分布相对稳定。以 T4 反射波为界，根据反射特征在地震剖面上可以分为上、下两段，柴达木西部地区其上部为弱反射或空白反射，其下部为一套中、低频强反射；格尔木及其以东地区，该层序直接超覆于中生界或基底之上，表现为南部厚、北部薄的楔形，其上覆层序为南薄北厚的斜坡。

3）层序 III 反射特征

层序 III 相当于上干柴沟组地层。下部边界为 T3 反射波，上部边界为 T2 反射波。该层序的地震反射特征除柴达木西部部分地区表现为较连续反射外，在盆地内基本上表现为振幅变化大、连续性较差的反射特征。

4）层序 IV 反射特征

层序 IV 相当于下油砂山组地层。上部边界为 T2′ 反射波，下部边界为 T2 反射波。该层序的顶部边界与上覆地层呈明显的角度不整合接触，在盆地周缘尤其是在柴达木西南区和柴达木北缘的西段，下油砂山组及其以下地层遭受剥蚀。该层序内部的地震反射特征在柴达木西北区及一里坪拗陷为中强振幅、连续反射，其他大部分地区表现为连续性较差的反射。

5）层序 V 反射特征

层序 V 相当于上油砂山组地层。上部边界为 T1 反射波，下部边界为 T2′ 反射波。上、下边界皆为不整合面。该层序内的地震反射特征与层序 IV 相似，即在柴达木西部及一里坪拗陷为中强振幅、连续反射，其他大部分地区表现为连续性较差的反射。

6）层序 VI 反射特征

层序 VI 相当于狮子沟组地层。上部边界为 T0 反射波，相当于新近系的顶界面，为一区域不整合，下部边界为 T1 反射波，也为一不整合界面。其地震反射特征在整个中央拗陷带，包括柴达木西北区、一里坪拗陷、三湖拗陷，表现为强振幅、连续反射，在其他地区为振幅变化大、连续性较差的反射。

6.2.2　古近系－新近系沉积相平面展布特征

柴达木盆地古近系－新近系的各个沉积时期及盆地的不同地区，由于古构造、古气候、古物源、古地形等条件的差异，沉积相在纵向上和平面上分布具有差异，本书结合青海石油管理局相关研究成果，对各组段的沉积相平面展布特征简述如下。

1. 路乐河组沉积相带平面展布

该组地层沉积时期为柴达木古近纪－新近纪湖盆的发生时期。进入古近纪后，青藏高原开始抬升，在印度洋板块向欧亚板块俯冲过程中，盆地西部的阿尔金山前和昆仑山前一带相对沉降较快，形成拗陷湖盆，但较深湖亚相仅限于七个泉、狮子沟一带。在盆地其他地区则广泛地分布洪泛和河流相红色碎屑沉积。

2. 下干柴沟组下段沉积相带平面展布

该时期湖水面积扩大，但半深湖区仅限于七个泉、狮子沟、南翼山一带。在阿尔金山前，沉积受南北向的古构造控制，古地形坡度较陡，盆地边缘的冲积扇入湖后，很快进入半深湖区，形成湖底扇，从而导致这一地区沉积的一个明显特征就是相带窄、相变快，在岩相上表现为平面上粗细相带直接呈犬牙状接触的普遍现象。在尕斯库勒至东柴达木山地区，古地形坡度相对较缓，三角洲相沉积广泛发育。在北缘地区古地形坡度则更为平缓，主要分布三角洲相和滨浅湖相沉积，局部有风暴沉积。

3. 下干柴沟组上段沉积相带平面展布

该组段沉积时期，湖水面积进一步扩大，半深湖区在七个泉、狮子沟至茫崖一带。在阿尔金斜山前，相带分布重复，特别是深水浊流沉积更为发育，形成扇相浊积岩和非扇沟道相浊积岩。尕斯库勒至东柴达木山地区仍然以三角洲相沉积为主。北缘地区则以滨浅湖亚相沉积更为发育，局部见三角洲相沉积。其他广大地区则为滨浅湖亚相沉积及三角洲相沉积。

4. 上干柴沟组下段沉积相带平面展布

上干柴沟组下段沉积时期，柴达木湖盆面积最为广阔。半深湖区仍然在狮子沟至茫崖一带，但分布面积更为广泛。在咸水泉至小梁山地区分布有半深湖亚相沉积，也就是说，该时期表现为多个沉降中心。油泉子、南翼山一带为水下隆起带，发育浅湖滩坝亚相沉积。其他地区的沉积相类型基本上没有大的变化。

5. 上干柴沟组上段沉积相带平面展布

该组段沉积时期，由于柴达木西南缘昆仑山的抬升，湖盆开始由南向北、由西向东迁移。由于油泉子—南翼山一带水下隆起的存在，半深湖亚相在西部地区分布不连续，分布面积也有所减少，分别位于狮子沟至茫崖北部地区、咸水泉及油泉子、尖顶山一带。

西部尕斯库勒地区三角洲相展布向盆内延伸更远，其他阿尔金山前咸水泉至月牙山一带仍以边缘相带快速入湖形成的窄相带为特征。北缘地区表现为缓坡条件下的滨浅湖湖棚亚相和三角洲相沉积。

6. 下油砂山组沉积相带平面展布

下油砂山组沉积时期，昆仑山迅速抬升，湖盆面积迅速缩小，古近纪‒新近纪湖盆进入收缩期。在下油砂山组下段沉积时期，半深湖相仅分布在茫崖附近。下油砂山组上段沉积时期，沉积中心向茫崖东部迁移，且分布更为局限。在阿尔金山前西段，扇三角洲、三角洲相沉积的分布面积逐渐变小，并向山前逐渐收缩。沉积相特征变化较大的是尕斯库勒地区，由于昆仑山的抬升和湖水的衰退，该地区古地形坡度变陡，河流作用相对增强，在古阿拉尔水系的作用下形成水退环境下的扇三角洲相沉积，并且向盆地内部延伸更远。北缘地区河流作用增强，三角洲相相对较发育。

7. 上油砂山组沉积相带平面展布

上油砂山组沉积时期，湖盆进一步收缩、衰退。整个湖盆基本上以滨浅湖水体沉积为主，部分地区如北缘地区河流沉积作用增强，河流泛滥平原相沉积分布更为广泛。在西部地区扇三角洲和三角洲相沉积仍然存在，但河流泛滥相沉积也已经相当发育。

8. 狮子沟组沉积相带平面展布

狮子沟组沉积时期是柴达木盆地古近纪‒新近纪湖盆演化的最后阶段，即衰亡期。湖水面积最小，水体普遍较浅。盆地内广泛分布河流泛滥相沉积，正常的湖泊相沉积只限于盆地东部的"三湖"地区到一里坪一带。

6.2.3　典型背斜构造地层岩性、物性特征

1. 南翼山构造

1）构造特征

南翼山构造于 1955 年地面调查时发现。地面构造为两翼基本对称的大而平缓的箱状背斜构造，两翼倾角 20° 左右，构造轴线近北西西向，长轴 50km，短轴 15km，闭合面积 620km^2，矿区出露地层主要为渐新统—中新统干柴沟组（E_3-N_1g）、上新统油砂山组（N_2y）、上新统狮子沟组（N_2s）、下更新统七个泉组（$Q_{p1-2}q$）等（图 6.3）。

2）岩性特征

在古近纪‒新近纪，南翼山地区主要处于半深湖或滨浅湖沉积环境，砂岩层相对不发育，地层以泥灰（云）岩为主，砂质碎屑岩较少，地层中程度不等地含有碳酸盐，岩石致密，硬而脆，现根据青海油田公司勘察成果对地层岩性特征简述如下。

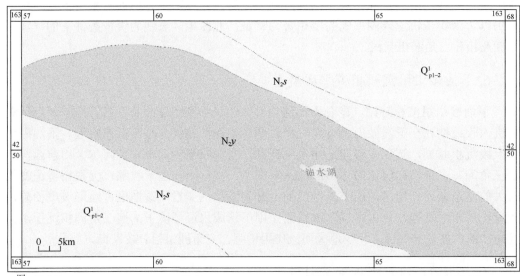

图例 Q^1_{p1-2} 中-下更新统湖积层：上段为泥岩、钙质泥岩夹砂岩，下段为泥岩、砂质泥岩、石膏、石盐 N_2s 狮子沟组：砂岩、砂质泥岩、泥岩 N_2y 上油砂山组：钙质泥岩、砂质泥岩、泥岩   地质界线

图 6.3 南翼山背斜构造地质图

（1）上油砂山组（N_2y）地层岩性特征。该组岩性以灰质泥岩、泥岩为主，夹少量白云岩、灰岩、泥质粉砂岩、泥灰岩、粉砂岩。深层卤水储层岩性以泥晶碎屑灰岩为主，灰质白云岩次之，且发育少量粗粉砂灰岩（表6.3）。

（2）下油砂山组（N_1y）地层岩性特征。岩性以灰质泥岩、泥岩、泥灰岩为主，夹少量砂质泥岩、藻灰岩、灰岩、泥质粉砂岩（表6.3）。深层卤水储层岩性以碳酸盐岩类为主，具体分为藻灰岩类和灰岩类储层（泥晶灰岩、泥晶云岩、泥质灰岩），发育有少量含灰砂岩。

（3）上干柴沟组（N_1g）地层岩性特征。岩性主要为灰质泥岩、泥灰岩、泥岩，夹少量砂质泥岩、泥质粉砂岩、钙质泥岩（表6.3）。深层卤水储层岩性以碳酸盐岩类为主，具体分为灰岩类和藻灰岩类储层，同时发育较多的细粉砂岩和粉砂岩。

表 6.3 南翼山构造地层岩性特征一览表 （单位：%）

地层	灰质泥岩	灰岩	白云岩	粉砂岩	泥灰岩	泥质粉砂岩	泥岩	藻灰岩	钙质泥岩	砂质泥岩
上油砂山组	69.57	1.76	2.49	0.64	1	1	23.54	—	—	—
下油砂山组	53.76	2.54	—	—	8.75	1.80	22.83	4.17	—	6.15
上干柴沟组	39.31	—	—	—	24.55	5.34	22.48	—	2.66	5.66
下干柴沟组	45.61	14.30	—	2.82	13.32	6.36	14.34	—	3.25	—

（4）下干柴沟组（E_3g）地层岩性特征。岩性主要为灰质泥岩、泥岩、灰岩、泥灰岩，夹少量泥质粉砂岩、钙质泥岩、粉砂岩（表6.3）。深层卤水储层岩性为砂泥岩类和碳酸盐类，以细粉砂岩、泥晶云岩为主，其次是泥晶灰岩、细砂岩、泥灰岩，还有少量的藻灰岩。

3）物性特征

（1）上油砂山组（N_2y）地层物性特征。南翼山上油砂山组孔隙度变化范围在 4% ～ 26%，集中在 10% ～ 15%，平均为 13.92%，整体上属于中低孔隙度储层（表 6.4）。

表 6.4　南翼山构造地层孔隙度特征一览表　　　　　（单位：%）

地层	0% ～ 5%	5% ～ 10%	10% ～ 15%	15% ～ 20%	20% ～ 25%	≥ 25%
上油砂山组	5%	8%	49%	30%	6%	2%
下油砂山组	7%	22%	42%	19%	4%	6%
上干柴沟组	21%	63%	15%	1%	—	—
下干柴沟组	34%	39%	23%	4%	—	—

（2）下油砂山组（N_1y）地层物性特征。南翼山构造下油砂山组孔隙度变化范围在 5% ～ 34%，集中在 10% ～ 15%，平均为 13.19%，整体上属于中低孔隙度储层（表 6.4）。

（3）上干柴沟组（N_1g）地层物性特征。南翼山构造上干柴沟组地层孔隙度变化范围在 1% ～ 16%，集中在 5% ～ 10%，平均为 6.87%，整体上属于中低孔隙度储层（表 6.4）。

（4）下干柴沟组（E_3g）地层物性特征。下干柴沟组地层孔隙度变化范围在 0.4% ～ 19%，集中在 1% ～ 15%，平均为 6.28%，整体上属于中低孔隙度储层（表 6.4）。

2. 鄂博梁 II 号构造

1）构造特征

鄂博梁 II 号构造是鄂博梁 I ～ III 号褶皱带里的一个局部构造，位于茫崖市冷湖镇西南方向约 60 km，面积 1264 km²，呈北西—南东向展布，轴长 42 km，走向 130°，构造北西端紧闭，向南东逐渐舒缓，宽度 7 ～ 19 km（图 6.4）。北翼以宽缓的向斜与冷湖构造带相连，南侧则以较北翼更宽平向斜延伸至碱山构造东端。轴线东端倾没于鄂博梁 III 号构造，倾没的西北端与鄂博梁 I 号构造南端为一鞍状向斜构造。

鄂博梁 II 号构造在上新世以前均为湖相沉积环境，上新世后期—早更新世开始水下隆起。受持续南北向挤压作用影响，明显发育两套构造层，以上干柴沟组为界，上部发育以滑脱断层（或挤压冲断断层）控制的挤压背斜，下部为受深部断裂控制的断块或者为不对称大型挤压背斜。浅层滑脱断裂均为北冲南倾断裂，向上产状变陡，常断至地表，向下变缓并消失于下油砂山组地层之中（孙平等，2014）。

2）岩性特征

鄂博梁 II 号地区 N_2y-E_3g 中，砂层都比较发育，储层类型以碎屑孔隙为主。

（1）上油砂山组（N_2y）地层岩性特征。岩性以灰色泥岩、砂质泥岩为主，夹灰色泥质砂岩、泥质粉砂岩、灰黄色泥灰岩及少量灰色砂质灰岩、薄层灰质砂岩和白云质砂岩。下部泥质砂岩和泥质粉砂岩增多，同泥岩近于互层。根据岩心（屑）编录结果，上油砂山组（10 ～ 828 m 井段）深层卤水储层（砂岩）厚度为 262.5 m，占地层厚度的

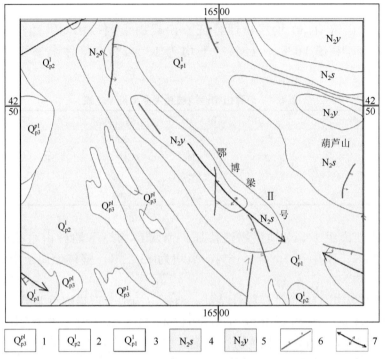

1. 上更新统冲积层：灰绿、灰黄、灰-棕灰色泥岩、砂质泥岩夹砂岩、砾岩、泥灰岩及石盐石膏层；2. 中更新统湖积层：黄绿色含盐砂质泥岩、泥岩夹石盐、石膏及砾岩夹砂岩、含砾粗砂岩、砂质泥岩；3. 下更新统湖积层：灰绿、黄绿、灰-棕灰色砂质泥岩、泥岩、砂岩、泥质粉砂岩夹粉砂岩、淤泥、泥灰岩、石盐、石膏、芒硝层；4.狮子沟组：黄绿、棕灰色泥岩、砂质泥岩、泥质粉砂岩夹砾岩、砂岩、泥灰岩、石膏；5. 上油砂山组：黄灰、棕灰色砂质泥岩、泥岩、砂岩、含砾砂岩互层夹砾岩、泥灰岩、石膏；6. 正断层；7. 背斜轴

图 6.4　鄂博梁Ⅱ号构造地质图

32.09%；暗色泥岩厚 480.5 m，占地层厚度的 58.74%；红色泥岩厚 25.5 m，占地层厚度的 3.12%；泥灰岩、灰岩厚度为 49.5 m，占地层厚度的 6.05%（表 6.5）。

表 6.5　鄂博梁Ⅱ号构造地层岩性厚度占比　　　　　　　　　　（单位：%）

地层	暗色泥岩	红色泥岩	泥灰岩、灰岩	粉砂岩、砂岩
上油砂山组	58.74	3.12	6.05	32.09
下油砂山组	43.16	11.49	4.57	40.78
上干柴沟组	30.08	41.10	3.29	25.53
下干柴沟组	21.29	48.89	2.35	27.47

（2）下油砂山组（N_1y）地层岩性特征。上部以灰色泥岩、砂质泥岩、泥质砂岩、泥质粉砂岩为主，灰色粉砂岩、棕红色泥岩、灰色泥灰岩和灰色泥岩次之，偶见灰质砂岩、含砾砂岩及薄层炭质泥岩和煤层；下部以灰色、棕红色泥岩、砂质泥岩和灰色、灰黄色泥质粉砂岩为主，夹灰色、灰黄色粉砂岩、灰质砂岩和灰色、褐灰色灰岩、泥灰岩，偶见炭质泥岩。根据岩心（屑）编录结果，下油砂山组（828～2195 m 井段）深层卤水储层（砂岩）厚度为 557.5 m，占地层厚度的 40.78%；暗色泥岩厚 590 m，占地层厚

度的 43.16%；红色泥岩厚 157 m，占地层厚度的 11.49%；泥灰岩、灰岩厚 62.5 m，占地层厚度的 4.57%（表 6.5）。

（3）上干柴沟组（N_1g）地层岩性特征。岩性以棕红色、灰紫色、灰色泥岩、砂质泥岩、粉砂质泥岩和灰色、灰黄色、灰棕色泥质粉砂岩、粉砂岩为主，夹灰色灰质砂岩和灰色、褐灰色泥灰岩、灰岩，上部和底部偶见碳质泥岩。根据岩心（屑）编录结果，上干柴沟组（2195～3229 m 井段）深层卤水储层（砂岩）厚度为 264 m，占地层厚度的 25.53%；暗色泥岩厚 311 m，占地层厚度的 30.08%；红色泥岩厚 425 m，占地层厚度的 41.10%；泥灰岩、灰岩厚度为 34 m，占地层厚度的 3.29%（表 6.5）。

（4）下干柴沟组（E_3g）地层岩性特征。岩性以灰紫色、灰色泥岩、砂质泥岩和棕色、灰色泥质粉砂岩、粉砂岩为主，夹少量灰色泥灰岩、灰质砂岩和砂质灰岩，上部见薄层炭质泥岩和泥质白云岩。下干柴沟组（3229～3633m 井段，未揭穿）深层卤水储层（砂岩）厚度为 111 m，占地层厚度的 27.47%；暗色泥岩厚 86 m，占地层厚度的 21.29%；红色泥岩厚 197.5 m，占地层厚度的 48.89%；泥灰岩、灰岩厚度为 9.5 m，占地层厚度的 2.35%（表 6.5）。

3）物性特征

鄂博梁Ⅱ号以往施工钻孔由于年代久远，缺少物性参数。2018 年青海省柴达木综合地质矿产勘查院在该构造施工的鄂 ZK01 孔，完井深度 2000 m，较为系统地采集了孔隙度、给水度样品，由于该孔仅揭露到下油砂山组地层，缺少上、下干柴沟组物性参数。

（1）上油砂山组（N_2y）地层物性特征。鄂博梁Ⅱ号构造上油砂山组地层孔隙度最大值为 49.17%，岩性为青灰色泥质粉砂岩，最小值为 25.66%，岩性为深灰色粉细砂，平均值为 36.43%（图 6.5）。整体上看，该层孔隙度具有自上而下减小的变化趋势，但孔隙度大小与碎屑粒径无直接关系。

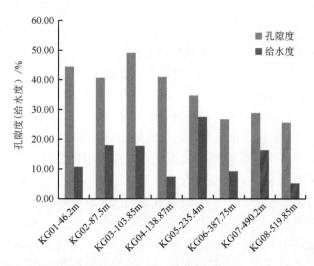

图 6.5　鄂博梁Ⅱ号构造上油砂山组地层孔隙度、给水度分布图

该层段给水度最大值为 27.57%，岩性为浅灰色粉砂岩，最小值为 5.23%，岩性为深灰色粉细砂，给水度平均值为 14.04%（图 6.5）。

（2）下油砂山组（N_1y）地层物性特征。鄂博梁 II 号构造上油砂山组地层孔隙度最大值为 47.55%，岩性为深灰色粉细砂岩，最小值为 8.10%，岩性为深灰色粉细砂，平均值 18.32%（图 6.6）。整体上看，该层孔隙度与岩性及碎屑粒径无明显相关性，而与胶结程度有明显联系，一般来说，胶结程度高则孔隙度小。

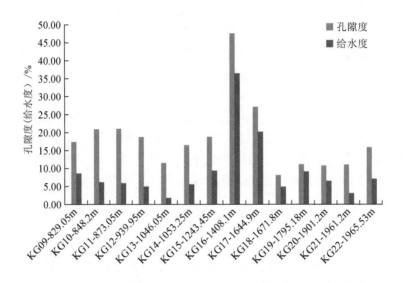

图 6.6　鄂博梁 II 号构造下油砂山组地层孔隙度、给水度分布图

该层段给水度最大值为 36.45%，最小值为 1.74%，岩性均为深灰色粉细砂，但胶结程度存在明显差异，给水度平均值为 14.04%（图 6.6）。

3. 鸭湖构造

1）构造特征

鸭湖构造位于鸭湖以北，西台吉乃尔湖东部偏北，构造地表轴部为狮子沟组（N_2s）黄绿-棕灰色泥岩、泥质粉砂岩组成，翼部为下更新统湖积（Q_{p1}^1）泥岩、砂质泥岩。轴向呈北西—南东向，长 38km，宽 17～20km，构造面积约 600 km²。构造南端宽圆，西北尖窄，呈略向北突出的弧形。南翼陡，倾角 5°～18°，北翼缓，倾角 3°～5°。背斜西段发育北西西向正断层，中段发育近南北向断层（图 6.7）。

鸭湖地区中生界是由伊北凹陷向鸭湖构造形成的超覆沉积，新生界沉积前鸭北断裂及南侧北倾的逆断层形成了鸭湖构造的雏形，使中生界遭受了剥蚀；路乐河组在鸭湖构造断块上也有减薄的趋势；下干柴沟组沉积前，也有断裂活动的迹象；上干柴沟组沉积前，鸭北断裂第 3 次活动。去除鸭湖构造浅层滑脱断裂的影响，上干柴沟组、下油砂山组、上油砂山组均有向构造顶部减薄的趋势，反映了鸭湖构造下干柴沟组沉积期以后，在古隆起的背景上具有同沉积背斜的特征；狮子沟组沉积期及其以后，断裂褶皱活动使鸭北断裂向上断开层位并升高，造成浅层、中深层滑脱断裂，褶皱加强并定型。

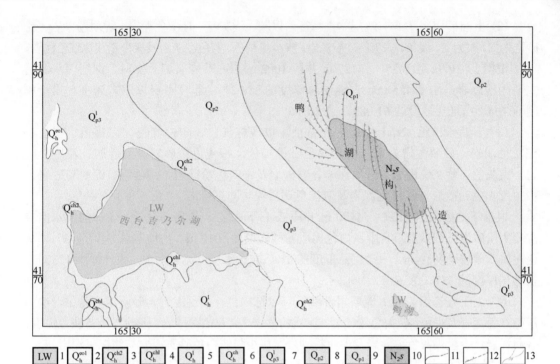

1.湖水；2.黄褐色黏土粉砂、粉细砂、含石盐的粉细砂；3.白色石盐；4.土黄色含粉砂的石盐、粉砂石盐；5.土黄色含粉砂的黏土、粉砂黏土、偶有含石盐的粉砂；6.白色石盐、褐黄、灰白色砂石盐、粉砂石盐；7.褐黄色粉砂、粉砂黏土、含石盐的黏土；8.灰绿、棕灰色粉砂黏土夹粉砂及薄层钙质黏土；9.灰色黏土、含淤泥的黏土、粉砂岩互层夹细砂岩；10.黄灰、灰绿色泥岩、砂质泥岩、含砂泥岩夹泥灰岩，岩盐、石膏；11.实测及推测地质界线；12.实测及推测正断层；13.河流、间歇河流及流向

图 6.7　鸭湖背斜构造区地质图

2）岩性特征

在鸭湖构造，以往石油、地质部门共施工了 6 个钻孔，对狮子沟－上干柴沟组地层进行了系统揭露，岩屑录井和岩性编录资料显示，该区域主要为湖相、滨湖相沉积，岩性以泥岩、粉砂岩、细砂岩为主，粉砂岩、细砂岩为深层卤水主要储层，储层类型以碎屑孔隙为主。

（1）狮子沟组（N_2s）地层岩性特征。岩性以灰、灰黄色泥岩、砂质泥岩为主，灰、浅灰色泥质粉砂岩次之，夹少量灰、浅灰色粉砂岩。

根据狮子沟组 115 ～ 1035 m 井段 920 m 岩心及岩屑编录资料，深层卤水储层主要为粉砂岩，厚度为 240 m，占地层总厚度的 26%。非储卤层为灰白色砂质泥岩，其中灰色泥岩厚 360 m，占地层厚度的 39%；灰色砂质泥岩厚 320 m，占地层厚度的 35%（表 6.6）。

表 6.6　鸭湖构造地层岩性厚度占比　　　　　　　　　　（单位：%）

地层	灰白色泥岩	灰色泥岩	杂色泥岩	灰白色泥质粉砂岩	灰色泥质粉砂岩	杂色泥质粉砂岩	灰白色砂质泥岩	灰色砂质泥岩	杂色砂质泥岩
狮子沟组	—	39	—	12	14	—	—	35	—
上油砂山组	5	7	11	11	6	20	14	9	17
下油砂山组	—	53	—	43	4	—	—	—	—
上干柴沟组	—	61	—	35	4	—	—	—	—

（2）上油砂山组（N$_2y$）地层岩性特征。以灰、浅灰色、棕灰色泥岩、泥质粉砂岩、粉砂岩为主，次为灰、浅灰、棕灰色砂质泥岩，夹少量褐色、灰色泥灰岩及极少量浅棕红色泥岩。

根据上油砂山组 1035 ～ 2127 m 井段 1092 m 岩心及岩屑编录资料，深层卤水储层主要为粉砂岩，厚度 425 m，占地层总厚度的 38.92%。非含水层以泥岩为主，累计厚度 667 m，占地层厚度的 61.08%（表 6.6）。

（3）下油砂山组（N$_1y$）地层岩性特征。以浅棕红色、暗棕红色、棕褐色、褐色、棕灰色泥岩、砂质泥岩为主，次为褐色、棕褐色、棕灰色粉砂岩、细砂岩、泥质粉砂岩，夹灰色、蓝灰色泥岩、砂质泥岩、粉砂岩及绿灰色粉砂岩、细砂岩、泥质粉砂岩，极少量褐色粉砂岩、浅棕色泥岩及灰黑色钙质泥岩与细砾岩。

根据下油砂山组 2127 ～ 4470 m 井段 2343 m 岩心、岩屑编录资料，深层卤水储层主要为粉砂岩、细砂岩，其中灰白色泥质粉砂岩厚度 1019 m，占地层总厚度的 43%，灰色泥质粉砂岩厚度 94 m，占地层总厚度的 4%。非含水层以泥岩为主，累计厚度 1230 m，占地层厚度的 53%（表 6.6）。

（4）上干柴沟组（N$_1g$）地层岩性特征。以棕褐色、褐色泥岩、砂质泥岩为主，次为浅棕红色泥岩及褐色、棕褐色粉砂岩、泥质粉砂岩，夹灰色粉砂岩、细砂岩及蓝灰色泥岩、砂质泥岩，少量褐灰色粉砂岩及泥质粉砂岩，极少量灰白色砂质泥岩与浅棕色泥岩。

根据下油砂山组 4470 ～ 5204.55 m（未揭穿）井段 734.55 m 岩心岩屑编录资料，深层卤水储层主要为粉砂岩、细砂岩，其中灰白色泥质粉砂岩厚度 257.09 m，占地层总厚度的 35%，灰色泥质粉砂岩厚度 29.38 m，占地层总厚度的 4%。非含水层以灰色泥岩为主，累计厚度 448.08 m，占地层厚度的 61%（表 6.6）。

3）物性特征

根据青海油田公司施工的鸭探 1 井及青海省柴达木综合地质矿产勘查院施工的鸭ZK01 井物性资料，对其特征简述如下。

（1）狮子沟组（N$_2s$）地层物性特征。根据鸭探 1 井资料，鸭湖构造狮子沟组地层孔隙度最大值为 30.09%，岩性为灰色泥质粉砂岩，最小值为 23.95%，岩性为灰色砂质泥岩，该层段孔隙度样品数量较少，代表性不强（图 6.8）。

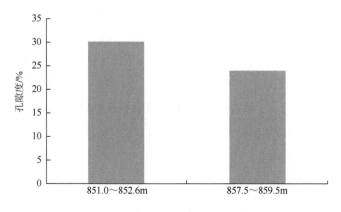

图 6.8　狮子沟组地层孔隙度分布图

（2）上油砂山组（N_2y）地层物性特征。鸭湖构造上油砂山组地层孔隙度最大值为39.78%，岩性为灰色泥质粉砂岩，最小值为4.76%，岩性为灰色泥岩。从岩性与孔隙度对比资料看，泥岩地层孔隙度普遍小于5%，粉砂岩储层孔隙度一般大于10%（图6.9）。

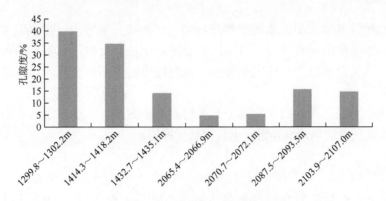

图 6.9　上油砂山组地层孔隙度分布图

（3）下油砂山组（N_1y）地层物性特征。鸭湖构造下油砂山组地层孔隙度最大值为44.50%，岩性为细砂岩，最小值为3.88%，岩性为灰色泥岩，该层孔隙度平均值为19.42%（图6.10）。

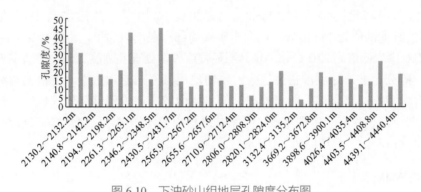

图 6.10　下油砂山组地层孔隙度分布图

（4）上干柴沟组（N_1g）地层物性特征。鸭湖构造上干柴沟组地层孔隙度最大值为14.49%，岩性为褐灰色泥质粉砂岩，最小值为6.25%，岩性为深灰色粉砂岩（图6.11）。

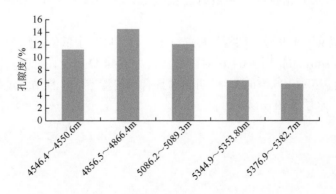

图 6.11　上干柴沟组地层孔隙度分布图

6.2.4　储卤层测井响应特征

1. 南翼山构造

南翼山地区基本采用淡水泥浆测井，储集层的测井响应为：自然伽马低值、井径为缩径、自然电位出现负异常，当储层的岩性、物性一定时，电阻率是判断含水性的主要依据，储层含水时，双感应电阻率及双侧向电阻率明显变低，与围岩电阻率接近或低于围岩。

典型水层特征：图 6.12 为南 4-1 井水层测井曲线图。V-25 号层为典型水层，自然伽马数值较低，自然电位负异常，电阻率低于围岩。

2. 鄂博梁 II 号构造

目的层 N_2^2-N_2^1 储层发育，自然伽马和声波时差结合可以用于储层划分。水层自然伽马中低值，声波时差中高值，双侧向电阻率相对围岩明显低值，且具侵入特征；干层自然伽马中低值，对应声波时差低值，双侧向电阻明显高于围岩，且无明显侵入特征。

典型水层特征：40 号层（765.0 ～ 773.3m，N_2^1 地层）自然伽马中低值，约 81 API，声波时差高值为 343 µs/m，侧向电阻率局部存在高阻尖子，说明有灰质夹层存在，但整体相对围岩低值为 2.03 Ω·m，且具明显幅度差，处理孔隙度 22%，渗透率 58 mD，层上对应阵列声波斯通利波幅度较大，说明储层具有一定渗透性，泊松比与纵横波比具一定含水包络；该层伽马能谱铀和钍的包络面较小，说明储层岩性较纯，钾含量为1.92%，储层流体含有一定钾离子，且钻井过程中井内涌水，结合区域标准综合解释为水层（图 6.13）。

3. 鸭湖构造

鸭湖构造含水层具有自然伽马低值，自然电位负异常反应，井径缩径，声波时差相对高值，侧向和感应电阻率值低于围岩并具有高侵特征。干层具有自然伽马低值，自然电位有负异常反应，声波时差值较低，侧向和感应电阻率值接近或高于围岩的特征。

典型水层特征：119 号水层视厚度 7.60m，自然伽马中低值，约 68 API，声波时差高值为 334.98 µs/m，侧向电阻率相对围岩低值为 0.44 Ω·m，且具明显幅度差，处理孔隙度 24.29%，渗透率 106.04mD，说明储层具有一定渗透性，且钻井过程中井内涌水，因此综合解释为水层（图 6.14）。

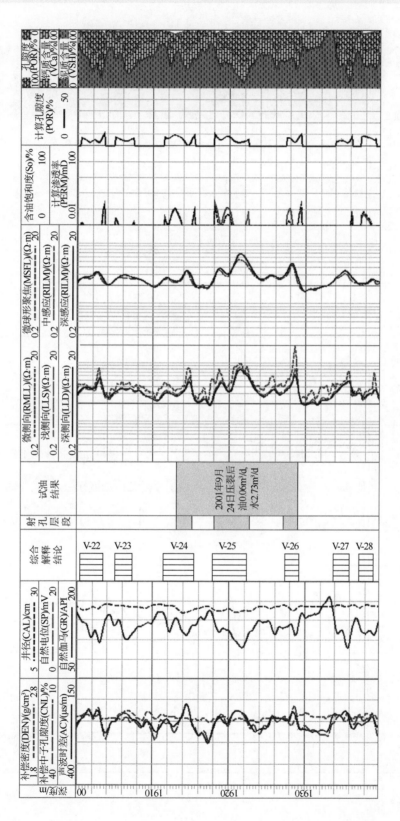

图 6.12　南翼山构造典型水层测井曲线图

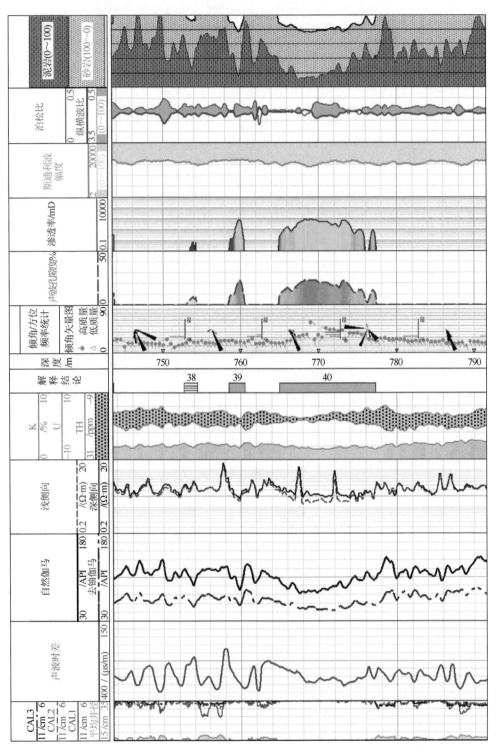

图 6.13　鄂博梁 II 号构造典型水层测井曲线图

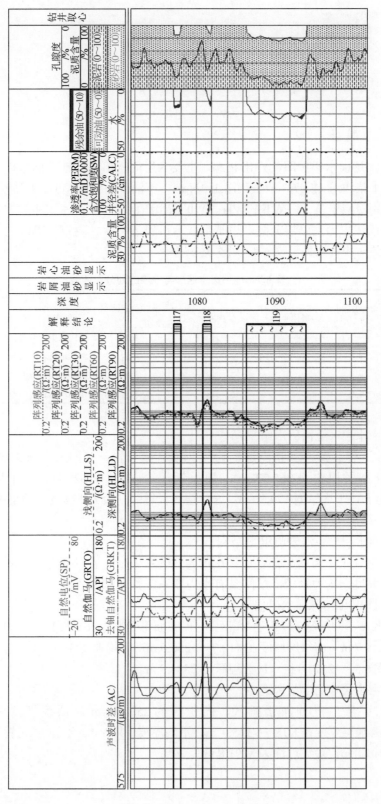

图 6.14　鸭湖构造典型水层测井曲线图

6.3 典型矿床

6.3.1 南翼山深层卤水钾、硼、锂矿床

1. 含水层特征

南翼山深层卤水矿按照其产出状态，主要为层间岩溶水。地下卤水矿层纵向上主要分布在下干柴沟组（E_3g）、上干柴沟组（N_1g）、下油砂山组（N_1y）、上油砂山组（N_2y）地层中，分别对应于 WⅠ、WⅡ、WⅢ、WⅣ卤水矿层编号。卤水层主要岩性为灰岩，各储卤层间以泥岩为主隔层分隔，属于溶隙承压岩溶卤水。现将该矿区地下深层卤水矿层与地层的对应关系列于表 6.7，并分述如下。

表 6.7　地下卤水储层与地层的划分对照表

时代	地层划分		主要岩性	卤水矿层划分	
	石油系统地层代号	地矿部系统地层代号		储卤层名称	矿层编号
上新世	N_2^1, N_2^2, N_2^3	N_2y	灰岩	溶隙承压岩溶卤水	WⅣ
晚中新世	N_1	N_1y	灰岩	溶隙承压岩溶卤水	WⅢ
中新世	N_1	N_1g	灰岩	溶隙承压岩溶卤水	WⅡ
渐新世	E_3^1, E_3^2	E_3g	灰岩	溶隙承压岩溶卤水	WⅠ

1）WⅣ卤水层［上油砂山组（N_2y）］

本矿层赋存上新统，储卤层的岩性为灰（云）岩，其间有薄泥岩隔水层。该卤水矿层分布面积约为 265.72km²，顶板埋深为 111.0～627.1 m，卤水层厚度在 93.5～267.4 m，平均厚度 177.30 m。含水层底板埋深一般为 1245.0～1859.2 m，该卤水矿层的底板最大埋深为 1859.2 m。

2）WⅢ卤水层［下油砂山组（N_1y）］

本矿层赋存于中新统上部，储卤层的岩性为灰（云）岩，夹薄泥岩隔水层，由于具有相同的温度、压力系统，层间具有水力联系，且卤水水质基本一致，因此划分为一个矿层，即 WⅢ溶隙卤水矿层。

该卤水矿层广泛分布于矿区，分布面积约为 265.72 km²，顶板埋深为 1388.2～1819.7 m，卤水层厚度在 110.7～250.0 m，平均厚度 165.9 m。含水层底板埋深一般为 2226.5～2524.9 m，最大埋深为 2524.9 m。

3）WⅡ卤水层［上干柴沟组（N_1g）］

该卤水矿层广泛分布于矿区，面积约为 256.78 km²，顶板埋深为 2246.3～2408.0 m，卤水层厚度在 80.9～145.9 m，平均厚度 104.6 m。含水层底板埋深一般为 2735.4～3191.8 m，最大埋深为 3191.8 m。

4) WⅠ卤水层［下干柴沟组（E_3g）］

该卤水矿层分布面积约为 216.19 km²，顶板埋深为 3005.5～3198.2 m，卤水层厚度在 72.5～75.9 m，平均厚度 74.3 m。含水层底板埋深一般为 4040.0～4183.5 m，最大埋深为 4183.5 m。

2. 卤水水化学特征

1) WⅣ卤水层［上油砂山组（N_2y）］

该层卤水矿化度最高为 316.03 g/L，最低为 182.20 g/L，平均为 231.00 g/L。卤水富含 Li^+、K^+、B_2O_3 等有益矿物元素，主要阳离子为 K^+、Na^+、Ca^{2+}、Mg^{2+}，主要阴离子为 Cl^-，其次是 SO_4^{2-}，局部可见少量碳酸盐。

Li^+ 含量一般在 54.00～143.00 mg/L，平均为 85.00 mg/L；K^+ 含量为 2.10～4.66 g/L，平均为 3.16 g/L；B_2O_3 含量一般在 1349.00～2417.00.00 mg/L，平均为 1939.00 mg/L；Na^+ 含量为 48.2～100.76 g/L，平均为 76.62 g/L。

2) WⅢ卤水层［下油砂山组（N_1y）］

卤水矿化度最高为 270.0 g/L，最低为 237.53 g/L，平均为 245.56 g/L。卤水富含 Li^+、K^+、B_2O_3 等有益矿物元素，主要阳离子为 K^+、Na^+、Ca^{2+}、Mg^{2+}，主要阴离子为 Cl^-，其次是 SO_4^{2-}，局部可见少量碳酸盐。

Li^+ 含量一般为 150.00～229.00 mg/L，平均为 187.99 mg/L；K^+ 含量为 0.84～12.05 g/L，平均为 3.14 g/L；B_2O_3 含量一般为 1936.76～3378.00 mg/L，平均为 2638.20 mg/L；Na^+ 含量为 71.14～101.00g/L，平均为 83.00 g/L。

3) WⅡ卤水层［上干柴沟组（N_1g）］

该矿层卤水矿化度为 287.61 g/L，最低为 231.63 g/L，平均为 262.35 g/L；Li^+ 含量一般在 138.7～261.0 mg/L，平均为 241.86 mg/L；K^+ 含量为 1.08～7.66 g/L，平均为 6.45 g/L；B_2O_3 含量一般为 2293.9～2665.0 mg/L，平均为 2536.93 mg/L；Na^+ 含量为 84.30～90.00 g/L，平均为 76.62 g/L。

4) WⅠ卤水层［下干柴沟组（E_3g）］

卤水矿化度最高为 305.89 g/L，最低为 223.00 g/L，平均为 267.72 g/L。卤水富含 Li^+、K^+、B_2O_3 等有益矿物元素，主要阳离子为 K^+、Na^+、Ca^{2+}、Mg^{2+}，主要阴离子为 Cl^-，其次是 SO_4^{2-}，局部可见少量碳酸盐。

Li^+ 含量一般为 135.5～263.0 mg/L，平均为 247.51 mg/L；K^+ 含量为 4.79～7.76 g/L，平均为 6.74 g/L；B_2O_3 含量一般为 1375.0～2665.0 mg/L，平均为 2447.01 mg/L；Na^+ 含量为 48.76～90.40 g/L，平均为 84.67 g/L。

3. 储卤层富水性特征

南翼山构造出油出水的钻孔较多，从已有的出水量资料来看，横向上出水井的位置主要分布在构造的中东部断裂发育区域内，纵向上以上干柴沟组和下油砂山组水量相对较大，上油砂山组较小。

6.3.2 鄂博梁Ⅱ号硼、锂矿床

1. 含水层特征

2018 年在鄂博梁Ⅱ号背斜构造施工鄂 ZK01 孔，深度 2000m，对储卤层进行钻探验证。根据地质编录和物探测井综合分析，共解释出储层 164 层，累计厚度 376.6 m，其中含水层 30 层，累计厚度 86.8 m。水层主要分布在下油砂山组（表 6.8），分布集中层段为 1000 ～ 1100 m、1700 ～ 1800 m，呈多层连续分布，单层厚度一般在 2 ～ 3 m，最大单层厚度 12.50 m，最小厚度 1.20 m，平均单层厚度 2.90。含水层孔隙度一般为 15.7% ～ 23.1%，最大 25.3%，最小 6.8%，平均 16.46%。含水饱和度一般在 90% ～ 98%，最大 100%，最小 86.5%，平均 96.6%，说明含水层基本处于含水饱和状态。含水层有涌水的层段裂隙较为发育，岩心较为破碎，其中 770 m、960 m、1050 m、1250 m 段出现涌水现象，且水层压力较大。

表 6.8　鄂 ZK01 物探测井解释含水层统计表

层位	底界 /m	水层 /（m/ 层）
上油砂山	750.00	12.6/6
下油砂山	2000.37	74.2/24
合计		86.8/30

2. 卤水水化学特征

鄂 ZK01 孔水质分析结果显示：LiCl 含量为 116.08 ～ 140.51 mg/L，全孔平均为 122 mg/L；KCl 含量为 0.02%；B_2O_3 含量为 490 ～ 575 mg/L，全孔平均为 493.6 mg/L，Br^- 含量为 36.00 mg/L；I^- 含量为 4.500 mg/L；Sr^{2+} 含量为 157.4 mg/L（表 6.9）。

表 6.9　鄂博梁Ⅱ号构造鄂 ZK01 井水质分析结果一览表

ρ(B)/(g/L)						矿化度	ρ(B)/(mg/L)									密度 /
K^+	Na^+	Ca^{2+}	Mg^{2+}	Cl^-	SO_4^{2-}	/(g/L)	Li^+	B_2O_3	CO_3^{2-}	HCO_3^-	Rb^+	Cs^+	Sr^{2+}	Br^-	I^-	NO_3^-	(g/mL)
0.118	26.06	1.844	0.409	44.18	1.047	74.42	21.00	493.6	0.000	54.02	0.208	0.057	157.4	36.00	4.500	19.66	1.050

3. 储卤层富水性特征

鄂 ZK01 孔大落程抽水试验涌水量为 256.608 m^3/d，降深为 141.88 m，单位涌水量为 1.809 m^3/(d·m)；小落程抽卤试验涌水量为 213.667 m^3/d，降深为 118.15 m，单位涌水量为 1.808 m^3/(d·m)（表 6.10）；放水试验涌水量为 152.323 m^3/d，降深为 84.61 mm，单位涌水量为 1.800 m^3/(d·m)，孔口水温 39 ～ 42℃。

表 6.10　鄂 ZK01 孔抽水统计表

项目	S1	S2	S3(0 m 自流)	S4(+27.07 m 自流)	S5(+36.72 m 自流)
承压水头 /m	+84.61(计算水头高度)				
水位降升 /m	141.88	118.15	84.61	57.54	47.89
涌水量 /(m³/d)	256.608	213.667	152.323	102.989	86.4
单位涌水量 /[m³/(d·m)]	1.809	1.808	1.800	1.790	1.804
孔口水温 /℃	39 ~ 42				

6.3.3　鸭湖构造硼、锂矿床

1. 含水层特征

2019 年在鸭湖背斜构造施工鸭 ZK01 孔对深层卤水矿床进行钻探验证，孔深 2500 m。重点对狮子沟组（0 ~ 1600 m）和上油砂山组（1600 ~ 2500 m，未揭穿）地层进行了钻探揭露，现就各地层含水层分布情况简述如下。

1) 狮子沟组（N_2s）

狮子沟组在 400 ~ 1600 m 井段取心总进尺为 119.10 m，岩性主要为含砂泥岩、砂质泥岩、泥岩、含泥砂岩、泥质砂岩、粉砂岩，从编录情况看，含水性良好的砂岩层厚 0.43 m，含水性一般的砂岩层厚 11.75 m，含水层差的砂岩层厚 6.62 m，不含水的砂岩层厚 8.96 m；揭露的地层整体为密实、坚硬，含水性差。

根据物探测井解译结果，狮子沟组 400 ~ 1600 m 井段含水层共计 100 层，厚度 210.00 m，平均厚度为 2.1 m，最大厚度 7.60 m，最小厚度 0.90 m。

2) 上油砂山组（N_2y）

鸭 ZK01 孔在上油砂山组 1600 ~ 2500 m 井段取心层位段共为 4 段，总进尺为 180.91 m，岩心长 157.13 m。岩性主要为棕红色泥岩、棕红色粉砂岩。从地层岩性统计来看，以泥岩为主的地层厚度为 162.90 m，共 24 层，以砂岩为主的厚度为 18.01 m，共 11 层；从地层含水性统计，揭露的地层整体为密实、坚硬，含水性差，仅在 2210 ~ 2214.5 m 钻遇较为饱水的粉砂岩，其他粉砂岩均不含水。

本井采用阵列声波、自然电位、自然伽马、伽马能谱、视电阻率（双侧向）、井径、地层倾角、阵列感应等测井方法进行水层识别，解译含水层共计 42 层，厚度 141.8 m，平均厚度为 3.38 m，最大厚度为 12.10 m，最小厚度为 1.20 m。

2. 卤水水化学特征

鸭 ZK01 孔完井孔深 2500m。水质分析结果显示矿化度为 112.8 g/L，平均密度为 1.075 g/mL。KCl 含量在 0.07%，NaCl 含量在 10.92%；LiCl 含量在 200.64 mg/L，B_2O_3 含量在 405.7 mg/L，总盐度为 10.91%（表 6.11）。

表 6.11　鸭湖构造鸭 ZK01 井水质分析结果一览表

	$\rho(B)/(g/L)$					矿化度/	$\rho(B)/(mg/L)$				密度/
K^+	Na^+	Ca^{2+}	Mg^{2+}	Cl^-	SO_4^{2-}	(g/L)	Li^+	B_2O_3	CO_3^{2-}	HCO_3^-	(g/mL)
0.375	36.82	5.699	0.814	67.86	0.735	112.8	33.44	405.7	0.000	68.43	1.075

3. 储卤层富水性特征

鸭 ZK01 孔 403.60 ～ 2500 m 试段放水试验结果显示：初始压力大于 5.3 MPa，第 1 次降深涌水量为 1676.16 m^3/d，剩余压力 0.23 MPa；第 2 次降深涌水量为 1339.20 m^3/d，剩余压力 0.45 MPa；第 3 次降深涌水量为 976.32 m^3/d，剩余压力 0.83 MPa；推算水早头高度为 151.51 m，换算降深值分别为 130.00 m、110.04 m 及 75.56 m，单位涌水量为 12.89 $m^3/(d\cdot m)$。

第 7 章

可可西里地区盐湖水化学
及微生物特征

可可西里自然保护区位于青海省西南部的玉树藏族自治州境内。它是横跨青海、新疆、西藏三省区之间的一块高山台地，西与西藏相接，南同青海省格尔木市唐古拉山镇毗邻，北和新疆维吾尔自治区相连，东至青藏公路，总面积 4.5 万 km²。

可可西里自然保护区地势高亢，受地质地貌和构造的控制，区内山地、宽谷和盆地呈北西西—南东东向带状排列：自北向南分别为昆仑山东段博卡雷克塔格山和马兰山—大雪峰组成的大、中起伏的高山和极高山；勒斜武旦湖—可可西里湖—卓乃湖、库赛湖高海拔湖盆带；可可西里山中小起伏的高山带；西金乌兰湖—楚玛尔河高海拔宽谷湖盆带；冬布勒山—乌兰乌拉山中小起伏的高山带。可可西里自然保护区中部较低缓，西部高而东部低，基本地貌类型除南北边缘为大中起伏的高山和极高山外，广大地区为中小起伏的高山和高海拔丘陵、台地和平原。

7.1　可可西里自然保护区盐湖资源科学考察的现状

可可西里自然保护区被称为人类生命的"禁地"。第一次青藏高原综合科学考察（简称一次科考）结果显示，保护区内有 20 多个盐湖，其中最为典型的是勒斜武旦湖和太阳湖富含锂资源。一次科考 40 多年以来，基本再没有开展过保护区内的盐湖资源调查或科学研究工作。随着青藏高原气候暖湿化显著增加的影响，区内盐湖卤水中离子浓度是如何变化的？卤水是如何演化的？盐湖卤水是否响应气候变化？这些问题是了解青藏高原湖泊演化规律的关键科学问题。

基于以上问题，通过本次科学考察，开展了区内湖泊调查工作，主要采集湖泊水体、典型湖泊的补给河水、湖底沉积物、岩石、湖泊极端环境微生物等样品，调查和分析湖水的离子浓度变化、典型盐湖的物质来源、盐湖演化方向、极端环境湖泊微生物种类等方面的内容。

2019 年 12 月至 2020 年 1 月开展了可可西里无人区的盐湖调查工作，科考人员共10 人，车辆 5 辆，分别从南线和北线深入可可西里无人区腹地（图 7.1）。本次科考采

图 7.1　可可西里无人区科学考察路线与考察盐湖位置

集了无人区内 14 个典型湖泊的水体样品和微生物样品，现场测定水体理化参数，每个湖泊采集 3 ～ 5 件湖水样品，分别用来测定常量元素、微量元素、同位素组成和微生物分析。科考人员克服了低温（–35℃）缺氧的极端环境，历时 22 天顺利完成了保护区内的盐湖科学考察（图 7.2）。

（a）采集湖水样品与测定湖水理化参数

（b）采集湖底沉积物样品

（c）科考人员在布喀达坂峰下拍照

（d）科考车队

图 7.2　科考人员野外取样工作

7.2　可可西里自然保护区湖泊水化学特征

可可西里自然保护区湖水理化参数、常量离子和微量离子浓度如表 7.1 所示。湖水的 pH 范围为 7.41（小盐湖）～ 8.92（可考湖），平均值为 8.46；湖水密度范围为 1.0（可考湖、太阳湖、卓乃湖）～ 1.19 g/cm³（小盐湖），平均值为 1.02 g/cm³；湖水盐度范围为 0.41（太阳湖）～ 235.8 μg/L（小盐湖），平均值为 33.07 μg/L；TDS 范围为 546.0（太阳湖）～ 286398.6 mg/L（小盐湖），平均值为 37769.83 mg/L。

表 7.1 可可西里自然保护区湖水理化参数、常量离子和微量离子浓度

盐湖	苟鲁错湖	海丁诺尔湖	可考湖	可可西里湖	库赛湖	勒斜武旦湖	明镜湖	特拉什湖	太阳湖	乌兰乌拉湖	西金乌兰湖	新生湖	小盐湖	卓乃湖
pH	8.86	8.78	8.92	8.85	8.74	7.43	8.33	8.82	8.26	8.87	7.74	8.72	7.41	8.68
密度/(g/cm³)	1.01	1.01	1.00	1.01	1.01	1.03	1.01	1.01	1.00	1.01	1.04	1.01	1.19	1.00
TDS/(mg/L)	11167.00	12506.00	4790.50	11752.00	13442.00	52253.50	16341.00	17244.50	546.00	17134.00	62699.50	14079.00	286398.60	8424.00
盐度/(μg/L)	9.67	10.99	3.98	10.31	11.88	51.53	14.63	15.43	0.41	15.44	63.04	12.60	235.80	7.21
Li⁺/(mg/L)	1.38	0.00	0.00	0.00	0.00	37.63	8.00	1.31	0.00	5.50	29.39	0.00	22.98	0.10
K⁺/(mg/L)	112.50	57.50	32.50	70.00	67.50	800.00	215.00	82.50	5.40	172.50	625.00	75.00	850.00	42.50
Na⁺/(mg/L)	3400.00	3400.00	1250.00	3300.00	3900.00	16500.00	6875.00	4650.00	83.00	5100.00	21250.00	4350.00	102500.00	2275.00
Ca²⁺/(mg/L)	21.67	14.44	18.06	28.89	7.22	993.00	225.70	25.28	23.47	316.00	406.20	10.83	541.60	21.67
Mg²⁺/(mg/L)	418.30	337.30	144.50	319.70	398.60	50.37	629.60	440.20	31.32	258.40	629.60	453.30	5858.00	184.00
Cl⁻/(mg/L)	5621.00	5469.00	2026.00	4997.00	6280.00	29542.00	12239.00	8508.00	121.50	8002.00	36083.00	7225.00	172608.00	3781.00
SO₄²⁻/(mg/L)	839.70	543.30	95.49	1045.00	617.40	757.30	1317.00	126.80	75.73	1441.00	1358.00	749.10	3746.00	233.80
CO₃²⁻/(mg/L)	154.80	154.80	96.74	135.40	212.80	0.00	19.40	96.70	0.00	212.80	0.00	232.20	0.00	77.40
HCO₃⁻/(mg/L)	452.40	491.70	334.40	472.10	531.10	98.35	216.40	334.40	137.70	432.70	157.40	629.40	295.00	413.10
Br⁻/(mg/L)	2.01	1.77	0.15	1.14	2.10	6.95	6.46	3.22	0.11	2.73	9.85	2.46	39.68	0.34
F⁻/(mg/L)	0.39	26.12	10.41	2.93	0.00	0.00	15.03	1.08	17.68	16.18	0.00	1.40	0.00	1.89
NO₂⁻/(mg/L)	27.98	62.37	56.48	63.92	74.90	37.49	12.14	19.03	59.97	26.48	1.33	88.94	0.00	23.87
NO₃⁻/(mg/L)	6.71	163.61	111.30	98.56	97.02	107.99	7.84	7.74	104.22	8.13	5.42	118.11	100.75	9.93
B/(mg/L)	4.12	11.26	6.40	14.76	13.38	43.35	18.99	5.43	1.30	22.49	34.28	15.87	51.10	9.52

由水化学 Piper 图 [图 7.3（a）] 可知，可可西里自然保护区大多数湖水中阳离子以 Na^+ 为主，阴离子以 Cl^- 为主，水化学类型为 Na-Cl 型水。然而太阳湖中阳离子以 Na^+ 和 Mg^{2+} 为主，阴离子以 Cl^- 和 HCO_3^- 为主，水化学类型为 $Na \cdot Mg\text{-}Cl \cdot HCO_3$ 型水。与此同时，太阳湖中 Ca^{2+} 和 SO_4^{2-} 浓度也明显高于其他湖泊的 Ca^{2+} 和 SO_4^{2-} 浓度，这可能与沸泉水的补给有关。根据沸泉水的测定结果，沸泉水中阳离子以 Ca^{2+} 和 Na^+ 为主，阴离子以 SO_4^{2-} 和 HCO_3^- 为主，水化学类型为 $Ca \cdot Na\text{-}SO_4 \cdot HCO_3$ 型水，与上述结果相吻合。

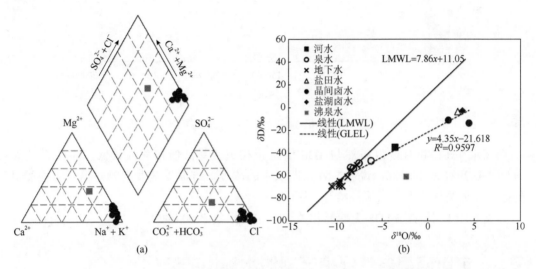

图 7.3　可可西里地区湖水的 Piper 三线图（a）和沸泉 δD-$\delta^{18}O$ 关系图（b）

根据测定的 δD、$\delta^{18}O$ 值分析 [图 7.3（b）]，沸泉水中 δD 值为 –60.6‰，$\delta^{18}O$ 值为 –2.4‰，偏离当地大气降水线（LMWL）。同时，通过与柴达木盆地那陵格勒河流域内河水、泉水、地下水、盐田水和盐湖卤水的 δD、$\delta^{18}O$ 值对比发现，沸泉水与大气降水线无明显的线性关系，而且也远离蒸发浓缩线（GLEL），明显具有深源特征。

从微量元素浓度来看（表 7.1），可可西里自然保护区湖水中 Br^- 浓度范围为 0.11（太阳湖）～ 39.68 mg/L（小盐湖），平均值为 5.64 mg/L；Li^+ 浓度范围为 0 ～ 37.63 mg/L（勒斜武旦湖），平均值为 7.59 mg/L；B 浓度范围为 1.3（太阳湖）～ 51.1 mg/L（小盐湖），平均值为 18.02 mg/L；F^- 浓度范围为 0 ～ 26.12 mg/L（海丁诺尔湖），平均值为 6.65 mg/L。

从微量元素离子浓度与 TDS 的关系图可以看出，Br^- 与 TDS 值呈显著的正相关关系，相关系数 R^2=0.9858（图 7.4），说明可可西里自然保护区湖水中 Br^- 浓度主要受蒸发浓缩作用的控制，蒸发量越大，Br^- 浓度就越高。

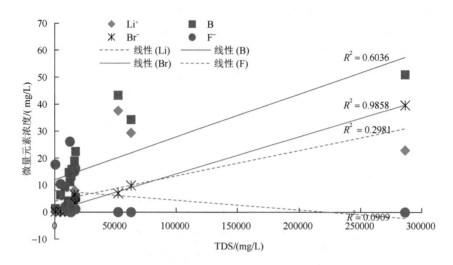

图 7.4　可可西里自然保护区盐湖湖水的微量元素含量与 TDS 值的关系

湖水中 Li$^+$ 和 B 浓度虽然与 TDS 值呈正相关关系，但相关性较低，相关系数 R^2 分别为 0.2981 和 0.6036，说明二者在湖水中的浓度一方面受蒸发影响，另一方面受其他因素（如物质来源、入流补给等）影响。

湖水中 F$^-$ 浓度与 TDS 无明显相关性，相关系数 R^2=0.0909。

7.3　可可西里自然保护区湖泊水环境的演化

可可西里自然保护区盐湖一次科考数据如表 7.2 所示，共分析了 7 个湖泊的水样。从水化学 Piper 图可以看出 [图 7.5(a)]，除了可可西里盐湖外，其余 6 个湖泊的湖水中阳离子以 Na$^+$ 占绝对优势，阴离子以 Cl$^-$ 为主，水化学类型为 Na-Cl 型水；可可西里盐湖中阳离子以 Mg^{2+} 为主，阴离子以 Cl$^-$ 为主，水化学类型为 Mg-Cl 型水。

表 7.2　可可西里自然保护区典型盐湖湖水的水化学组成（郑喜玉等，2002）（单位：mg/L）

盐湖	Ca^{2+}	Mg^{2+}	Na$^+$	K$^+$	CO$_3^{2-}$	HCO$_3^-$	Cl$^-$	SO$_4^{2-}$	Li$^+$	B	TDS
新生湖	462.4	6675.0	72395.0	1929.0	0.0	891.6	123330.0	15866.0	62.0	40.0	221400.0
勒斜武旦湖	2848.0	2191.0	47755.0	2320.0	9.1	166.3	81086.0	2112.0	171.0	88.0	135500.0
特拉什湖	47.2	1067.0	11708.0	280.5	241.9	736.9	20636.0	195.7	7.0	12.0	39900.0
明镜湖	227.0	3542.0	34280.0	1097.0	61.2	407.2	60114.0	5655.0	15.0	177.4	105360.0
可可西里湖	15.7	730.0	568.0	9.0	51.4	261.8	898.3	18.5	0.3	9.1	2562.5
卓乃湖	30.3	41.4	450.0	8.0	0.0	201.7	722.9	45.3	0.3	10.1	1509.7
西金乌兰湖	284.0	2479.0	92979.0	3128.0	10.8	369.8	152373.0	4107.0	100.6	89.9	356700.0

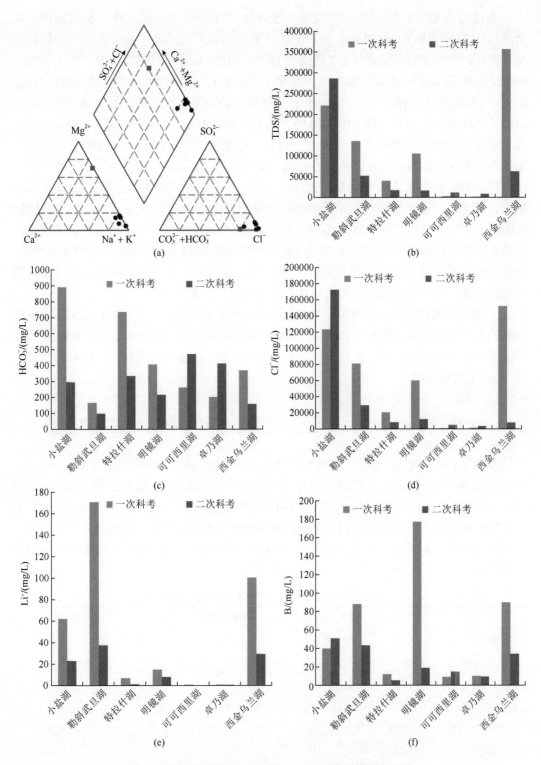

图 7.5　可可西里地区一次科考和二次科考盐湖数据对比

通过可可西里自然保护区典型盐湖水环境指标的对比发现，除了小盐湖外，其余湖泊的 TDS 值和 Cl^- 浓度较一次科考的结果呈显著降低趋势，勒斜武旦湖、特拉什湖、明镜湖和西金乌兰湖降低最为明显 [图 7.5（b）和（d）]。有研究表明（张人权等，1990；肖睿等，2023；章斌，2012），水体的 HCO_3^- 和 Cl^- 浓度能够反映水体的演化方向，水体中 Cl^- 浓度增大时，水体浓缩咸化；水体中 HCO_3^- 浓度增大时，水体呈淡化趋势。由图 7.5（c）和（d）可知，除了小盐湖外，其余湖泊水中 Cl^- 浓度明显减小，HCO_3^- 浓度仅在可可西里湖和卓乃湖中明显增大，而其他湖泊中则相对减小。总体而言，可可西里自然保护区的湖泊呈淡化趋势；小盐湖中 Cl^- 浓度的增大，可能是由于小盐湖中无直接河流补给。据报道（骆腾飞等，2018），近 30 年来，可可西里地区湖泊面积在不断扩大，可能与气候变暖导致冰川消融和冻土冻融有关。2011 年 8～9 月，由于持续较强的降水天气，卓乃湖东岸发生溃决，湖水溢出，在高原面上冲出了一道深宽的洪沟，连通了库赛湖，卓乃湖的面积也因此由 280 km^2 缩减到 168 km^2。随后库赛湖的湖水外溢，与其东边的海丁诺尔湖及盐湖相连并迅速扩大，湖水最终通过清水河汇入长江北源楚玛尔河而成为长江最北源，直接威胁着青藏铁路与公路的安全。

一次科考数据显示（表 7.2），微量元素 Li^+ 浓度范围为 0.3～171.0 mg/L，勒斜武旦湖的 Li^+ 浓度最高，可可西里湖和卓乃湖的 Li^+ 浓度最低。B 浓度范围为 9.1（可可西里湖）～177.4 mg/L（明镜湖）。图 7.5（e）和（f）表明，随着湖泊淡化，可可西里湖的 Li^+ 和 B 浓度也在减小。

7.4 可可西里自然保护区盐湖极端环境中的微生物特征

从表 7.3 可以看出，小盐湖中操作分类单元（OTU）最大，说明小盐湖中物种最多；可可西里湖中 OTU 最小，说明该湖中物种最少。香农维纳指数范围为 2.42（特拉什湖）～4.86（小盐湖），辛普森指数范围为 0.80（特拉什湖）～0.98（小盐湖），这两个指数的结果表明小盐湖的微生物群落的物种多样性最高，特拉什湖的物种多样性最低。从均匀度指数可以看出，小盐湖的微生物群落的物种分布最均匀，特拉什湖的物种分布最不均匀。

表 7.3 α 多样性——评估生境内的多样性程度

盐湖	总序列数	OTU	香农维纳指数	辛普森指数	均匀度指数
苟鲁错	16836	149	3.16	0.91	0.64
海丁诺尔湖	16013	133	3.45	0.93	0.71
可考湖	15475	109	3.24	0.92	0.69
可可西里湖	16327	100	2.88	0.85	0.63
库赛湖	12778	151	3.42	0.92	0.68
勒斜武旦湖	16227	118	2.55	0.84	0.53
明镜湖	18915	114	2.82	0.89	0.59

续表

盐湖	总序列数	OTU	香农维纳指数	辛普森指数	均匀度指数
特拉什湖	19703	106	2.42	0.80	0.52
太阳湖	14573	186	3.94	0.96	0.75
乌兰乌拉湖	18351	159	3.15	0.90	0.62
西金乌兰湖	18077	130	3.20	0.92	0.66
新生湖	13795	140	3.34	0.92	0.68
小盐湖	11282	300	4.86	0.98	0.85
卓乃湖	18893	114	2.77	0.85	0.58

注：总序列数——测序 reads 数目，每个样品测序时的序列条数。

OTU——估计 OTU 丰富度 (richess)，即有多少物种。

香农维纳指数——指数越大，表示该样品中的微生物群落物种多样性越高。

辛普森指数——指数越趋近于 1，表示该样品中的微生物群落物种多样性越高。

均匀度指数——物种均匀度，当其值为 1 时表明样品中的物种丰度分布绝对均匀。

通过对每个盐湖的微生物种属情况分析发现，丰度最高的前 10 个门分别为变形菌门 (Proteobacteria)、放线菌门 (Actinobacteria)、疣微菌门 (Verrucomicrobia)、拟杆菌门 (Bacteroidetes)、蓝藻门 (Cyanobacteria)、广古菌门 (Euryarchaeota)、浮霉菌门 (Planctomycetes)、软壁菌门 (Tenericutes)、产水菌门 (Aquificae) 和 Patescibacteria（图 7.6）。

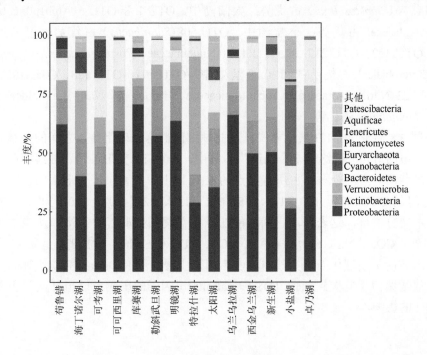

图 7.6　每个盐湖中微生物丰度最高的前 10 个门的分布

其中，小盐湖中丰度较高的门为广古菌门，其次为变形菌门。特拉什湖中丰度较高的门为疣微菌门，其次为变形菌门及放线菌门。其他盐湖中丰度较高的门从高到低大致为变形菌门、放线菌门、疣微菌门。

图 7.7 显示了不同盐湖湖水中占优势地位的 OTU 的分布。勒斜武旦湖中，OTU 140、OTU 228、OTU 148、OTU 247 和 OTU 261（Candidatus *Aquiluna*、*Psychroflexus*、Burkholderiaceae、Puniceicoccaceae 和 Microbacteriaceae）占优势；西金乌兰湖中，OTU 243、OTU 228、OTU 247、OTU 261 和 OTU 80（Microbacteriaceae、*Psychroflexus*、Puniceicoccaceae、Microbacteriaceae 和 Halieaceae）占优势；特拉什湖中，OTU 164、OTU 216、OTU 130、OTU 150 和 OTU 412（*Luteolibacter*、Sphingobacteriales、Candidatus *Aquiluna*、*Luteolibacter* 和 *Luteolibacter*）占优势；明镜湖中，OTU 140、OTU 229 和 OTU 262（Candidatus *Aquiluna*、Halieaceae 和 *Lentimonas*）占优势；苟鲁错中，OTU 164、OTU 235、OTU 14 和 OTU 155（*Luteolibacter*、Sphingobacteriales、Burkholderiaceae 和 Izimaplasmatales）占优势；乌兰乌拉湖中，OTU 80、OTU 216、OTU 165 和 OTU 134（Halieaceae、Sphingobacteriales、Burkholderiaceae 和 *Hydrogenobacter*）占优势；卓乃湖中，OTU 117、OTU 196、OTU 151 和 OTU 194（Ilumatobacteraceae、Verrucomicrobiales、*Flavobacterium* 和 Verrucomicrobiales）占优势；库赛湖中，OTU 105 和 OTU 111（Alphaproteobacteria 和 Alphaproteobacteria）占优势；海丁诺尔湖中，OTU 117、OTU 31 和 OTU 142（Ilumatobacteraceae、Chthoniobacterales 和 Ilumatobacteraceae）占优势；新生湖中，OTU 76（*Planktosalinus*）占优势；太阳湖中，OTU 1 和 OTU 6（Alphaproteobacteria 和 Methylophilaceae）占优势；小盐湖中，OTU 608（*Salinibacter*）占优势；可考湖中，OTU 60、OTU 199、OTU 217 和 OTU 429（Cyanobiaceae、*Porphyrobacter*、*Algoriphagus* 和 Verrucomicrobiales）占优势；可可西里湖中，OTU 107、OTU 128、OTU 100、OTU 120、OTU 123（Nitriliruptoraceae、Crocinitomicaceae、*Winogradskyella*、Burkholderiaceae、Candidatus *Limnoluna*）占优势。

网络图 7.8 显示了 OTU 共存模式以及盐湖细菌群落与理化参数之间的关系。总体而言，网络中的节点分配给了 7 个细菌门。其中，4 个门（变形菌门、放线菌门、拟杆菌门、疣微菌门）广泛分布，占所有结点的 63% 以上。在表层，变形菌门、放线菌门和拟杆菌门的 OTU（105、120、14、165、111、130、123、107、140、142、217、216 和 76）是主要分类群。这表明，它们可能在维持盐湖细菌群落的结构和功能中起关键作用。此外，CO_3^{2-}、Na^+、SO_4^{2-}、B、K^+、Cl^-、TDS 和 Salinity（盐度）是影响该盐湖细菌群落组成的重要理化因子。其中，变形菌门主要受到 K^+、Na^+ 和 Ca^{2+} 等离子的显著影响；放线菌门主要受到 pH、TDS 和 Salinity 等因子的影响；而拟杆菌门主要受到 CO_3^{2-} 和 pH 的影响。

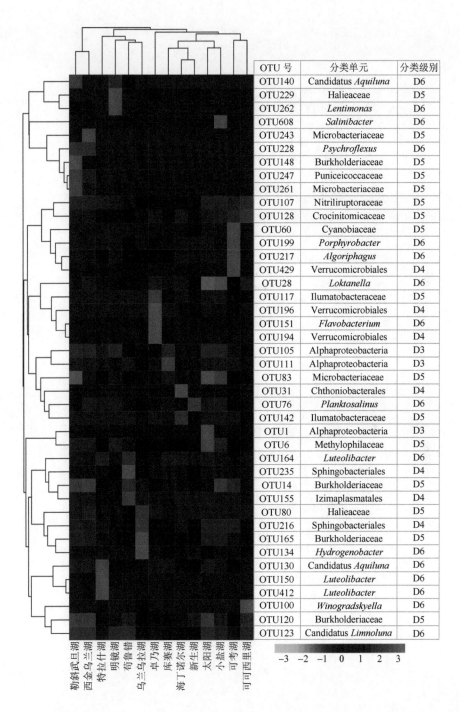

OTU 号	分类单元	分类级别
OTU140	Candidatus *Aquiluna*	D6
OTU229	Halieaceae	D5
OTU262	*Lentimonas*	D6
OTU608	*Salinibacter*	D6
OTU243	Microbacteriaceae	D5
OTU228	*Psychroflexus*	D6
OTU148	Burkholderiaceae	D5
OTU247	Puniceicoccaceae	D5
OTU261	Microbacteriaceae	D5
OTU107	Nitriliruptoraceae	D5
OTU128	Crocinitomicaceae	D5
OTU60	Cyanobiaceae	D5
OTU199	*Porphyrobacter*	D6
OTU217	*Algoriphagus*	D6
OTU429	Verrucomicrobiales	D4
OTU28	*Loktanella*	D6
OTU117	Ilumatobacteraceae	D5
OTU196	Verrucomicrobiales	D4
OTU151	*Flavobacterium*	D6
OTU194	Verrucomicrobiales	D4
OTU105	Alphaproteobacteria	D3
OTU111	Alphaproteobacteria	D3
OTU83	Microbacteriaceae	D5
OTU31	Chthoniobacterales	D4
OTU76	*Planktosalinus*	D6
OTU142	Ilumatobacteraceae	D5
OTU1	Alphaproteobacteria	D3
OTU6	Methylophilaceae	D5
OTU164	*Luteolibacter*	D6
OTU235	Sphingobacteriales	D4
OTU14	Burkholderiaceae	D5
OTU155	Izimaplasmatales	D4
OTU80	Halieaceae	D5
OTU216	Sphingobacteriales	D4
OTU165	Burkholderiaceae	D5
OTU134	*Hydrogenobacter*	D6
OTU130	Candidatus *Aquiluna*	D6
OTU150	*Luteolibacter*	D6
OTU412	*Luteolibacter*	D6
OTU100	*Winogradskyella*	D6
OTU120	Burkholderiaceae	D5
OTU123	Candidatus *Limnoluna*	D6

图 7.7　丰度在 0.5% 以上的 OTU 在各个样点中的分布（分类单元中是每个 OTU 对应的微生物物种；
D1：域；D2：门；D3：纲；D4：目；D5：科；D6：属；D7：种）

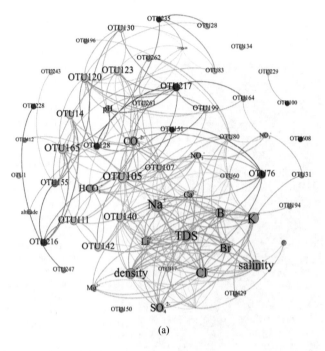

(a)

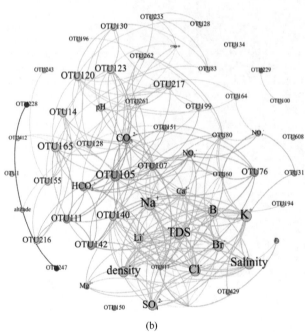

(b)

图 7.8　网络图（a）与模块化图（b）

第8章

柴达木盆地含盐气溶胶理化性质
及其影响因素

位于干旱和半干旱地区的湖泊，在气候变化和人为干扰作用下大片干涸湖床暴露出来成为重要的粉尘源区，其释放的含盐粉尘引发了一系列的生态环境和健康问题。青藏高原作为第三极对亚洲乃至全球气候和生态环境演变有重要影响，柴达木盆地位于高原北部，盆地内气候恶劣，降水量少，蒸发量大，盐湖众多，盐渍化和盐漠化表土极为发育，是青藏高原沙（盐）尘暴频发的主要地区之一。同时，柴达木盆地沙尘气溶胶中可溶盐含量较高，这些高含盐粉尘会造成盆地表土盐渍化范围进一步扩大，而且由于这些粉尘具有较细的粒径，很容易悬浮在大气边界层之上，粉尘中的吸湿粒子（钠、钾、钙和镁的氯化物及硫酸盐等）可以影响云滴和冰的形成，同时作为云凝结核或冰核通过改变云的反射率、云寿命和降水模式间接影响本地气候；并且悬浮在大气层中的粉尘在进行远距离输送的过程中，还会对青藏高原乃至全球的气候及生态环境变化产生重要影响，这些都很少有人关注和研究。

8.1 大气降尘研究现状

世界上干旱和半干旱地区广布，由于自然因素的影响及人类活动加剧，这些区域的末端湖区逐渐成为盐碱尘暴的策源区或潜在策源区。目前，全球范围内盐尘暴源地主要分布在：我国准噶尔盆地的艾比湖、吐鲁番盆地的艾丁湖、内蒙古的查干淖尔湖，美国的欧文斯湖、大盐湖，以及中亚的咸海和里海等，这些区域新暴露的干涸湖床地域辽阔，基本无植被覆盖，包含大量未结壳的含盐沉积物，并且经常出现强风天气，从而为它们成为世界闻名的盐尘排放场所提供了必要条件（Abuduwaili et al.，2010）。中亚里海 - 咸海地区是世界上盐尘暴最为频发的地区之一。咸海干涸湖底释放的盐尘不仅影响气候和景观，还影响到人类的健康和经济活动；并且初步估计得到，平均每年从该区域输送的盐尘气溶胶介于 $0.5\times10^6 \sim 30\times10^6$ t（Orlovsky et al.，2003）。索尔顿海是加利福尼亚州最大的湖泊，其曾经是重要的生态环境保护区。近 30 年中，由于气候炎热干燥，特别是人类过度利用水资源，导致湖水迅速萎缩，盐度持续上升，暴露的湖底沉积物对周边生态环境及居民健康产生了极大的威胁。美国地质调查局利用模型估计，索尔顿海平面降低约 1 m 将会暴露超过 44.52 km^2 的盐类沉积物。另一项研究预测，自 2008 年水流量减少后，每天被风吹蚀的粉尘增加到 40 ～ 80t。因此，2005年 3 月在圣地亚哥召开的索尔顿海百年研讨会上，加利福尼亚资源局提出了"索尔顿海洋生态系统恢复计划"（Hurlbert，2008）。同时，还有研究指出随着索尔顿海逐渐消失，产生的利于风吹蚀的尘暴正威胁着更多人的健康（Jill et al.，2019）。

此外，国外学者还针对以下几方面的内容开展了大量的研究工作。干涸湖床表面特征变化与粉尘排放方面的研究。该研究主要包括干涸湖床表面沉积物的性质随时间和空间的变化、形成过程控制因素、不同表面性质沉积物的风蚀性及粉尘排放能力等。Gill 等（2002）在研究欧文斯湖干涸湖底表层可以被风侵蚀的沉积物时，发现表层约 1cm 厚度的外壳，随时间变化其外观呈现三种不同的形态，分别为表面松散或无壳的白盐、盐 - 淤泥 - 黏土状的坚硬外壳、盐 - 淤泥 - 黏土 - 沙状的破碎外壳。Reynolds

等（2007）研究发现，干涸湖床表层沉积物的强度会随着时间和空间发生变化，某一区域沉积物介于蓬松和结壳的状态之间变化时，是对该区域地下水的盐度、地下水深度以及矿物学变化等的响应。Goldstein 等（2017）研究认为，除了受风强度影响之外，盐壳覆盖湖床表面粉尘的排放还与盐壳成分有关，硫酸盐因常形成柔软、轻盈和蓬松的表面结壳而更容易被风侵蚀，氯化物和碳酸盐则主要赋存于不易被风侵蚀的层状或碎屑颗粒状胶结物。Baddock 等（2012）测试了自然状态下未受干扰的固结盐壳与受到两个级别（分别通过 1 只牛和 10 只牛踩踏外壳）动物干扰后结壳湖床表面的粉尘排放能力后发现，经过 10 只牛踩踏后的外壳明显提高了其风蚀能力。King 等（2012）使用新型小型便携式野外风洞估算了索尔顿海附近具有不同结壳类型土壤表面的粉尘排放潜力，认为淤泥﹣黏土结皮或无结皮的站点在不同季节的粉尘排放量基本一致，而含盐较高的结壳粉尘排放量变化最大且在冬季排放量最大。

盐尘输送与沉积方面的研究。该研究主要针对物源区上空粉尘负荷、盐尘的运输路径、粉尘（富含盐分）沉积通量随距离变化等。在伊朗锡斯坦地区，由于土地利用变化和哈蒙湖干枯，沙尘暴的频率和严重性大大增加，2010 年 9 月至 2011 年 7 月在扎博尔市上空测得，沙尘暴期间每日 PM_{10} 浓度上升至 2000 $\mu g/m^3$，甚至达到 3094 $\mu g/m^3$（Rashki et al.，2012）。来自欧文斯湖湖床富含盐分的粉尘可以在距离湖床南部或北部至少 40km 处大量沉积，并且在 1991～1994 年，在距离欧文斯山谷地面 2m 处收集的累积降尘的成分表明，粉尘的总可溶性盐含量通常高达 30%（Reheis，1997）。Quick 和 Chadwick（2011）研究显示，靠近欧文斯湖湖床的土壤比远处的土壤中盐浓度和钠含量更高，并且局部地形和风模式也可以造成局部地区土壤中含盐量明显高于附近土壤的现象。

随着富盐粉尘对生态环境和居民健康等的负面影响日益突出，许多学者针对盐尘对植被生长（Abuduwaili et al.，2010）、人体健康（Jill et al.，2019；Kunii et al.，2003）、气候变化（Tang et al.，2019；Gaston et al.，2017；Pratt et al.，2010）等方面的影响也开展了一系列工作。此外，由于粉尘中的吸湿粒子（钠、钾、钙和镁的氯化物和硫酸盐等）可以影响云的形成，进而可能对云层的辐射特性、降水的形成等气候变化产生重要影响，也逐渐引起人们广泛关注（Tang et al.， 2019；Abuduwaili et al.，2010；Pratt et al.，2010；Twohy et al.，2009；Koehler et al.，2007；Reheis，1997）。一些学者则从源区出发开展研究，试图利用一些手段对湖区进行生态修复，如重新向干涸湖区引入水源或阻止湖水继续外泄（Goldstein et al.，2017；Breen and Richards，2008）。此外，Reynolds 等（2007）还总结了碎屑粉尘与蒸发岩矿物粉尘之间的区别及其成因。

总之，国外学者针对不同发生源地从地表到低空开展了大量的研究工作，包括以下几个方面：干涸湖床表面特征与粉尘的排放，盐尘的输送与沉积，盐尘的影响以及盐尘暴与沙尘暴的区别。

中国的盐碱尘暴研究比较晚，进入 21 世纪后，国内学者才逐渐认识到盐尘暴的特殊性及危害性，并且认为干涸湖床是重要的策源地。

东北地区一些盆地中碱湖比较发育，该地区盐碱尘暴研究也较早。介冬梅等（2003）通过分析东北平原西部的盐碱尘暴，明确指出其对生态环境和人体健康有严重的影响。

随后，一些学者对该地区诱发碱尘暴的条件，如碱尘气溶胶的理化特性、来源等开展了研究。其中，陈兵等（2004）对松嫩平原西部的碱尘气溶胶来源进行了研究，并对两种类型源区的碱尘气溶胶的理化特性及其随控制因子及季节变化的规律等进行了较为系统的研究。随后，胡克等（2006）分析了该区域碱尘气溶胶的元素特征。王德辉等（2015）通过对吉林省西部引发盐尘暴的区域进行热力景观分析，认为该区域属于湿润状态下的盐碱化且呈现热力高地特征，建议控制地下水位以防热力洼地诱发尘暴形成。

新疆准噶尔盆地西部的艾比湖由于湖泊萎缩而导致湖底沉积物大面积暴露于空气中。在过去的几十年中（1960～1996年）该盐湖沙尘暴的年发生频率急剧增加，并且成为国内研究人员对盐尘暴研究最多和最详细的区域。鉴于艾比湖生态环境的恶化，多位学者在干涸湖底表层沉积物的形态特征、不同地表类型的风蚀强度与富盐粉尘的输送通量、粉尘的沉积率和沉积动态、粉尘扩散沉积对湖区土壤盐分积累的影响以及盐尘暴防治与生态修复等多个方面开展了较为详细的研究。其中，刘东伟等（2009）研究表明，艾比湖干涸湖底具有三种不同类型的地表形态，并且含盐量存在显著差异；同时盐尘的堆积强度以精河为中心向干涸湖底下风向递减。李爱英和陈国亮（2010）研究表明，若艾比湖的入湖水量达到9.78亿 m³，则可以阻止艾比湖进一步干涸，同时达到抑制盐尘的效果。葛拥晓等（2013）在研究艾比湖干涸湖底6种景观类型下富盐沉积物的抗风蚀能力后得到，干涸湖底抗风蚀能力影响因素复杂，有少量植被覆盖且蒸发量较小的区域风蚀能力甚至弱于蒸发强烈并且无植被覆盖的区域。鄢雪英等（2015）研究得到，艾比湖区出现的大面积间歇性裸露的干涸湖床是盐尘暴粉尘的主要物源，并且盐碱粉末对周围生态环境造成不同程度的破坏。张兆永等（2015）研究发现，目前艾比湖流域大气降尘中含有的重金属并不会对人体健康造成伤害，同时测得年降尘通量平均值为298.23g/m²；他还发现，降落在棉花叶片上的盐碱尘可以阻止叶片对营养元素的吸收、阻塞叶片气孔等，对其生长造成不利影响。Ge 等（2016）结合 1978～2013年的气象数据并利用 HYSPLIT 模型模拟新疆艾比湖向远处输送盐尘的潜在路径得到，自艾比湖向远处输送粉尘的路径存在明显的季节差异，春季和夏季盐尘的潜在运输距离最大，同时盐尘主要沉降在靠近源区的地方；并且在不同季节和高度下，粉尘输送具有明显的方向性，春、夏季主要向东南部输送粉尘，秋、冬季盐尘的输送方向是低空为东北部，而 500m 以上偏向东部。方丽章等研究发现，艾比湖湿地周围东北、东南、西北和西南四个区域土壤中的含水量、盐分、养分及 pH 具有空间异质性。

除上述两个地区之外，京津冀等东部经济发达地区以及滨海地区的盐尘暴也时有发生，一些学者对此开展了研究。张兴赢等（2004）研究指出，北京沙尘气溶胶中含有大量盐分，并非普通的沙尘暴，属于灾害性更强的盐碱尘暴。此外，盐碱尘暴不仅发生于内陆干旱半干旱地区，沿海地区由于土地盐渍化、滨海含盐沙丘、碱渣等，也存在盐碱尘暴灾害（张民胜等，2006）。

与我国其他地区相比，关于青藏高原地区盐尘暴的研究比较滞后，对盐尘暴危害的认识明显不足。青藏高原被称为"世界第三极"，是中国、东南亚和南亚地区的"水塔"，其在区域和全球气候和环境变化中均占据重要地位。关于青藏高原气溶胶的研究，采取的研究手段主要包括：将冰心作为载体进行分析，在青藏高原的南部和边缘地区建立多个观测站直接获取短时间序列的大气气溶胶样品进行分析，利用卫星、遥感影像数据、激光雷达产品等进行大尺度观测等（赵竹子，2015）。针对青藏高原大气气溶胶中水溶性离子的研究主要涉及化学组成、浓度变化和来源分析，对于水溶性离子来源的分析主要从人为污染和地表扬尘两方面入手。实际上，尽管前人对该地区尘暴（降尘）开展了较多研究，但并未足够重视高原上广布的盐湖、盐漠、盐渍化土壤等对含盐气溶胶的贡献。因而，以柴达木盆地为典型代表的盐湖区特殊气象、下垫面特性以及盐湖资源的开发对盐尘暴／含盐降尘或含盐气溶胶的影响鲜有学者进行过研究和探讨。

8.2 野外考察及样品采集

此次科考于 2019 年 11 月在柴达木盆地对表土开展了大范围实地采样工作，共采集样品 129 件，以期深入了解不同表土类型分布及其含盐情况。样品采集主要集中于柴达木盆地昆仑山北缘、祁连山南缘和沿着 315 国道南侧的沉积区（图 8.1）。该区域覆盖的地表类型包括戈壁滩、盐化草原、沙漠、雅丹地貌、干盐滩等（图 8.2 和图 8.3），宏观上基本以盐湖为中心向四周呈环带状分布。戈壁滩广泛分布在昆仑山北麓的冲洪积平原上，植被稀疏，主要为砾石和粗砂；盐化草原主要发育在地下水溢出地带的盐渍化土分布区，植被以耐盐碱的盐生植物为主，裸地则为白色盐碱所覆盖；沙漠集中分布在西起尕斯库勒湖，东至乌图美仁一带以及格尔木以南的昆仑山北麓和夏日哈—香日德一带，是柴达木盆地主要的沙漠分布区之一；在盆地中部平坦的一里坪、台吉乃尔地区，则分布着大面积的古湖相地层风蚀后形成的雅丹地貌，沉积物以细砂、粉砂和黏土组成，可见较多无色透明石膏碎片；盐湖主要分布在环带状中心部位，包括察尔汗、东台吉乃尔、西台吉乃尔、一里坪等盐湖（包括有湖表水的盐湖和大面积的干盐滩）。

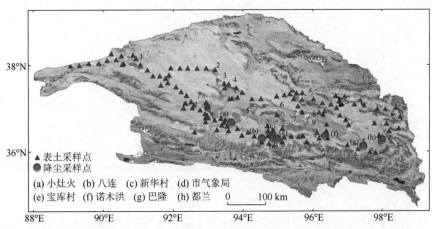

图 8.1 柴达木盆地表土采样点分布和降尘采样点位置

1. 尕斯库勒湖；2. 一里坪盐湖；3. 西台吉乃尔湖；4. 东台吉乃尔湖；5. 涩聂湖；6. 达布逊湖；
7. 协作湖；8. 北霍布逊湖；9. 南霍布逊湖

图 8.2　研究区各种地表类型

图 8.3　野外样品采集过程图

　　另外，大致沿着主风向自西向东共设置了 8 个采样点，收集降尘样品。根据研究区野外条件，采用玻璃球法和干沉降法对降尘进行收集，集尘装置采用长 50cm、宽 30cm、高 30cm 的不锈钢箱（图 8.4），在不锈钢箱里内置同等大小的塑料筛容器（长、宽、高），筛容器的底部距离开口 10cm，筛孔直径为 0.5cm。为了保护降尘在高风速下不再重新悬浮（钱广强和董治宝，2004），在筛容器里放置两层玻璃球，玻璃球直径为16mm，同时在筛容器的底部套上高压聚乙烯材质的透明平口袋，便于直接收集降尘。此集尘装置参照 MDCO 降尘缸进行设计，同时也考虑了研究区野外安装的实际困难，普遍适用于牧区设备安放。

图 8.4　研究区降尘采集过程

降尘采样时间为 2020 年 1～8 月，选择的范围内两点间最远距离约为 400km，分别在小灶火气象站（XZH）、河西八连（HXB）、新华村（XHC）、格尔木市气象局（GEM）、宝库村（BKC）、诺木洪气象站（NMH）、巴隆乡（BLX）、都兰县气象站（DLX）放置收集降尘装置，形成了覆盖研究区的基本观测线（图 8.5）。

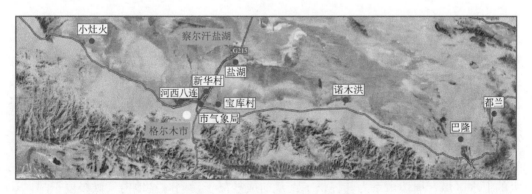

图 8.5　研究区盐尘暴观测点布置

本次考察以月为周期收集降尘，所有采样点均在统一时间内（月底）进行取样。取样时，需要反复抖落筛容器及平铺在上面的玻璃球，直至全部降尘颗粒落入平口袋为止，然后将装有降尘的平口袋密封编号，如 XZH-01（图 8.6），同时记录取样时的时间（月、日、时）、地点和采样期间发生的重要天气事件，并及时更换塑料袋。为尽量保证落入装置中的粉尘为自然状态，需要收集干降尘，因此雨雪天气需要盖住集尘装置。根据前人研究得到，沙粒的平均跃移高度小于 0.22m，因此可以将集尘装置直接放置在地面。测定 MDCO 降尘缸的收集效率时得到，随着风速增大收集效率降低，并且当风速大于 3m/s 时，装置收集效率已降至 20% 以下。同时，不同粒径的降尘收集效率表现不同，即相对于粗颗粒物质，该装置会优先收集细颗粒物质（10～31μm）。因此，本书认为该集尘装置可以有效捕获粒径较细的含盐粉尘，并且可以利用装置 20% 的收集效率估计实际的降尘量。

图 8.6　采样点收集的降尘样品

8.3　柴达木盆地表土含盐特征

8.3.1　表土盐类矿物成分分析

1. 盐类矿物组成及空间分布

研究区表土物质组成见表 8.1，结果显示样品中的主要矿物成分包括石英、长石类矿物、白云母、黏土矿物（斜绿泥石）和盐类矿物。其中，盐类矿物包括难溶的碳酸盐矿物（方解石、白云石和文石等）和相对易溶的盐类矿物（石盐和石膏），本书主要对相对易溶的盐类矿物进行分析，并将其称为可溶性矿物。研究区表土中的可溶性矿物主要包括石盐和石膏，见图 8.7（一个表土样品的 X 射线衍射图谱），个别样品中含有少量无水芒硝，经统计柴达木盆地表土平均含盐量为 8.79%。柴达木盆地作为一个巨大的汇水区域，周边山系为其提供了大量的成盐离子，同时盆地内气候极度干旱，是盆地表土中各种盐类矿物广布的主要原因之一。

表 8.1 研究区表土物质组成 （单位：%）

矿物组成	石英	钠长石	微斜长石	斜绿泥石	云母	方解石	白云石	文石	石盐	石膏	Σ总盐
平均值	34.71	17.50	9.08	5.60	17.31	4.24	1.73	0.83	3.62	5.03	8.79

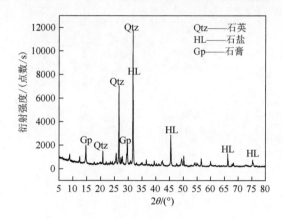

图 8.7 表土样品的 X 射线衍射图谱

为研究柴达木盆地表土中各类可溶性矿物的空间分布情况，利用 ArcGIS10.0 对获取的 129 个样品进行 Kriging 插值处理，得到图 8.8。图 8.8(a) 显示，盆地内石盐主要分布在靠近盐湖区的位置，并且高含盐分布区主要有两个，即格尔木—诺木洪一带绿洲核心区前缘和靠近一里坪盐湖、东台吉乃尔湖和西台吉乃尔湖附近的区域。图 8.8(b) 显示，石膏集中分布在盆地的中西部区域，即油沙山—甘森—一里坪盐湖以西、尕斯库勒湖以东的范围内。石膏的分布范围与石盐并不一致，石膏在远离盐湖区的山前戈壁带便已沉淀下来。此外，无水芒硝仅出现在两个采样地点，分别是甘森和格尔木附近的盐化草原表土中。总之，由图 8.8(c) 可知，柴达木盆地表土中的可溶性矿物主要分布在盐湖及其附近区域，总体上叠加了石盐和石膏的范围。

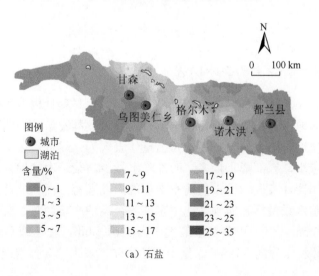

（a）石盐

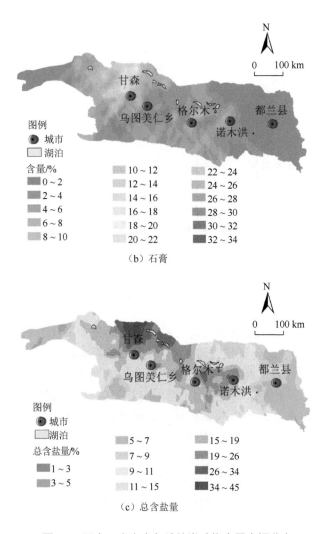

图 8.8　研究区表土中各种盐类矿物含量空间分布

2. 盐类矿物空间分布的影响因素

柴达木盆地表土中可溶性矿物的空间分布格局首先与盆地内发生过的构造运动密不可分，其次与盆地内降水量、地表和地下径流量以及蒸发量的空间变化具有一定的相关性。柴达木盆地年降水量在空间分布上整体表现为：靠近山区的地方降水量多，盐湖分布区降水量少，东部降水量多，西部降水量少。柴达木盆地径流量空间分布规律与降水量大致相同，表现为位于盆地东南部的河网发育，而西北部的河网稀疏，并且源于山区的这些水系最终补给到盆地中东部各个湖泊中。同时，柴达木盆地年蒸发量在 1200～3500mm，察尔汗蒸发量最大，为 3501.6mm，往东或靠近山区的蒸发量相对较低（杨贵林和张静娴，1996）。整个柴达木盆地表土的含盐情况大体上与盆地内蒸发量的空间分布情况相一致，而与降水量和地表、地下径流量的空间分布格局相反。这是因为降水量多、径流量大的区域，由于地势相对较高，形成的地下水以溶滤作用为主，可溶性离子随水迁移，不易积聚在地表。但靠近盐湖区，蒸发量变大，地下水位埋藏变浅，盐化作用加强，可溶性离子逐渐富集，最终通过毛细作用在地表析出大量的盐类矿物。

柴达木盆地盐湖区附近表土含盐量较高可能还与风力有关。柴达木盆地盐湖广布，仅察尔汗盐湖盐田面积就多达 $1000km^2$，并且湖区强风天气频发，很容易将卤水飞沫吹扬起来造成附近表土盐分较高。

总之，柴达木盆地表土中可溶性矿物的空间分布格局主要受上述多种因素之间相互作用的影响。柴达木盆地表土含盐量主要表现为由山区向盐湖分布区逐渐增加，最终在尕斯库勒湖以东的一里坪盐湖、西台吉乃尔湖和东台吉乃尔湖附近以及中部格尔木—诺木洪一带绿洲前缘形成了高含盐区。

3. 不同类型表土的含盐情况

柴达木盆地不同类型表土的含盐情况见表 8.2，由表可知，各种类型表土的含盐情况存在明显差异，其中干盐滩在所有地表类型中的含盐量最大，为 32%，其次是雅丹地貌，含盐量为 22.80%，而戈壁滩和沙漠这两种地表类型的含盐量相对较低，分别为5.84% 和 2.92%。盆地内盐湖众多，有 30 多个，多数盐湖发育干盐滩，形成坚硬的盐壳。雅丹地貌主要分布在盆地中东部盐湖分布区以北的区域，大部分雅丹裂隙发育，岩性呈软硬交错，并且主要由细颗粒的黏土或细粉砂等组成。盐化草原表土中的平均含盐量为 13.04%，由于植物在生长过程中与土壤盐分存在一定的相互作用，因此尽管该种表土类型含盐量较高，但不同地区差异较大。沙漠主要分布在盆地西南部和东南部的山麓地区，一般远离盐湖区分布，含盐量最低，并且多为流动性沙丘，表层沉积物以细沙为主。戈壁滩在柴达木盆地内分布面积最广，并且表层多由砾石和粗砂组成，少部分地区生长有植被。为了进一步分析不同类型表土中石盐和石膏的占比情况，得到图 8.9。由图可知，石盐和石膏在盐壳和戈壁滩表土中的含量存在明显差异，盐壳中石盐占比较高，戈壁滩中石膏占比较高，这应该与两种类型矿物的溶解度有关。总之，研究区不同表土类型从四周山区向盐湖区过渡依次出现戈壁滩、沙漠、盐化草原、干盐滩、雅丹地貌，含盐量也随之逐渐增大。

表 8.2　研究区不同类型表土含盐量

表土类型	戈壁滩	盐化草原	沙漠	干盐滩（盐壳）	雅丹地貌
样品数量 / 个	57	27	11	3	5
平均值 /%	5.84	13.04	2.92	32.00	22.80

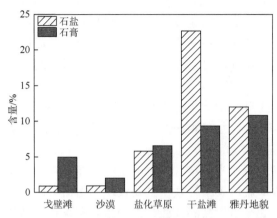

图 8.9　研究区盐类矿物在不同类型表土中的含量

8.3.2　不同类型表土可溶性离子组成及空间分布

研究区表土水溶性离子类型及含量见表 8.3，共分析了 Na^+、Cl^-、Ca^{2+}、SO_4^{2-}、Mg^{2+}、K^+、NO_3^-、Li^+、B_2O_3、Sr^{2+} 等 10 种常量和微量可溶性离子，整个表土中的平均总含盐量为 9.7564%，其中阳离子主要为 Na^+、Ca^{2+}，阴离子主要为 Cl^- 和 SO_4^{2-}，这四种离子占全部水溶性离子的含量在所有样品中最高可达 99.56%。其中 Cl^- 的平均含量为 3.0744%，与其克拉克值（0.017%）的比值为 180.8，说明 Cl^- 在盆地中明显富集；表土中 B_2O_3 的平均含量为 0.0112%，与其克拉克值（0.0012%）的比值为 9.33，说明 B_2O_3 在盆地表土中的含量也略高。此外，硫元素的克拉克值为 0.05%，经换算后得到硫酸根的值为 0.15%，而盆地表土中 SO_4^{2-} 平均含量为 3.0061，因此盆地中 SO_4^{2-} 也明显富集。可见，盆地表土具有高氯、高硫、高硼的特征。

表 8.3　研究区表土水溶性离子类型及含量　　　　　（单位：%）

离子类型	Na^+	Ca^{2+}	Cl^-	SO_4^{2-}	NO_3^-	K^+	Mg^{2+}	Li^+	B_2O_3	Sr^{2+}	离子总和
平均值	2.1370	0.8976	3.0744	3.0061	0.3709	0.0835	0.1525	0.0025	0.0112	0.0113	9.7564

研究区不同类型表土中的水溶性离子成分及含量如图 8.10 所示，Na^+、Cl^-、Ca^{2+}、SO_4^{2-}、K^+ 和 Mg^{2+} 离子在沙漠和戈壁滩中的含量低于整个盆地的平均水平，Na^+ 和 Cl^- 在干盐滩中的含量最高，其次为雅丹地貌和盐化草原；SO_4^{2-} 盐化草原中的含量高于干盐滩与雅丹，可能是经过溶滤风化作用形成的 SO_4^{2-} 随水从盆地山前冲洪积扇迁移至盆地中心的过程中，大体上先后经过戈壁滩、沙漠、盐化草原、干盐滩和雅丹地貌，由于 Ca^{2+} 的存在，能形成溶解度小的 $CaSO_4$ 沉淀而受到限制，并且植物可以消化 SO_4^{2-} 形式的硫，最终导致其在盐化草原中的含量达到最大。K^+ 离子在雅丹地貌、盐化草原和干盐滩中的含量没有太大的差异，Mg^{2+} 在干盐滩和盐化草原中含量相对较高，在雅

丹地貌中的含量同样低于盆地平均水平。NO_3^- 离子在不同类型表土中的含量保持相对恒定，平均值为 0.3709%，呈现出均匀分散。Li^+、B_2O_3、Sr^{2+} 这三种微量离子在不同类型表土中的含量也存在差异，在戈壁滩和雅丹地貌中，这三种离子的含量低于盆地平均水平，Li^+ 和 Sr^{2+} 在干盐滩和盐化草原表土中相对积聚，B_2O_3 不同于其余离子的一个重要特征表现为其在沙漠中的含量最高，其次为盐化草原和干盐滩。

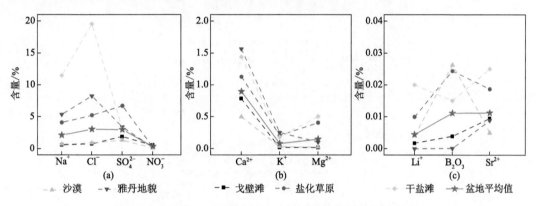

图 8.10 研究区不同类型表土中的水溶性离子成分及含量

研究区表土中不同水溶性离子的空间分布如图 8.11 所示，Na^+ 与 Cl^- 在空间分布范围上相吻合，即含量高值区有两个：靠近一里坪盐湖、西台吉乃尔湖和东台吉乃尔湖附近的区域；格尔木—诺木洪一带绿洲核心区前缘。K^+、Mg^{2+} 与 Cl^- 的空间分布范围基本重叠，且含量较高的 K^+ 与 Mg^{2+} 主要积聚在较小的范围内，其中，Mg^{2+} 离子主要积聚在乌图美仁—格尔木向盐湖区过渡的范围内，K^+ 的分布范围除了与 Mg^{2+} 离子重叠外，在一里坪附近也相对积聚。Sr^{2+} 与 SO_4^{2-}、Ca^{2+} 的分布格局基本一致，高含量区主要位于两个区域，即尕斯库勒湖以东，乌图美仁—东台吉乃尔以西；涩聂湖以东及诺木洪以西的区域。B_2O_3 的分布规律与其他离子相反，在远离盐湖区的盆地南缘相对积聚；Li^+ 在盆地中东部察尔汗盐湖区附近相对富集，尤其在格尔木至达布逊湖之间的区域内含量相对较高；与其他离子相比，NO_3^- 离子的分布格局相对分散。总体上，研究区含盐量高值区域集中分布在盐湖及附近区域，与盐类矿物的分布格局一致。

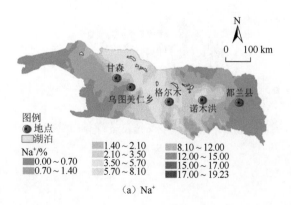

（a）Na^+

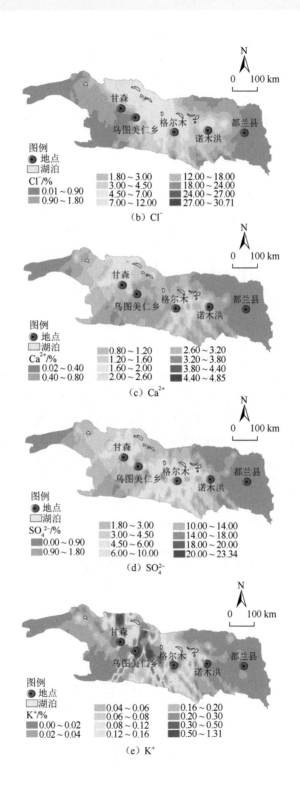

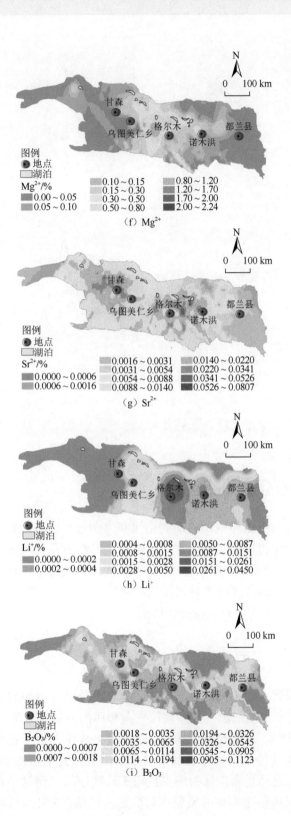

（f）Mg²⁺

（g）Sr²⁺

（h）Li⁺

（i）B₂O₃

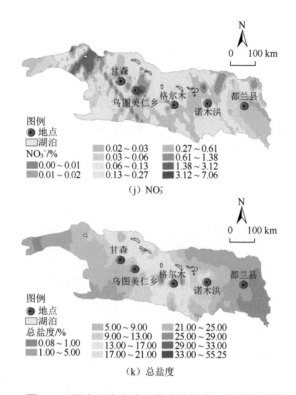

（j）NO₃⁻

（k）总盐度

图 8.11　研究区表土中不同水溶性离子的空间分布

8.4　研究区气团移动路径分析

后向轨迹分析方法可以将气团移动的路线和方向通过模型运行后以图形的形式直观表现出来。前文已经初步得到柴达木盆地雅丹、干盐滩是释放含盐粉尘的主要物源区的结论，本节将利用 MeteoInfo 软件中的 TrajStat 插件模拟到达格尔木市和都兰县的后向轨迹分布，分析 2020 年 1 ～ 8 月气团到达格尔木市和都兰县之前的主要移动路径，为进一步确定沉降区粉尘的潜在来源提供依据。

8.4.1　格尔木市平均后向轨迹输送路径特征

每月格尔木市得到 6 组不同的后向轨迹，其水平分量分布如图 8.12 所示。柴达木盆地 1 月，到达格尔木市的气流主要为偏西方向和西南方向的气流，分别占比 54.13% 和 45.86%。6 组轨迹中，一组起源于盆地南缘，其余 5 组发生于盆地以外的气团最后也均由盆地南缘进入盆地，然后移动到格尔木市上空。其中占比 18.79% 的偏西气流起源于塔吉克斯坦，途经新疆南部的塔克拉玛干沙漠南缘，而盆地内所有来自西南方向的气流均经过青藏高原西南部的羌塘高原后进入盆地。2 月的气流轨迹主要为偏北和偏西两个方向，占比分别 20.54% 和 79.47%。占比 19.04% 的气团发生于盆地内的西北部，其余气团分别翻越阿尔金山和昆仑山后进入盆地。起源于新疆南部塔里木盆地的两组偏西气流和西南方向的气流，途经塔克拉玛干沙漠南部；而发生于西藏北部占比 20.39% 的气团经过羌塘高原后进入盆地。3 月，影响格尔木市的气流分别为西北（55.13%）、偏西（39.80%）和西南（5.06%）方向的气流。起源于新疆南部塔里木盆地的两组偏西气流（24.89%）经过塔克拉玛干沙漠的西南部，分别从盆地西部和盆地南缘的风口进入盆地。发生于盆地西北部的气流轨迹占比 22.22%。仅有占比 5.06% 的西南轨迹起源于青藏高原南缘并经过羌塘高原后，从盆地南缘的昆仑山口进入盆地。4 月的气流方向分别为东北、偏北和偏西方向，占比为 10.72%、29.86% 和 59.42%。27.54% 的气流发生于盆地西北部。其中来自甘肃西部与内蒙古交界处的气团，经由甘肃西部和新疆东北部交界处的库木塔格沙漠，最后从盆地阿尔金山的风口进入盆地，占比 7.54%。占比 31.88% 的两组偏西气流（6.23% 和 25.65%），均起源于新疆南部的塔里木盆地，经过塔克拉玛干沙漠后进入盆地。而发生于青海东北部和兰州交界处的东北气流从盆地东北部进入盆地。5 月的气流轨迹主要为两个方向：偏北方向（85.55%）和偏西方向（14.45%）。4 组偏北气流尽管起源于不同的地方，但均经过库木塔格沙漠，并从盆地西北部进入盆地。一组占比 14.45% 的偏西轨迹发生于新疆南部的塔里木盆地，途经塔克拉玛干沙漠北部，最后从盆地西北部进入盆地。6 月的气流轨迹分别为偏东、偏北和偏西方向，分别占比 10.29%、40.73% 和 48.98%。一组偏东的气流轨迹发生于盆地东南部，两组偏北气流均经过库木塔格沙漠，然后进入盆地西北部，占比 15.65% 的偏西气流起源于新疆南部，途经塔克拉玛干沙漠南部后进入盆地西部。7 月，到达格尔木市的气团分别为偏西的轨迹、西北方向的轨迹和偏北方向的轨迹，占比 47.31%、14.92% 和 37.77%。来自偏北方向的气团经过库木塔格沙漠后首先到达盆地的西北部，起源于新疆塔里木盆地的气团均越过阿尔金山后到达盆地，而占比 14.92% 的西北轨迹发生于盆地的中东部。8 月，影响格尔木市的气团主要来自偏西、西北和偏北方向，分别占比 22.31%、51.88% 和 25.81%，起源于盆地以外的气团主要发生于新疆境内，其中偏西轨迹经过塔克拉玛干沙漠，偏北轨迹经过库木塔格沙漠后到达柴达木盆地。

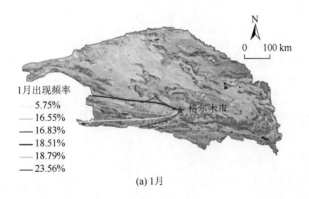

(a) 1月

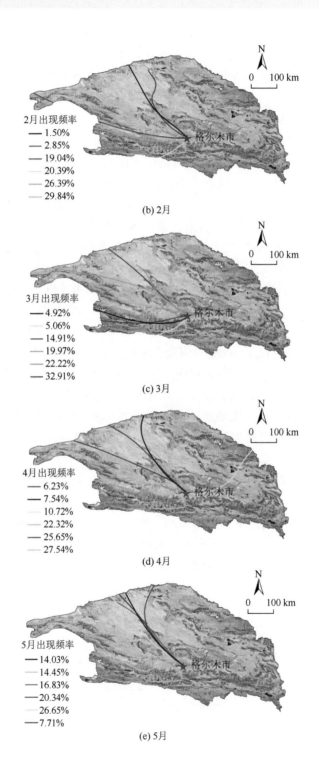

2月出现频率
—— 1.50%
—— 2.85%
—— 19.04%
—— 20.39%
—— 26.39%
—— 29.84%

(b) 2月

3月出现频率
—— 4.92%
—— 5.06%
—— 14.91%
—— 19.97%
—— 22.22%
—— 32.91%

(c) 3月

4月出现频率
—— 6.23%
—— 7.54%
—— 10.72%
—— 22.32%
—— 25.65%
—— 27.54%

(d) 4月

5月出现频率
—— 14.03%
—— 14.45%
—— 16.83%
—— 20.34%
—— 26.65%
—— 7.71%

(e) 5月

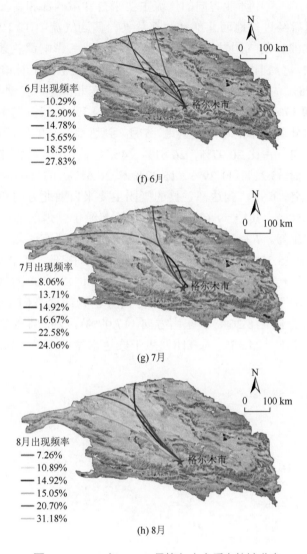

(f) 6月

(g) 7月

(h) 8月

图 8.12　2020 年 1 ～ 8 月格尔木市后向轨迹分布

8.4.2　都兰县平均后向轨迹输送路径特征

得到都兰县每月 6 组不同的后向轨迹，各组轨迹分布特征如图 8.13 所示。柴达木盆地 1 月，到达都兰县的气流轨迹主要来自两个方向，偏西（61.28%）和西南方向（38.72%）。其中 25.8% 的偏西气流经过塔克拉玛干沙漠，35.48% 发生于盆地南缘；而来自西南方向的气流均经过青藏高原西南部的羌塘高原后从盆地南缘进入。2 月，到达都兰县的气流主要为偏西方向，占比 93.11%，其中 35.35% 的气团起源于盆地中东部，20.69% 的气团来自新疆南部的塔克拉玛干沙漠。3 月的气流轨迹主要有西北（33.06%）

和偏西方向（62.9%），其中西北方向的气流主要来自甘肃西部和新疆东南部交界处的库木塔格沙漠，随后经过盆地西北部到达都兰县。偏西气流中 12.10% 的气团经过塔克拉玛干沙漠，29.03% 的气团发生于盆地中南部。4 月，影响都兰县的气流主要有偏北和西北两个方向，分别占比 17.5% 和 80%。偏北气流起源于甘肃省西北部的河西走廊地区，其中 7.5% 的偏北气流最后从柴达木盆地东北部进入盆地达到都兰县上空。西北气流中占比 29.17% 的气流发生于盆地东部，30.83% 的气流发生于盆地西北部，而 20% 的气流来自新疆南部的塔里木盆地。5 月，到达都兰县的气流轨迹分别为东北、偏北、西北三个方向，占比 20.97%、26.61%、46.77%。其中东北方向的气流均起源于盆地的东北部，而 53.22%（11.29%、15.32% 和 26.61%）的气团经过库木塔格沙漠后到达都兰县的上空。6 月，到达都兰县的气团主要来自西北方向和东北方向，分别占比 65.00% 和 32.50%，其中 59.17% 的西北气流起源于盆地的西北部，而东北气流均发生于盆地的东北部。7 月，影响都兰县的气流轨迹主要有西北方向和偏东方向，分别占比 61.02% 和 35.35%，大部分气团发生于青海省内部，其中 47.18%（7.93% 和 39.25%）的气团发生于盆地西北部，35.35%（16.67% 和 18.68%）的气团发生于柴达木盆地以东的地方。8 月，到达都兰县的气流方向分别为偏西方向（33.87%）、西北方向（32.79%）、偏北方向（16.26%）、东南方向（17.07%），29.7% 的气团经过库木塔格沙漠后到达盆地西北部，24.33% 的气团发生于柴达木盆地南缘，19.35% 起源于盆地中部。

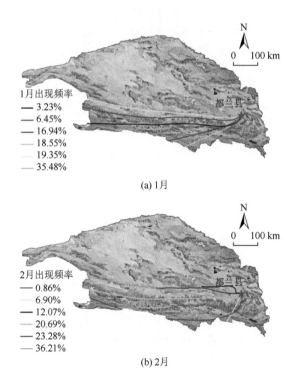

(a) 1月

(b) 2月

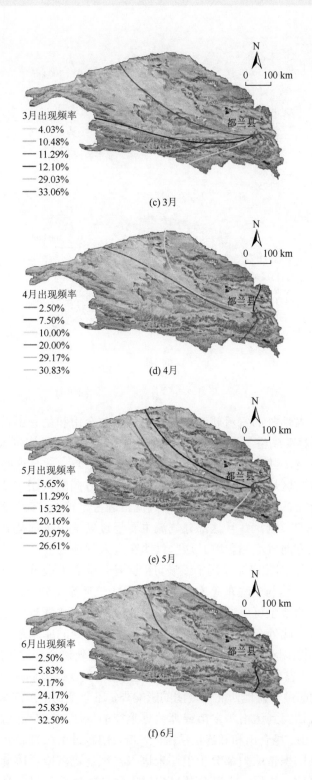

(c) 3月

(d) 4月

(e) 5月

(f) 6月

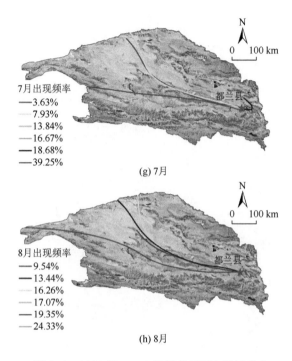

图 8.13　2020 年 1 ~ 8 月都兰县后向轨迹分布

　　可见，发生于盆地外的气流轨迹大部分越过阿尔金山和昆仑山首先到达盆地的南缘或西北部，然后移动到格尔木市或都兰县的上空。1 ~ 8 月，格尔木市主要受到来自偏西方向气流的影响，其次是偏北和西北方向气流的影响，并且这些气流大部分经过盆地中东部盐湖分布区后到达格尔木市，而来自西南方向的气团主要发生于 1 月；都兰县的轨迹分布特征表现为，1 ~ 3 月偏西气流轨迹占比较大，5 ~ 8 月主要受到来自西北方向气流轨迹的影响，并且这部分气流主要经过盆地中东部盐湖分布区后到达都兰县，其次受东北方向气流的影响。这些气团在进入盆地之前，大部分会经过新疆南部的塔克拉玛干沙漠，因此塔克拉玛干沙漠可能会是盆地之外最重要的物源区（吴浩等，2020；盛阳，2015），这与刘晓东等（2004）对地面大气环流场分析得到的结果相吻合，即塔克拉玛干沙漠的沙尘可以通过青藏高原东北缘的绕流和翻越柴达木盆地的偏西气流输送至下游地区。此外，甘肃西部和新疆东南部交界处的库木塔格沙漠可能会成为盆地以外的次重要物源区，特别是 5 ~ 8 月，大部分气流轨迹会经过该区域后进入盆地。还有许多气团发生于盆地内部，格尔木市主要受到来自其西北方向的本地气团的影响，而都兰县除了受到起源于盆地西北部气团的影响外，还会受到中东部本地气团的影响。虽然，在这 8 个月期间到达格尔木市或都兰县上空的气团大部分起源于盆地以外，但盆地四周被阿尔金山、昆仑山和祁连山所围限，当气团越过山脉时，受山体的阻挡作用，部分减速，使得气团携带的大部分粉尘还未进入盆地便已沉降，因此，本书暂不考虑盆地以外物源的影响。相反，少部分从风口进入盆地的气流经过盆地下垫面时，将携带较多的本地物源进行输送。总之，2020 年 1 ～ 8 月，来源于盆地外和盆地内的大部分气团首先发生在盆地西北部和盆地南缘的昆仑山北麓，并且主要经过盆地中东部盐湖分布区，然后到达格尔木市或都兰县。

8.5　柴达木盆地南部大气降尘可溶盐时空分布特征及物源

为进一步了解各种表土类型的产盐潜力及排放到空气中粉尘的化学组成、时空分布规律和物源探讨，以尘暴频发的柴达木盆地南部地区收集的降尘中的"盐"为研究对象展开研究。

8.5.1　降尘（包括盐）及盐尘沉积通量变化

2019 年 1 月到 2020 年 8 月，研究区 4 个气象站（小灶火（XZH）、格尔木（GEM）、诺木洪（NMH）、都兰县（DLX））的月平均风速和相对湿度如图 8.14 所示。4 个气象站的月平均风速差异明显，从高到低依次为小灶火、都兰县、格尔木和诺木洪，月平均风速一般在 4 月或 5 月达到最大值。整体上，4 个气象站的相对湿度在 2 ～ 4 月达到全年最低水平，此阶段正处于春冬季交换期间；都兰县的相对湿度基本上全年高于其他地区。图 8.15 为 4 个气象站发生尘暴和扬尘日数的月变化情况，由图可知，尘暴、扬尘天气发生在 5 月的次数较多，其次是 2 月、3 月、6 月。1 月，4 个气象站没有出现尘暴或扬尘天气，可能是该月盆地气温较低，表土基本冻结，很难被风吹蚀；2 ～ 4 月气温很快回升，相对湿度迅速下降，表土逐渐解冻并快速蒸发，散失水分后的土质干燥疏松，同时该时间段风速也逐渐增大，5 月达到最大值，很容易起尘，可能是这几个月份尘暴、扬尘天气发生次数增加的主要原因。

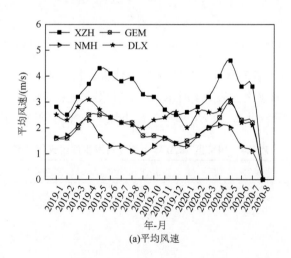

(a)平均风速

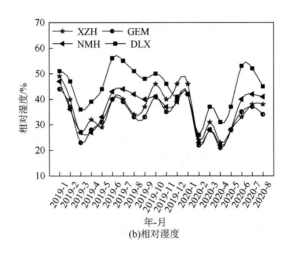

图 8.14　研究区 2019 年 1 月至 2020 年 8 月的月平均风速和相对湿度的变化

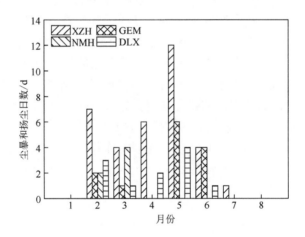

图 8.15　研究区 2020 年 1～8 月月尘暴和扬尘日数的变化

2020 年 1～6 月，研究区 4 个气象站（小灶火、格尔木、诺木洪、都兰县）发生沙尘暴、扬沙和浮尘的频次如表 8.4 所示，4 个气象站发生的沙尘天气以扬沙为主，其中小灶火地区最为频繁。此外，沙尘暴天气在小灶火也相对频发，其次是格尔木市。

表 8.4　研究区 2020 年 1～6 月发生沙尘天气的频次

发生频次	浮尘	扬沙	沙尘暴	沙尘天气
小灶火	4	25	8	37
格尔木	5	9	4	18
诺木洪	2	4	2	8
都兰县	6	9	2	17

2020 年 1～6 月，在研究区 4 个采样点（小灶火、格尔木、诺木洪、都兰县）共收集 24 个降尘样品。图 8.16 为 1～6 月 4 个采样点累计降尘沉积通量、盐尘沉积通量的空间分布情况，研究区 6 个月的降尘沉积通量（包含盐尘）介于 22.33～45.50g/m²，盐尘沉积通量介于 1.00～3.99g/m²，1～6 月累计降尘沉积通量和盐尘沉积通量在格尔木市达到最大值，诺木洪的值最低。结合表 8.4 得到，各采样点发生沙尘天气的频次与图 8.16 结果有较好的对应，可见这些事件的发生对降尘沉积通量有一定的贡献，但并不完全一致。尽管小灶火沙尘天气出现次数最多，发生沙尘暴的次数相对频繁，但沉积通量并不是最高，这可能与尘暴发生时，粉尘的有效沉降有关。作者认为小灶火的降尘沉积通量相对较低可能与粉尘向远处输送有关，并且研究区自西向东发生沙尘暴的频次逐渐减少，而浮尘天气变得相对频繁，进一步说明研究区存在物源区向远处输送粉尘的过程。

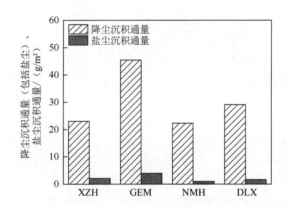

图 8.16　研究区 2020 年 1～6 月累计降尘沉积通量、盐尘沉积通量的空间分布

不同采样点收集的降尘沉积通量、盐尘沉积通量、可溶性盐含量的月变化情况如图 8.17 所示，由于 8 月小灶火和 7 月都兰县收集的降尘量太少，无法满足测试要求，故没有这两个月的可溶盐含量数据。小灶火采样点收集的降尘沉积通量在 5 月达到最大值，盐尘沉积通量与可溶性盐含量的月变化曲线基本相一致，并且在 7 月均达到最大值。可见降尘沉积通量与盐尘沉积通量、可溶性盐含量的月变化情况并不一致，例如，尽管 5 月该采样点的降尘沉积通量达到最大值，但由于可溶性盐含量相对较低，因此盐尘沉积通量仍然处于较低的水平；格尔木采样点收集的降尘沉积通量同样在 5 月达到最大值，而可溶性盐含量和盐尘沉积通量均在 4 月达到最大值，其次是 7 月。5 月、6 月诺木洪采样点的可溶性盐含量、盐尘沉积通量相对较高，而降尘沉积通量在 8 月达到最大值，其次是 5 月。都兰县可溶性盐含量在 2 月、3 月均比较高，同时这两个月份的盐尘沉积通量也相对较高，而降尘沉积通量在 6 月达到最大值。总体上，这 4 个采样点，当降尘的可溶性盐含量较高时，一般盐尘沉积通量也相对较高，但是，有些采样点尽管某月降尘沉积通量较高，由于含盐量过低，盐尘沉积通量也并不一定很高。

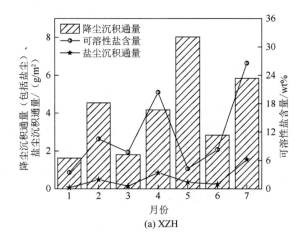

(a) XZH

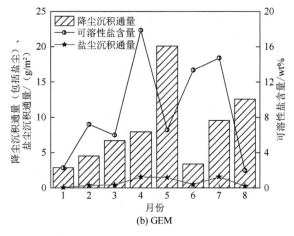

(b) GEM

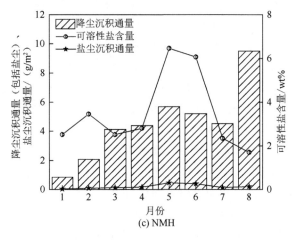

(c) NMH

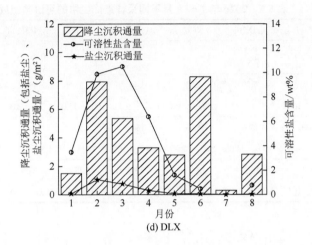

图 8.17　研究区 4 个采样点（XZH、GEM、NMH、DLX）收集的降尘沉积通量、盐尘沉积通量、可溶性盐含量的月变化

　　总之，相比图 8.16 得到的结果，图 8.17 各采样点收集的降尘与盐尘沉积通量随时间变化的情况相对复杂。在第 4 章已经得到，由于研究区不同类型表土的含盐量和抗风蚀能力不同，供盐能力存在明显差异。其他学者的研究也证实，当不同下垫面的粒度特征、粗糙度存在差异时，供尘能力存在较大的差异，并且干盐滩和盐化草原这两种地表类型的粗糙度并不是固定不变的，随季节变化和人为破坏草地等因素会发生改变。因此，初步认为，在各种气象条件相同的情况下，研究区不同类型表土的粗糙度不同，尤其是某些表土类型的粗糙度会发生改变，以及供盐能力的差异，使得各采样点降尘和盐尘沉降通量随时间变化并不一致。

8.5.2　研究区降尘的矿物组成

　　根据降尘中不同类型的矿物是否易溶于水，可将其分为可溶物和无机水不溶物。研究区降尘中盐类矿物种类及半定量结果如表 8.5 所示，可溶性矿物主要包括石盐和石膏，少量的无水芒硝仅出现在河西八连（HXB）2 月的降尘中，含量为 3%（未在表中标出）。不同采样点降尘中可溶盐含量的月均值存在明显差异，在河西八连收集的降尘中总盐量及不同类型盐类矿物含量，相对其他采样点始终处于较高水平，而在其东边的采样点，可溶盐含量基本上随距离增加逐渐减少，在诺木洪达到最低值；在巴隆乡（BLX）的降尘中石盐和石膏的含量又明显增加，都兰县降尘中的可溶盐含量低于巴隆乡。各采样点在不同时间段收集的可溶盐含量并不是相同的，大部分采样点在不同月份收集的可溶盐含量变化幅度较大，而诺木洪采样点的变化幅度相对较小。

表 8.5　2020 年 1～8 月不同采样点降尘中的可溶盐组成

采样点		XZII	HXB	XHC	GEM	BKC	NMH	BLX	DLX
时间范围		1～7月	1～8月 (除5月)	1～8月	1～8月	1～8月	1～8月	1～4月	1～8月 (除7月)
石盐	平均值/%	4.71	7.29	3.50	3.44	3.25	1.00	4.50	1.86
	范围/%	1.00～10.00	2.00～14.00	1.00～10.00	1.00～9.00	1.00～15.00	1.00～2.00	3.00～6.00	1.00～6.00
石膏	平均值/%	4.00	6.86	5.13	5.94	3.50	2.06	6.25	1.43
	范围/%	2.00～8.00	3.00～11.00	2.00～9.00	1.00～19.00	2.00～9.00	1.50～3.00	3.00～12.00	1.00～4.00
总盐量	平均值/%	8.71	14.57	8.63	9.38	6.75	3.06	10.75	3.29
	范围/%	3.00～16.00	5.00～22.00	4.00～19.00	2.00～19.00	2.00～24.00	2.00～5.00	8.00～18.00	3.00～10.00

8.5.3　研究区降尘的化学组成及时空分布

研究区 2020 年 1～4 月各采样点降尘的化学组分及含量的时空分布如图 8.18 所示。在各采样点的降尘中，Na^+、Cl^-、Ca^{2+}、SO_4^{2-} 是主要的水溶性离子，这 4 种离子占全部水溶性离子的百分比介于 74%～95%。1～4 月，降尘中 Na^+ 与 Cl^-、Ca^{2+} 与 SO_4^{2-} 这两组离子的含量变化在空间分布上始终保持一致。同时，降尘中 Sr^{2+} 在空间上的变化与 Ca^{2+} 和 SO_4^{2-} 表现为基本一致的分布规律。此外，Mg^{2+} 与 K^+、Li^+ 与 B_2O_3 的含量变化曲线在空间分布上同样基本保持一致，而 NO_3^- 离子在不同月份的空间分布上存在较大的差异。

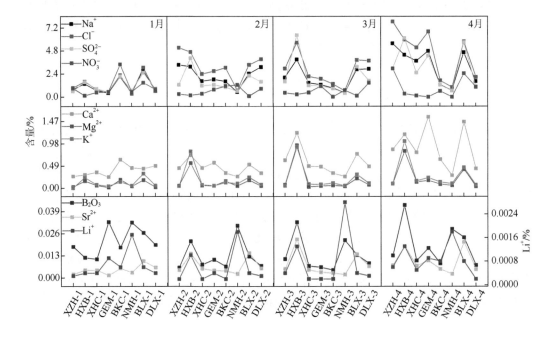

图 8.18　研究区 2020 年 1～4 月降尘的化学组分及含量的时空分布

1月，各种离子的含量在空间分布上没有明显规律性，相比其他采样点，在宝库村 (BKC) 和巴隆乡 (BLX) 收集的降尘中 Na^+、Cl^-、Ca^{2+}、SO_4^{2-} 这 4 种主要水溶性离子的含量相对较高，并且在巴隆乡的降尘中 Mg^{2+}、K^+ 和 Sr^{2+} 离子的含量也相对较高。虽然该月在格尔木 (GEM) 和诺木洪 (NMH) 的降尘中主要离子 (Na^+、Cl^-、Ca^{2+}、SO_4^{2-}) 的含量很低，但其 Li^+ 离子与 B_2O_3 的含量明显高于其他区域。$2 \sim 4$ 月，Na^+、Cl^-、Ca^{2+}、SO_4^{2-} 这 4 种主要的水溶性离子在空间分布上，基本与表 8.5 得到的降尘中可溶盐含量在各采样点的分布规律相似，即在河西八连 (HXB) 和巴隆乡 (BLX) 的降尘中可溶盐含量较高，在诺木洪 (NMH) 含量达到最低。在小灶火 (XZH) 采样点，这 4 种离子含量也相对较高，并且该降尘中 Na^+ 与 Cl^- 比 Ca^{2+} 与 SO_4^{2-} 的增幅明显。此外，4 月的格尔木市，这些主要离子含量也比较高。降尘中 Sr^{2+}、Mg^{2+} 与 K^+ 这 3 种离子含量相对较低，在空间分布上基本与主要离子 (Na^+、Cl^-、Ca^{2+}、SO_4^{2-}) 的变化一致，但 Mg^{2+} 与 K^+ 在河西八连和巴隆乡的降尘中明显富集。Li^+ 与 B_2O_3 在空间分布上最明显的特征表现为：在诺木洪采样点始终处于较高的水平，此外，在其余采样点，随主要离子含量的增加明显变高。降尘中的 NO_3^- 离子没有随时间变化在空间上呈现明显规律性，并且与其余离子的空间分布特征存在明显的差异性。

8.5.4　研究区表土与降尘化学组成对比分析

表 8.6 为不同类型表土（除戈壁之外）中各离子的相关系数。分析表明，Na^+ 与 Cl^-、Na^+ 与 SO_4^{2-} 在 0.01 置信水平下均表现为显著相关，并且 Na^+ 与 Cl^- 的相关系数高达 0.97，说明在表土中离子主要以 NaCl 的形式存在。Sr^{2+}、SO_4^{2-}、Ca^{2+} 三者之间也存在明显的相关性，Sr^{2+} 与 Ca^{2+} 的相关系数较好，可能是因为 Sr^{2+} 与 Ca^{2+} 具有相似的化学性质，这两种离子都能与 SO_4^{2-} 结合，形成矿物后两者可以置换（闫志为，2008；胡进武等，2004）。经 XRD 测试得到，研究区表土中盐类矿物主要为石盐和石膏以及少量的无水芒硝，因此推测表土中 SO_4^{2-}、Ca^{2+} 主要以石膏的形式存在，并且有少量的 Sr^{2+} 代替 Ca^{2+}。

表 8.6　研究区不同类型表土中各离子的相关系数

	Na^+	Ca^{2+}	Cl^-	SO_4^{2-}	NO_3^-	K^+	Mg^{2+}	Li^+	B_2O_3	Sr^{2+}
Na^+	1									
Ca^{2+}	0.22	1								
Cl^-	0.97**	0.18	1							
SO_4^{2-}	0.49**	0.66**	0.32*	1						
NO_3^-	0.13	−0.06	0.19	−0.10	1					
K^+	0.46**	0.04	0.51**	0.19	0.55**	1				
Mg^{2+}	0.45**	0.18	0.39**	0.61**	0.00	0.45**	1			
Li^+	0.28	0.18	0.30*	0.21	0.00	−0.01	0.05	1		
B_2O_3	0.05	−0.07	−0.03	0.24	−0.05	0.06	0.32*	0.22	1	
Sr^{2+}	0.16	0.86**	0.08	0.69**	−0.11	0.02	0.32*	0.09	0.07	1

** 表示在 0.01 水平（双侧）上显著相关；* 表示在 0.05 水平（双侧）上显著相关。

由表 8.6 可知，研究区降尘中 Na^+、Cl^-、Ca^{2+}、SO_4^{2-}、Mg^{2+}、K^+、Sr^{2+} 这 7 种离子之间相关性较好，在空间分布上也表现为较好的一致性（图 8.7），表明它们可能是同一来源。结合表 8.7 的结果，这些离子广泛存在于盆地各类表土中，并且主要以石盐和石膏的形式存在，因此推测降尘中这些离子主要受到表土的影响。进一步分析离子之间的相关系数表明，降尘中 Na^+ 与 Cl^- 主要以石盐的形式存在和迁移。降尘中 Sr^{2+}、SO_4^{2-}、Ca^{2+} 这三种离子之间也具有较好的相关性，并且 Sr^{2+} 与 SO_4^{2-} 之间的相关性更好。因为 XRD 测试结果显示，除极个别样品含有无水芒硝外，石膏是唯一能检测到的硫酸盐矿物，因此，推测锶主要通过类质同象的方式在石膏中存在，但不排除样品中可能存在极少量的天青石矿物。虽然 Li^+ 与 B_2O_3 之间的相关性较好，但 Li^+ 与其余离子之间均显著不相关，一方面说明 Li^+ 与 B_2O_3 具有相同的来源，另一方面表明这两种离子与降尘中其余离子的来源明显不同。降尘中 NO_3^- 与其余离子之间均显著不相关，推测其主要源于人类活动污染源排放的氮氧化物。

表 8.7　研究区降尘中各离子的相关系数

	Na^+	Ca^{2+}	Cl^-	SO_4^{2-}	NO_3^-	K^+	Mg^{2+}	Li^+	B_2O_3	Sr^{2+}
Na^+	1									
Ca^{2+}	0.80**	1								
Cl^-	0.99**	0.78**	1							
SO_4^{2-}	0.81**	0.89**	0.79**	1						
NO_3^-	0.24	0.11	0.17	0.08	1					
K^+	0.53**	0.62**	0.53**	0.87**	−0.13	1				
Mg^{2+}	0.55**	0.66**	0.55**	0.89**	−0.06	0.97**	1			
Li^+	−0.15	0.06	−0.15	0.1	−0.06	0.23	0.23	1		
B_2O_3	0.04	0.26	0	0.40*	0.01	0.54**	0.53**	0.71**	1	
Sr^{2+}	0.71**	0.79**	0.68**	0.94**	0.02	0.85**	0.87**	0.05	0.36*	1

** 表示在 0.01 水平（双侧）上显著相关；* 表示在 0.05 水平（双侧）上显著相关。

研究表明，研究区表土的主要矿物成分包括石英、钠长石、微斜长石、斜绿泥石、白云母、方解石、白云石、文石、石盐、石膏和无水芒硝等。柴达木盆地沉积物主要来自周边基岩山区的剥蚀（王春男等，2008），并且风化的母岩区岩石很难被风轻易吹蚀且释放出大量粉尘物质，因此短时间内差异性风化作用对降尘的贡献可以忽略不计。结合离子相关性分析结果，对比降尘（表 8.8）和表土中（表 8.9）各离子平均含量发现，Na^+、Cl^-、Ca^{2+}、SO_4^{2-} 4 种主要离子以及 Sr^{2+} 在降尘中的含量介于研究区不同类型表土之间，进一步说明降尘中这些离子主要来源于盆地表土。个别采样点如河西八连、巴隆乡降尘中 Mg^{2+}、K^+ 相对富集，略高于表土的含量，并且降尘中 Mg^{2+} 与 K^+ 的相关系数为 0.97，表明两者不仅具有同源性，还受到除表土以外其他物源的影响。一般认为，K^+ 主要来自生物质焚烧，Mg^{2+} 来自土壤扬尘和建筑扬尘等地壳源，但两者共生存在是干旱区盐湖沉积物中常见的一种现象，因此认为这两个采样点降尘受盐湖区影响明显。大部分采样点如小灶火、格尔木、诺木洪、都兰县等，降尘中均富集NO_3^-，暗示本地存在其他更严重的氮污染源。青海省冬季取暖期约为 6 个月，取暖方式以锅炉为主，且燃料结构仍属典型的燃煤型（张守军，2000），因此推测降尘中较高的NO^{3-}是当地用于取暖的燃料燃烧排放的NO_x造成的。诺木洪采样点的降尘中一些主要离子（Na^+、Cl^-、Ca^{2+}、SO_4^{2-}）的含量均比较低，仅B_2O_3的含量略高于表土平均值；同时，所有离子中仅Li^+与B_2O_3具有较好的相关性。由于察尔汗盐湖卤水和干盐滩中 B 和 Li 均具有较高的含量，综合分析表明降尘中的Li^+和B_2O_3应该主要来自盐湖区而非一般表土。

表 8.8　2020 年 1～4 月不同采样点降尘中的水溶性离子含量　　（单位：%）

样品编号	Na^+	Ca^{2+}	Cl^-	SO_4^{2-}	NO_3^-	K^+	Mg^{2+}	Li^+	B_2O_3	Sr^{2+}
XZH	2.917	0.545	4.209	1.597	1.129	0.050	0.064	0.0004	0.012	0.005
HXB	3.197	0.856	4.459	4.531	0.216	0.748	0.617	0.0010	0.027	0.015
XHC	1.878	0.520	2.611	1.430	0.345	0.100	0.070	0.0003	0.009	0.005
GEM	2.065	0.713	2.969	1.793	0.597	0.104	0.071	0.0017	0.017	0.005
BKC	1.4810	0.484	2.081	1.319	1.285	0.128	0.121	0.0005	0.009	0.004
NMH	0.497	0.311	0.655	0.579	0.619	0.079	0.048	0.0020	0.029	0.002
BLX	3.176	0.793	3.997	3.389	1.023	0.331	0.245	0.0005	0.019	0.015
DLX	2.072	0.4356	2.584	1.305	1.030	0.078	0.045	0.0003	0.011	0.006

表 8.9　研究区表土中各离子的平均含量　　（单位：%）

表土类型	Na^+	Ca^{2+}	Cl^-	SO_4^{2-}	NO_3^-	K^+	Mg^{2+}	Li^+	B_2O_3	Sr^{2+}
戈壁滩	0.584	0.786	0.774	1.897	0.557	0.018	0.018	0.002	0.004	0.010
盐化草原	4.088	1.129	5.246	6.730	0.226	0.210	0.410	0.010	0.024	0.019
沙漠	0.684	0.502	0.890	1.369	0.133	0.030	0.023	0.004	0.026	0.005
雅丹地貌	5.384	1.567	8.278	3.416	0.225	0.256	0.106	0.000	0.000	0.009
干盐滩	11.494	1.443	19.568	3.154	0.130	0.187	0.508	0.020	0.015	0.025

8.5.5　各采样点降尘中水溶性离子的物源探讨及影响范围

小灶火和河西八连的上风向主要存在两种地貌类型：盆地西南部靠近山区的地方（西起尕斯库勒湖，东至乌图美仁一带）分布着大片沙漠；在盆地中东部平坦的一里坪、东台吉乃尔、西台吉乃尔区域广泛发育有雅丹地貌和干盐滩。在距离格尔木市不远的正北方向分布着察尔汗盐湖盐田，面积多达 $1000km^2$，而格尔木以南的昆仑山北麓局部地区则分布有沙漠。在都兰县附近的夏日哈—香日德一带集中分布着大片沙漠。这些均有可能成为释放粉尘的自然源，结合气团的移动路径和气象条件进一步分析各采样点降尘中水溶性离子的来源及不同物源的影响范围。

1月，盆地气温较低，表土基本冻结很难被风吹蚀，并且到达研究区各采样点的气流主要经过昆仑山北麓的戈壁带和沙漠地区，这些表土类型中含有较少的细颗粒物质和可溶盐，因此造成研究区大部分采样点降尘中含盐量较低。局部地区 NO_3^- 含量高，这是因为青海省的冬半年在低空很容易形成逆温层，抑制湍流运动（都占良等，2019；陈芳等，2007），同时人为排放的 NO_x 在低温条件下利于向离子态的硝酸盐转化，最终导致 NO_3^- 在局部地区富集（Zhang L et al.，2008）。巴隆乡降尘中 Na^+、Cl^-、Ca^{2+}、SO_4^{2-} 4 种主要离子的含量相对较高但低于附近表土中的含量，而 K^+ 离子的含量略高于表土值。这是因为，巴隆乡的西北方向是一片广阔的冲积扇坪，连接着察尔汗盐湖区，越向盐湖区靠近，表土中大部分离子（Na^+、Cl^-、Ca^{2+}、SO_4^{2-}、K^+、Mg^{2+}、Li^+、Sr^{2+}）的含量越呈现出明显的增加，在毛细蒸发作用下，这些离子会向地表积聚并在盐湖周边地区形成相对蓬松态的蒸发岩矿物，很容易遭受风蚀（King et al.，2012；Reynolds et al.，2007；Reheis，2006）。因此，认为巴隆乡降尘中的可溶性离子主要来自靠近察尔汗盐湖区的外围盐漠地带，而降尘中富含 K^+ 则与察尔汗盐湖区常年进行钾镁资源开采密切相关。1～4 月诺木洪的降尘中 Li^+ 和 B_2O_3 的含量明显富集，并且在其下风向离子含量逐渐减少。虽然 Li^+ 和 B_2O_3 在研究区表土中的含量普遍较低，但其在盐湖区相对富集并且逐渐被企业开发利用，因此推测诺木洪降尘中 Li^+ 和 B_2O_3 主要来源于上风向的盐湖区。

粉尘的迁移受地形、风力、植被、土地利用类型等多种因子的扰动（吉力力·阿不都外力，2012）。位于盆地西南部的沙漠靠近山区，受山地的阻隔作用及地形影响容易形成山谷风，其不利于粉尘自西向东输送，来自盆地南缘的气流经过时，卷起的沙尘首先对离其较近的小灶火造成影响。而分布在一里坪、东台吉乃尔、西台吉乃尔和察尔汗盐湖区的雅丹地貌和干盐滩，地表裸露基本无植被覆盖且周边空旷无障碍物，有许多本地气团起源于这里，并且大部分发生于盆地外的气团进入盆地后经过该区域，当具备一定风力时，携带的粉尘几乎可以到达研究区的所有采样点，影响范围很大。因此，小灶火采样点同时受到来自沙漠和一里坪、东台吉乃尔、西台吉乃尔区域释放的粉尘的影响，这应该也是监测期间小灶火尘暴、扬尘天气频繁的主要原因。2 月和 4 月小灶火降尘中 Na^+ 和 Cl^- 明显增加，同时这些离子在降尘中的含量略高于附近表土，并且明显高于附近沙漠的含盐量，初步认为这段时间内小灶火采样点受远处雅丹地貌、干盐滩释放的盐尘的影响更大。河西八连附近为一片盐化草原，对应图 8.10 该采样点附近表土中含有较高的 SO_4^{2-} 离子。盐化草原主要发育在地下水溢出地带的盐渍化土分布区，裸地则为白色盐碱所覆盖，冬季和初春时期大部分盐生植物基本凋零，并且许多牧民在这里圈地放牧，牲畜踩踏扰动表土，有助于降低起尘阈值（Abdourhamane et al.，2019；Baddock et al.，2016；梅凡民等，2004），这应该是造成河西八连降尘中大部分离子，尤其是 SO_4^{2-} 含量较高的主要原因。结合表 8.8 和表 8.9 对比分析结果，河西八连降尘中较高的 Mg^{2+} 与 K^+ 最有可能受到位于其上风向，依托东台吉乃尔湖、西台吉乃尔湖及一里坪盐湖而建设的各种工厂排放的污染源以及尾矿堆的影响（唐发满等，2020；黄师强，2001），但不排除乌图美仁-格尔木向盐湖区过渡的范围内，表

土中较高的 Mg^{2+} 与 K^+ 含量对其产生的影响。根据表 8.9 分析结果，Sr^{2+} 在干盐滩中相对富集，并且高含量区主要围绕着盐湖分布，不同月份降尘中 Sr^{2+} 在各采样点的空间分布规律如图 8.19 所示，除河西八连采样点受到局部物源的影响 Sr^{2+} 含量明显增加以外，初步认为研究区降尘中 Sr^{2+} 主要受到中东部干盐滩释放的盐尘的影响，表现为大体上随着距离增加，Sr^{2+} 从小灶火开始逐渐减少，在诺木洪降到最低值，巴隆乡采样点由于受到其上风向察尔汗附近物源的影响，Sr^{2+} 含量再次增加，后随距离递减。在对降尘中盐类矿物和水溶性离子的空间分布规律进行分析时，也得到类似的结论。其他研究中也监测到降尘中的水溶性盐或一些元素距离尘源越远含量越少（Abuduwaili et al.，2008；Blank et al.，1999）。由于格尔木市位于 Sr^{2+} 含量高值区，当发生局地起尘时，会导致某些月份格尔木市降尘中的 Sr^{2+} 含量偏高。4 月，都兰县降尘中 Sr^{2+} 含量急剧减少，可能是由于在都兰县的外围有一片防护林，随着天气变暖，降水增多，植物盖度增加，有效地阻止了沙尘的影响（Okin and Painter，2003；董治宝等，1996）。

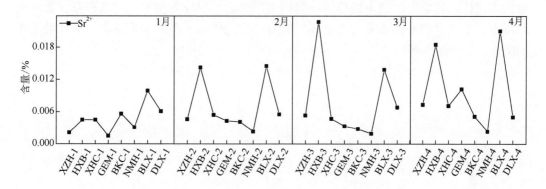

图 8.19　2020 年 1 ～ 4 月降尘中 Sr^{2+} 的时空分布

综上，研究区降尘中的水溶性离子主要来自柴达木盆地下垫面表土，个别采样点降尘中的水溶性离子含量较高是因为还受到盐湖区人类活动产生的各类污染源的影响，而降尘中的 NO_3^- 受人为源的影响较大。同时，相比局部沙漠和盐化草原分布区，盆地中东部雅丹地貌、干盐滩分布区释放的含盐粉尘可以影响盆地南部大部分区域，影响范围较广。

8.5.6　钾盐的沉积通量及可能产生的资源效应

柴达木盆地是我国最重要的现代盐湖及盐类矿产资源分布区，一些学者认为这些成盐元素主要来源于周围山系的母岩风化、古盐溶解、深部流体等，但很少有人关注大气降尘作为补给源对盐湖成盐物质的贡献（张西营等，2020）。为了了解盆地内降尘对研究区表生环境及盐湖钾资源的影响，根据获取的降尘化学组分数据（2020 年 1 ～ 4 月）对此开展初步分析。由于本节使用的集尘装置参照 Sow 等的 MDCO 降尘缸，该采集器在地面平均风速大于 3m/s 时，降尘收集效率仅 20% 甚至更低，因此，在计算沉积通量时以 20% 的收集效率来粗略估计实际的沉积通量。根据统计，诺木洪采样点 1～4 月单位面积月降尘量最少（14.30g/m²），其单位面积月降尘中含盐量（0.40 g/m²）和可溶性钾离子含量（0.01g/m²）也较低，单位面积盐沉积通量为 4.80 g/(m²·a)，钾沉积通量为 0.12g/(m²·a)。以该站点的数据来粗略计算察尔汗盐湖区的降尘对盐类物质累积的贡献量。计算表明，在察尔汗盐湖区（5856km²），每年降尘贡献的各类可溶盐组分保守估算约为 28108 多吨，钾 703 多吨。一方面，表明这些降尘中的可溶盐是盐湖中盐分（成矿元素）的补给来源之一；另一方面，大量可溶盐分沉降到地表，是区域土地盐渍化的一个重要影响因素。我国新疆艾比湖地区，平均盐沉积通量为 14～27g/(m²·a)，在世界一些容易发生盐尘暴的区域也有可供参考的数据，如中亚盐沉积通量为 10～44g/(m²·a)，西西伯利亚南部盐沉积通量为 15～21g/(m²·a)，美国欧文斯湖附近盐沉积通量高达 165g/(m²·a) 等（Abuduwaili et al.，2008），因此本书数据是可信的。尽管对于柴达木盆地盐尘沉积通量的评估，由于没有充分考虑采样点的代表性、沉积通量的确切性、盐类物质的内循环情况等诸多因素，结果较为粗略，但这也充分表明大气降尘对盐湖区的资源富集与生态环境具有一定的影响，并且很可能是一个比较重要的因素，值得深入研究。

第 9 章

盐湖资源环境科学数据库

中国是一个盐湖资源极为丰富的国家，盐湖数量近千余个，其中锶盐、镁盐和锂盐的储量均居世界前列。盐湖科学研究在过去 50 余年得到了长足发展，为国家制定资源开发战略和产业发展布局提供了坚实的科技支撑。自 20 世纪 50 年代以来，国内各相关研究所、高校、政府资源部门以及盐湖企业研发部门等机构组织开展了大量关于盐湖资源的综合考察和专题研究，获得了丰富的科学积累，并逐步形成了包括盐湖地质学、盐湖地球化学、盐湖相化学与溶液化学、盐湖无机化学、盐湖分析化学、盐湖材料化学和盐湖化工在内的盐湖科学理论体系。从盐湖科学的研究内容上看，其既包括对盐湖矿产资源本身物理、化学、热力学、光学、电子等基本属性的深入了解和研究，还涉及到与资源利用相关的一系列非常复杂的过程，如盐湖成盐成矿过程、地下水动力过程和固液转化过程；不同水盐体系在不同条件下的结晶过程和析盐规律；关键元素分离提取的化工工艺过程及条件控制分析；盐湖材料制备过程物质传递与反应过程的强化和耦合调控、材料性能计算和预测等。这些过程往往交叉了不同领域的大量理论和知识，如材料技术与化工技术的集成、水文地质与溶液相化学的交叉、溶液化学与化工的交叉等，因此盐湖科学是一个交叉和综合的复杂巨系统。

虽然过去国内诸多研究机构在盐湖基础研究和应用研究方面已有大量的实践和探索，但目前为止，各机构的研究方法和结果往往受专业和研究方向的限制而具有较大的局限性。以往一些基于研究单元开展的研究，往往只从单一学科考虑，关注某一特定科研领域，研究成果大多比较分散，分别集中在各研究方向，资料共享性差，数据格式不规范，缺乏交流。这种分散的科学数据在揭示盐湖资源系统的整体特征和过程规律时显得尤为单薄，其单视角难以揭示盐湖资源系统各构成子系统之间的耦合关系，也缺少对重大科学问题进行协同研究的数据基础。这种状况大大限制了研究人员对盐湖的深入探索和系统研究，制约了盐湖科研创新的整体能力，更无法引导重大科学产出。

20 世纪中期以来，科学数据的爆炸式增长对前沿科学项目带来了巨大挑战。科学数据管理与共享逐渐引起学术界的关注，越来越多的人认识到未来的科学研究更多是数据驱动的、协作的和跨学科的，这正与微软研究院发布的《第四范式：数据密集型科学发现》契合。整合集成科学数据，实现科学数据共享与互操作性，构造基于密集大数据的、开放协同的科学研究新范式的科学数据中心，已成为近几十年来全球科学领域的一个重点课题。1957 年，在国际科学联合会理事会（ICSU）的组织下成立了以地球科学与空间科学和天文学数据为重点的世界数据中心（WDC），1966 年成立了涵盖学科范围更广的国际科技数据委员会（CODATA）。世界知名的科学数据中心有美国的全球变化研究计划（GCRP）及全球变化数据和信息系统（GCDIS），美国国家航空航天局主持的地球观测系统及数据信息系统等。地球和环境、生物科学、医药和健康等自然科学领域及一些人文科学领域都纷纷根据自己的需求建设了不同规模的科学数据中心。

我国近些年在科学数据共享方面也进展迅速。由于科学数据在学科方面的差异，完全混淆学科内容的混杂堆积也将失去科学数据的意义。因此，目前国内比较通用的做法是依据学科特点确定相对独立的数据中心，再由不同学科数据中心组成分布式的、统一协调的数据中心群，由国家统一筹划。影响较大的有科学技术部 2002 年开始实施的以创建社会化的共享服务体系为目标的科学数据共享工程、中国气象局的国家气象科学数据中心、中国科学院的科学数据库及其应用系统等，它们均在不同科学领域实现了将过去分散的科学数据库群整合并构建共享数据平台。当然，客观地说，我国科学数据共享无论在共享程度、影响力还是数据科学的研究深度和技术的先进性方面，与国际水平相比均尚有较大差距。

综上，过去短短的数十年间，科学数据管理方法、管理工具研发、共享类型、共享框架和共享政策等方面均取得了大量成果，尤其环境、生物、医学和基因等领域在科学数据管理和共享方面逐渐形成了各自较为完善的管理和共享框架，基本达成了一个共识，即标准的科学数据中心应该实现科学数据从采集、分析、管理到可视化全生命周期管理的共识，而系统架构也包括数据采集系统、数据库系统、信息传输设备、分析决策与信息发布系统等几大模块。这些成功的研究成果为新领域科学数据资源建设与发展提供了丰富的经验借鉴与坚实的理论基础。随着信息技术的飞速发展，基于云计算、基于软件的科学数据中心技术以其高效的数据维护能力、强大的信息检索查询功能、强大的并行计算能力，以及灵活针对用户和应用需求的开发能力，不仅可以系统整合现势的科学数据，还能为决策分析提供有效的工作平台与可靠的技术支持。

与一次科考科学数据主要以专著的方式发表不同，二次科考非常强调通过建立专门的科学数据信息系统来实现数据规范管理和共享服务。在盐湖科考专题的支持下，课题设计构建了一个盐湖二次科考资源环境专题科学数据库，该数据库在对已有的分散、碎片化的盐湖资料和数据加以整理、补充和完善的基础上，补充了大量二次科考中获得的一手数据，实现了信息查询、数据处理、空间建模分析等一体化功能。二次科考盐湖资源环境科学专题数据库的建设，通过互联网技术不仅实现了科研信息的共享、传输和交互，还向更多用户提供了专业、权威和定制化的数据服务，进而科学地指导青海盐湖未来产业发展和管理。这将为推动青海盐湖科研创新、保护盐湖地区生态安全、实现青海盐湖资源综合利用与区域可持续发展提供坚实的数据支持，也将在西部国民经济的发展、社会的安定和谐等方面发挥重要作用。

9.1　盐湖科学数据库的建设

9.1.1　盐湖科学数据库建设任务

1. 建立专门针对盐湖资源系统的数据标准和数据库规范

盐湖数据不同于国家行业部门按照统一的制度、规范、标准长期采集和管理的科学数据，项目组必须根据研究需要，自主建立或整合供研究项目使用的综合性数据。如何汇集分散在各个研究项目中的研究数据，在统一的元数据标准框架下集成和共享多学科数据，并为众多用户提供便于使用的数据目录，是本书要解决的第一个难题。

本书根据盐湖数据异构性、密集性、复合性等基本属性和特征，研究关系类型、空间类型、文件类型等几种基本类型的数据集分类和组织方式，研究整编数据集的基本原则和方法以及科学数据分级、保护、共享的方式，对各项数据梳理、分析和归类后，制定了统一的专门针对盐湖的数据标准规范体系。

2. 实现异构多源盐湖数据的整合

盐湖科学数据涉及地质、化学、化工等多个领域。从数据的获取方式来看，既有调查数据、观测数据、实验数据，也有文献、标本等实物数据；从数据类型来看，既有数值型数据、文本型描述数据、空间矢量数据、栅格数据，也有影像、图片、图形数据等；既有关系型数据集，也有空间类型数据集和文件类型数据集。以往数据的记录和存储格式、管理系统都各不相同。要将这些异构数据根据需求合理整合起来，必须解决异构系统之间的通信、语法异构和元数据标准不一致等问题，同时发掘科学数据之间的语义关联并进行语义编码，这样未来才能有效利用数据。未来主要考虑通过中间件构建和数据集成模式映射关系构建来实现数据整合。此外，还可以利用政策整合、经济整合、技术整合和合作整合等多手段实现盐湖科学数据整合。

3. 解决复杂多系统集成的数据调用、负载均衡和软件协同问题

构成数据中心数据层的多个主题数据库建设必须符合科学数据全生命周期的管理，包括从数据收集、整理、分析到数据可视化。首先，必须梳理清楚数据与数据、数据集与数据实体、不同主题数据库之间的关系，建立数据关系图谱，这是数据中心逻辑体系和数据管理集成体系设计的基础。未来可采用虚拟系统集成法、搜索引擎集成法、搜索代理集成法、元数据集成连接法等实现各数据库之间的数据互操作。其次，通过构建负载均衡机制和多层式混合架构，更有效地提高硬件的资源利用率。

盐湖资源环境科学数据库软件库包含数据库软件、地理信息系统软件、相平衡模拟计算及可视化软件等，这些软件的协同也是必须解决的问题。作者考虑充分利用各类语言编译器、图形并行调试器、图形并行性能分析器、调试优化工具和中间件的方式来整合各类软件。考虑盐湖数据安全和技术保密，尽量选用国产软件、开放源代码软件。该数据库可以搭载商用软件平台，根据具体需要进行二次开发等。

4. 解决数据质量控制、更新问题

以往的盐湖科学数据多源、异构且质量参差不齐，保证数据质量来保障数据库权威性是本数据库要解决的一个关键问题。除了尽量参照国际数据标准，对数据开展简单的标准化处理，如数据完整性的检查、数据格式与时空特性的统一规范等外，还考虑通过建立一套对数据可靠性的评价和判定方法的计算机软件系统，建立相应的数据评审机制等来确保入库数据的质量。同时，还引入数字签名机制和数据变化跟踪机制，保障数据的准确性和完整性。

数据更新一直是困扰科学数据库建设的难题之一。考虑建立网络数据资源抽取体系，通过建立数据采集存储和抽取软件，对科研文献、著作、手册发表和出版及网站数据进行采集、储存。此外，还可以利用访问式数据接口、加入数据网格等方式来动态共享外部数据。

9.1.2　盐湖科学数据库建设目标

建立一个以盐湖资源环境变化为主要对象的二次科考盐湖资源环境专题科学数据库，解决盐湖数据共享、传播、应用问题，并关注海量数据背后科学内涵的发掘等，以为实现海量数据驱动下的盐湖科学产出的目标提供支撑。

9.1.3　盐湖科学数据库建设内容

结合盐湖研究领域及行业目前的信息化建设现状、数据基础、平台环境、经费条件等具体因素，遵循统筹规划、逐步实施、分步持续建设的原则。主要研究内容如下。

1. 数据标准规范体系建设

对现有应用系统及数据进行调研、梳理和分析，结合总体规划，编制统一的数据标准规范体系和数据共享接口规范，编制相应的管理制度来支撑项目的运行与维护。

2. 基础地图

采用自然资源部发布的地形图数据为基础地图。作为叠加底图，有两种形式：地形图底图和影像底图，调用方式为在线调用。

3. 盐湖基础信息数据库

盐湖基本信息库内容为全国大于 $1km^2$ 盐湖的基本信息，包括所属辖区、湖区范围、湖面高程、平均水深、最大水深、湖水面积、水化学类型、开发状态等基本信息。

本次系统建库的数据包含三个时期的盐湖基本信息，即 20 世纪 70 年代调查的数据、2013 年调查的数据和第二次青藏科考（2020 年）数据，分别作为历史数据和现状数据。

盐湖边界数据主要通过相应时相的影像数据矢量化获取，关于柴达木盆地的干盐滩边界，利用影像数据提取不易，主要基于《1∶10 万柴达木盆地盐湖分布图》，将其扫描后矢量化提取。

其余历史属性数据主要来源于《中国盐湖志》等相关文献资料，经搜集整理入库。现状属性数据来源于本次盐湖实地调查采集的数据。

4. 盐湖资源数据库

盐湖资源数据库包含盐湖湖表水信息库、盐湖晶间潜卤水信息库、晶间承压卤水信

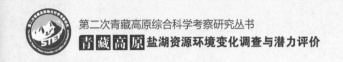

息库、盐湖固体沉积信息库、盐湖资源量信息库、盐类矿物衍射信息库及盐湖专题图形库。

5. 盐湖资源开发状况数据库

盐湖资源开发状况数据库包括盐湖开发利用现状数信息及盐湖资源开发工程数据。

6. 盐湖环境数据库

盐湖外围环境数据包含自然地理要素数据和社会环境数据。

7. 遥感影像数据库

存储盐湖区各种类型的遥感影像数据，主要有 MSS、TM/ETM 等遥感数据。随着数据的不断扩充，还可能包括 SPOT、QuickBird、ALOS 等遥感影像及我国高分遥感数据。影像数据包括原始的遥感影像，也包括根据实际需要进行校正、拼接等预处理的影像成果数据。

8. 多媒体库

主要指各盐湖区及盐湖开发利用相关的文本、图片、视频等数据。文本类数据有盐湖相关的标准规范、法律法规等内容，还存储野外考察获取的盐湖图片、360°全景照片、盐湖开发工程相关照片以及视频等资料。多媒体库的展示可使用户对盐湖资源与环境有更直观的认识。

9. 专题数据库

本数据库包含以下两个数据集。

（1）锂专题数据集：含中国及世界盐湖锂资源的资源量、赋存、时空分布、地球化学分布与分配特征，锂富集的形成过程与成矿条件分析、模拟，锂资源与其他资源的配置情况等；高效采矿—盐田工艺（自然能）—初级锂盐提取、制备、提纯—高纯锂盐、锂基材料—同位素分离全过程中的关键技术专利数据库；盐湖锂资源市场及锂相关产品的动态信息发布平台（最新价格、政策、趋势等）。

（2）盐湖动态监测数据集：利用多源数据融合技术，选择重点盐湖（如西台吉乃尔或察尔汗），实现对盐湖区湖表及晶间卤水水量、水位、水化学及盐田开发情况的实时监测信息的采集、建库、分析、预警与发布。

10. 盐湖科研数据库

本数据库主要包含盐湖溶液化学数据集。

盐湖溶液化学数据库：建设与盐湖开发密切相关的多元水盐体系相化学数据库，包括典型盐湖的多温溶解度数据，重点盐湖的超额自由能性质（水活度、渗透系数、活度系数）、热性质（稀释热、混合热、溶解热、热焓和热容）、体积性质和相平衡实验数据及实验相图；标准态热力学数据（标准生成自由能、标准生成熵和标准生成焓）等。

9.2　盐湖科学数据分类与规范化标准

目前，盐湖资源与环境科学数据存在数据比较分散、数据格式不规范等问题。对它们进行有机的组织，有效地存储、管理和检索应用，是一件十分重要的工作，它直接影响数据库乃至整个系统的应用效率。只有将所有的信息数据按一定的规律进行分类和编码，将其有序地存入计算机，才能对它们进行按类别存储、按类别和代码进行检索，以满足各种应用分析需求。

9.2.1　分类的原则

根据盐湖资源与环境信息的特征，参考已有研究成果和其他行业信息分类的原则，盐湖资源与环境信息的分类原则可概括为以下 4 条。

1. 科学性

科学性是森林资源信息分类首先应遵循的原则。科学性主要体现在森林资源信息的分类应适合现代计算机、地理信息系统和数据库技术对数据进行处理、管理和应用的需要，符合森林资源信息特征和计算机信息处理对软硬件技术的要求。

2. 兼容性

在信息分类过程中，应充分利用已有的分类体系中合理与实用的部分，如参照并沿袭统计部门的分类习惯，采用已颁布的国家、行业或地方的有关标准；参考正在研究和制定的国家、行业及地方相关标准的成果，求得最大限度的兼容和协调一致。如果由于技术因素不能直接应用原有标准，则应该制定出新旧标准之间的转换规则和方法，保证历史信息在新型技术体系中延续使用。

3. 可扩充性

信息的分类要有前瞻性，即在满足目前信息管理和交换需求的同时，为以后信息的扩充创造条件，以保证增加新的信息内容和属性时，不至于打乱已建立的分类体系。同时为下级信息管理系统在本分类体系的基础上进行延拓细化创造条件。一般利用设置收容类目和扩充位的方法解决。

4. 实用性

信息分类的目的是方便信息的管理和交换。因此，在讲求科学性原则的前提下，还要考虑它的实用性，要便于记忆、检索和维护。

9.2.2 盐湖数据信息分类

信息分类的基本方法最通常使用的有线分类法、面分类法和混合分类法。根据上述分类原则，本次数据分类采用混合分类法，即将线分类法（也称层级分类法）和面分类法结合起来进行分类。首先，按照线分类法划分出盐湖资源与环境的基本类别和大类。然后，在此基础上将大类中相同的数据实体进行归并，形成数据实体类，再用线分类法对实体类进行分类。不管是何种分类法，首先要选取分类的指标。

盐湖数据信息具体可以按数据来源、使用目的、数据特征等多种方式分类。考虑到盐湖资源与环境的数据特征，采用以数据特征为指标的分类方法较为适宜。按照这种分类方法，盐湖资源与环境信息可分为盐湖基础数据库、盐湖资源数据库、盐湖环境数据库、盐湖资源开发利用状况数据库、遥感影像数据库、多媒体数据库、专题数据库及盐湖科研数据库 8 个基本类别。在基本类别的基础上进一步对信息实体和实体的特征进行分类，形成二级分类、三级分类，见表 9.1。

表 9.1　盐湖数据信息分类

一级分类	二级分类	三级分类
盐湖基础数据库	盐湖基础数据	
盐湖资源数据库	湖表卤水信息	化学组成
		相化学数据
	晶间卤水信息	化学组成
		相化学数据
		水文地质信息
	固体盐类信息	
	资源量信息	
盐湖环境数据库	自然地理环境信息	气象要素
		水文要素
		地貌信息
		地质信息
		植被信息
	社会经济环境信息	能源生产总量及构成
		交通状况
		水资源及分配统计
		人口
		生产总值
		主要工业产品产量
		矿产资源情况
	动态监测信息	动态监测站点
		动态监测数据

续表

一级分类	二级分类	三级分类
盐湖资源开发利用状况数据库	开发利用现状信息	
	开发工程信息	盐田分布信息
		其他相关工程信息
遥感影像数据库	MSS、TM/ETM 影像	
	其他类型遥感影像	
多媒体数据库	图片	
	视频	
	文本	
专题数据库	锂专题数据集	锂矿资源
	锂专利数据集	锂来源
		锂正极材料
		锂回收
	红崖自然地理数据集	红崖沉积物岩性信息
		红崖沉积物粒度信息
		红崖植被调查信息
		红崖类火星样品信息
	火星类比数据集	火星类比点信息
盐湖科研数据库	溶液相化学数据集	

9.2.3　盐湖数据信息编码

1. 编码原则

（1）唯一性：虽然一个编码对象可能有不同的名称，也可按不同方式对其进行描述，但在一个分类编码标准中，每一个编码对象有且仅有一个代码，一个代码只唯一表示一个编码对象。

（2）合理性：代码结构要与分类体系相适应。

（3）可扩充性：必须留有适当的后备容量，以便适应不断扩充的需要。

（4）简单性：代码结构应尽量简单，长度应尽量短，以便节省机器存储空间和减少代码的差错率，同时提高机器处理的效率。

（5）实用性：代码尽可能反映编码对象的特点，有助于记忆，便于使用。

（6）规范性：代码的类型、结构以及编写格式统一。

2. 编码方法

盐湖数据信息按照其表示形式可分为非空间信息和空间信息。非空间信息编码方法以层次码为主题，每层中则采用顺序码。其中，层次码依据编码对象的分类层级将代码分成若干层级，并与分类对象的分类层次相对应；代码从左向右表示的层级由高到低，代码的左端为最高位层级代码，右端为最低层级代码；采用固定递增格式。顺序码采用递增的数字码。

3. 代码组成

代码表中的类目层次最多为三级，即一级类目、二级类目、三级类目。类目层次可根据发展需要增加。

类目代码采用阿拉伯数字表示。每层代码均采用两位的阿拉伯数字表示，即 01—99，一级类目代码由第一层代码组成，二级以上类目代码由上位类代码加本层代码组成。代码结构如图 9.1 所示。

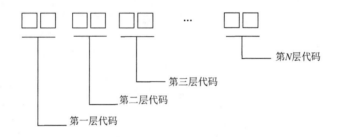

第N层代码

第三层代码

第二层代码

第一层代码

图 9.1　代码结构图

4. 类别及代码

盐湖资源与环境信息分类编码如表 9.2 所示。

表 9.2　盐湖资源与环境信息分类编码表

代码	一级类目	二级类目	三级类目
01	盐湖基础数据库		
02	盐湖资源数据库		
0201		湖表卤水信息	
020101			化学组成
020102			相化学数据
0202		晶间卤水信息	
020201			化学组成
020202			相化学数据
020203			水文地质信息
0203		固体盐类信息	
0204		资源量信息	

续表

代码	一级类目	二级类目	三级类目
03	盐湖环境数据库		
0301		自然地理环境信息	
030101			气象要素
030102			水文要素
030103			地貌信息
030104			地质信息
030105			植被信息
030106			土地利用类型信息
0302		社会经济环境信息	
030201			能源生产总量及构成
030202			交通状况
030203			水资源及分配统计
030204			人口
030205			生产总值
030206			主要工业产品产量
030207			矿产资源情况
0303		动态监测信息	
030301			动态监测站点
030302			动态监测数据
04	盐湖资源开发状况数据库		
0401		开发利用现状信息	
0402		开发工程信息	
040201			盐田分布信息
040202			其他相关工程信息
05	遥感影像数据库		
0501		MSS、TM/ETM 影像	
0502		其他类型遥感影像	
06	多媒体数据库		
0601		图片	
0602		视频	
0603		文本	

9.2.4　盐湖空间数据分类编码

　　盐湖空间信息主要包括盐湖空间分布图、盐湖气象插值图、盐湖地质地貌图等相关的空间图层数据。盐湖资源与环境空间信息分类编码执行国家标准《基础地理信息要素分类与代码》（GB/T 13923—2006），将基础地理信息分成以下 8 类内容进行组织编码。

1. 定位基础数据

定位基础数据包括平面控制点、高程控制点、卫星定位控制点和其他测量控制点的位置、属性、注记等测量控制点数据和内图廓线、坐标网线、经纬线等数学基础数据。

2. 水系数据

水系数据包括河流、沟渠、湖泊、水库、海洋要素、其他水系要素和水利及其附属设施的位置、属性。

3. 居民地及设施数据

居民地及设施数据包括居民地、工矿及其设施、农业及其设施、公共服务及其设施、名胜古迹、宗教设施、科学观测站和其他建筑物及其设施的位置和属性。

4. 交通数据

交通数据包括铁路、城际公路、城市道路、乡村道路、道路构造物及附属设施、水运设施、航道、空运设施和其他交通设施的位置及属性。

5. 管线数据

管线数据包括输电线、通信线、油（气、水）输送主管道和城市管线的位置及属性。

6. 境界与政区数据

境界与政区数据包括国界、未定国界、国内各级行政区划界线（省级行政区、地级行政区、县级行政区和乡级行政区）和其他区域界线（村界、特殊地区界和自然保护区界等）的位置和属性。

7. 地貌数据

地貌数据包括等高线、高程注记点、数字高程模型、水域等值线、水下注记点、自然地貌和人工地貌的位置及属性。

8. 植被与土质数据

植被数据包括天然和人工植被的位置和属性。土质数据包括沙地、戈壁、盐碱地、裸土地、荒漠和苔原的位置及属性。

9.2.5 盐湖名称编码标准规范

盐湖名称编码在《湖泊代码》（SL261—2017）的基础上，根据盐湖自身的特征形成编码规范，如图 9.2 所示。

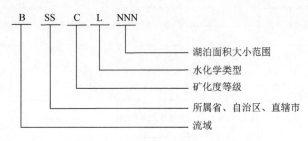

图 9.2　中国盐湖名称编码标准

B：一位字母代表流域。

SS：两位字母表示所属省、自治区、直辖市。

C：矿化度等级：

　　A. 高矿化度（矿化度 >250g/L）；

　　B. 中等矿化度（矿化度 150～250 g/L）；

　　C. 低矿化度（矿化度 50～150 g/L）；

　　D. 干盐湖。

L：水化学类型：

　　A. 氯化物型；

　　B. 碳酸盐型；

　　C. 硫酸镁亚型；

　　D. 硫酸钠亚型。

NNN：盐湖面积：

　　001～099. 面积 >1000km^2；

　　101～199. 面积 500～1000 km^2；

　　201～299. 面积 100～500 km^2；

　　301～499. 面积 10～100 km^2；

　　501～999. 面积 1～10 km^2。

9.2.6　盐湖元数据标准规范

1. 元数据结构

为了对盐湖元数据进行规范有效的描述，特制定本规范。本规范的制定参考了国家及相关行业标准规范文档。结合盐湖资源与环境数据现状，制定了元数据标准，其包含六部分内容，分别是元数据基本信息、标识信息、数据质量信息、参照系信息、内容信息、分发信息。图 9.3 描述了盐湖数据元数据的概念结构。每个元数据包包含一个或多个实体以及元数据元素。

图 9.3　盐湖数据元数据的概念结构

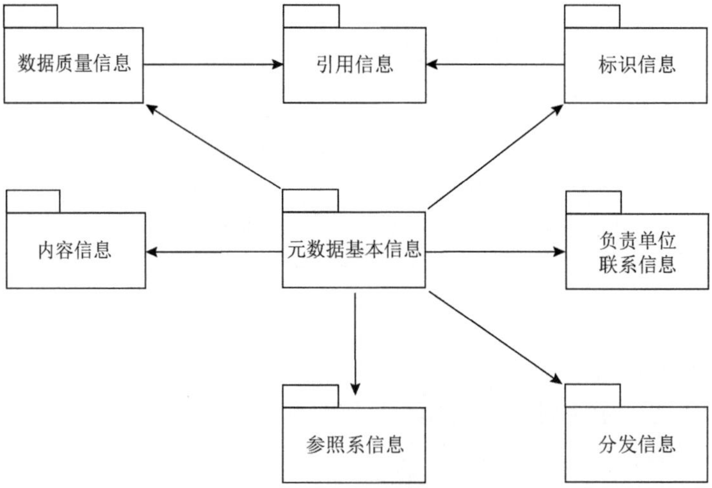

1）元数据基本信息

元数据基本信息是对空间数据元数据的说明。本项包含元数据的名称、语种、字符集、层级、联系单位、创建日期、标准名称以及标准版本的内容及相关信息。

2）标识信息

标识信息标明了空间数据所属的数据集的基本信息。本项包括数据集引用信息、摘要、目的、状况、联系单位、语种、字符集、关键字说明、浏览图、数据集限制、数据资源格式、数据维护、数据表示方式、空间分辨率、专题类型、覆盖范围以及影像标识的内容及相关信息。

3）数据质量信息

数据质量信息描述数据生产加工的过程，并标明生产结果的精度。本项包含数据范围、数据质量说明以及数据志说明的内容及相关信息。

4）参照系信息

参照系信息描述空间数据的坐标系、投影等参数。本项包含基于地理标识的空间参照系统和基于坐标的空间参照系统的内容和相关信息。

5）内容信息

内容信息描述空间数据的图层类型和属性表。本项包含图层名称、要素或实体类型、要素属性说明、栅格内容说明的内容及相关信息。

6）分发信息

分发信息描述对空间数据具有分发权限的部门的基本信息以及分发的数据传输格式。本项包含在线信息、分发格式以及分发方的内容及相关信息。

2. 元数据内容

盐湖科学数据元数据基本信息依据以表 9.3 内容编制。

表 9.3 盐湖数据元数据

元数据名称	元数据的名称			
元数据语种	元数据的语种			
元数据字符集	元数据的字符集			
元数据层级	元数据的层级			
元数据联系单位	负责人名称			元数据负责人姓名
	负责人单位名称			元数据负责人单位名称
	职务			元数据负责人的职务
	联系信息	详细地址		元数据联系单位的详细地址
		城市		元数据联系单位所在城市
		行政区		元数据联系单位所属行政区
		邮政编码		元数据联系单位邮政编码
		国家		元数据联系单位所属国家
		电子邮件地址		元数据联系单位邮箱
		网址		元数据联系单位的网址
		电话		元数据联系单位的电话
		传真		元数据联系单位的传真
	职责			元数据联系单位的职责
元数据创建日期	元数据创建的日期，××××年××月××日			
元数据标准名称	元数据的标准名称			
元数据标准版本	元数据的标准版本			
标识信息	引用	名称		数据名称
		日期	日期	数据创建日期
			日期类型	日期类型
		版本		引用版本
	摘要			数据的摘要
	目的			数据的目的
	状况			数据的现状
	联系单位	负责人名称		数据负责人姓名
		负责人单位名称		数据负责人单位名称
		职务		数据负责人职务

续表

标识信息	联系单位	联系信息		详细地址	数据联系单位详细地址
				城市	数据联系单位所属城市
				行政区	数据联系单位所属行政区
				邮政编码	数据联系单位的邮政编码
				国家	数据联系单位所属国家
				电子邮件地址	数据联系单位的邮箱
				网址	数据联系单位的网址
				电话	数据联系单位的电话
				传真	数据联系单位的传真
		职责			数据联系单位的职责
	语种				数据的语种
	字符集				数据的字符集
	关键字说明				数据的关键字
	浏览图				数据的浏览图
	数据集限制	用途限制			数据用途限制
		访问限制			数据访问权限
		使用限制			版权、专利、商标、许可证等
		安全限制分级			未分级、内部、秘密、机密、绝密
	数据资源格式	格式名称			数据格式
		格式版本			数据版本
	数据维护	维护和更新频率			连续、按日、按周等
		更新范围说明			数据更新范围说明
		联系单位	负责人名称		数据维护负责人姓名
			负责单位名称		数据维护负责人单位
			职务		数据维护负责人职务
			联系信息	详细地址	数据维护联系单位信息地址
				城市	数据维护联系单位所属城市
				行政区	数据维护联系单位所属行政区
				邮政编码	数据维护联系单位邮政编码
				国家	数据维护联系单位所属国家
				电子邮件地址	数据维护联系单位邮箱

续表

数据维护	联系单位	联系信息	网址	数据维护联系单位的网址
			电话	数据维护联系单位的电话
			传真	数据维护联系单位的传真
		职责		数据维护联系单位的职责
数据表示方式				数据的表达方式
空间分辨率		等效比例分母		数据比例尺
		采样间隔		数据采样间隔时间
专题类型				数据专题类型
标识信息	覆盖范围	地理覆盖范围	地理边界矩形	西边维度	数据西边维度
				东边维度	数据东边维度
				南边维度	数据南边维度
				北边维度	数据北边维度
			地理区域描述	地理标识符	数据地理标识符
		时间覆盖范围	起始时间	数据采集开始时间
			终止时间	数据采集终止时间
		垂向覆盖范围	最大值	数据垂直向最大值
			最小值	数据垂直向最小值
			度量单位	数据垂向度量单位
	影像标识	卫星		数据卫星名称
		传感器		数据传感器名称
		时间标识		数据的采集时间
		轨道编号		数据的轨道编号
数据质量信息	数据范围			数据的时间和空间范围
	数据质量说明			数据来源于精度说明
	数据志说明			数据处理历史说明
参照系信息	基于地理标识的空间参照系统	名称		数据基于地理标识的空间坐标系名称
	基于坐标的空间参照系统	水平坐标系定义	坐标参照系名称	1954年北京坐标系等
			坐标系类型	笛卡儿坐标系等
			坐标系名称	
			投影参数	椭球体参数等
		垂直坐标系定义	垂向坐标参照系统名称	1956年黄海高程基准等

内容信息	图层名称			数据所属图层名称
	要素或实体类型			数据是点要素等
	要素属性说明			数据的字段信息等
	栅格内容说明			栅格数据概述
分发信息	在线信息	链接地址		数据在线网址
	分发格式	名称		数据名称
		版本		版本号
	分发方	联系单位	负责人名称	分发方负责人姓名
			负责单位名称	分发方负责单位名称
			职务	分发方负责人职务
			联系信息 详细地址	分发方单位地址
			城市	分发方单位所属城市
			行政区	分发方单位所属行政区
			邮政编码	分发方单位邮政编码
			国家	分发方单位所属国家
			电子邮件地址	分发方单位邮箱
			网址	分发方单位网址
			电话	分发方单位电话
			传真	分发方单位传真
		职责		分发方单位职责
		分发订购程序		数据分发订购的途径

9.3 数据库总体架构与设计

9.3.1 数据库总体架构

综合监测和预警体系的整体架构设计如下。

1. 支撑层设计

（1）室外硬件：补给水流域的监测站网布局设计、遥感监测、视频监控、数据信息传输方式选型等。

（2）室内硬件设备及配套软件系统。包括系统服务器、GIS 软件、遥感影像处理系统、与监测站网对应的数据接收处理系统的设计。

（3）网络基础平台。包括网络服务器以及所需的网络通信技术、网络环境设计等。

2. 数据层设计

数据层是整个盐湖资源环境科学数据库的资源中心，除了基础盐湖数据库系统（包括基础地图、盐湖空间图形库、遥感影像库、多媒体库、元数据库等）外，本书将既统一又相互独立的盐湖监测系统（图9.4）分为四个部分：自然环境监测子系统、盐湖区资源特征监测子系统、盐湖产业子系统、社会经济统计子系统。各系统在独立完成自己领域数据收集时进行严格的数据质量检查、保证数据质量，同时实现各子系统数据层与中心管理层和预警层之间的数据调用，这就要求数据标准的统一与数据管理规范的建立。由中枢部门负责对数据进行整合处理、数据评价、统计分析、成果发布等工作。

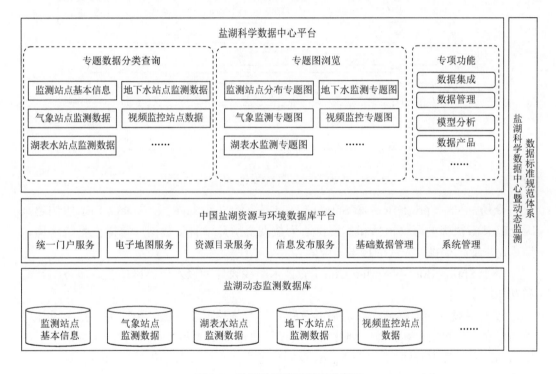

图 9.4 盐湖数据库系统总体架构

3. 平台服务层设计

平台服务层主要包括 GIS 功能服务、监测预警功能服务及其他数据服务内容。GIS 功能服务包括数据库服务、综合查询统计服务、空间分析服务及制图与输出服务；监测预警功能服务通过收集的数据实时监测盐湖资源动态变化，并基于预测模型来对可能发生的灾害事件或者不利于盐湖资源综合利用与产业可持续发展的因素进行预警。此外，平台层还提供网络共享服务、扩展功能等。

4. 技术路线设计

在盐湖资源环境科学数据库基础之上开展设计、扩展与研发，盐湖资源环境科学数据库开发平台基于当前 Java EE 的主流技术构建。结合近年来微服务框架的发展、成熟与稳定，盐湖资源环境科学数据库技术路线改进升级为 Java EE 微服务技术路线（图 9.5）。

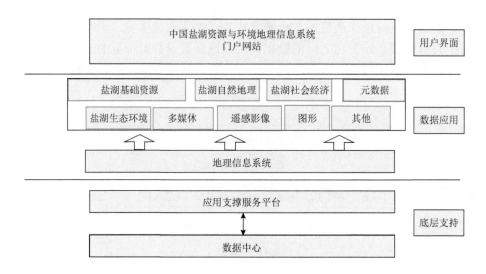

图 9.5 盐湖资源环境科学数据库技术路线图

众所周知，Spring Boot 和 Spring Cloud 基于企业级 Java 版本（Java EE）所构建，因此其具备很强的可移植性和扩展性，为盐湖资源环境科学数据库跨操作系统迁移、满足需求变化提供了先天的技术基因能力。

基于 Spring Boot 和 Spring Cloud 的技术路线设计为接入层、服务层、服务治理层和存储层。

接入层设计为电脑端、移动端以及所有访问终端直接提供各类服务，技术设计要求高可靠、高可用、高性能，因此接入层设计通过 SLB 机制、CDN 机制负载均衡前端压力到反向代理中间件，再通过 Nginx 反向代理中间件进行服务代理、应用请求的分解、路由和转换到服务层。

服务层设计主要由 Spring Boot、Spring Cloud 提供服务的高可靠、高可用以及故障熔断机制处理，首先由 API 网关接收接入层发来的服务请求，然后根据服务授权、服务路由和服务负载均衡到各个微服务处理请求。服务层还通过微服务机制与第三方服务进行集成和调用。

服务治理层通过统一的服务配置中心、服务注册中心、服务管理中心、服务故障监控中心实时监控微服务的运行性能、效率、故障情况，以及动态调整微服务的资源环境，及时调整和响应系统的压力。

存储层设计接入关系型数据库、NoSQL 数据库、缓存数据库及消息队伍等来实现系统的数据存储需要和需求。

盐湖资源环境科学数据库技术支撑环境设计如下：

(1) 操作系统：Oracle Linux 6.x 及以上版本。

(2) 数据库：运行于 Oracle 11gR2 版本。

(3) GIS 中间件：ArcGIS Server 10 以上版本。

(4) Web 中间件：Tomcat 8.5.x 及以上版本。

(5) 缓存中间件：Redis 3.x 及以上版本。

(6) 反向代理：Nginx 1.3.x 及以上版本。

(7) 开发语言：Java 1.8 以上版本。

5. 部署架构设计

盐湖资源环境科学数据库部署在中国科学院青海盐湖研究所（简称青海盐湖研究所）机房中，机房提供可靠、安全、稳定、高速的运行环境。

根据盐湖资源环境科学数据库总体设计以及服务对象的需要，结合机房网络拓扑结构（图 9.6）进行服务器网络部署拓扑设计，如图 9.7 所示。

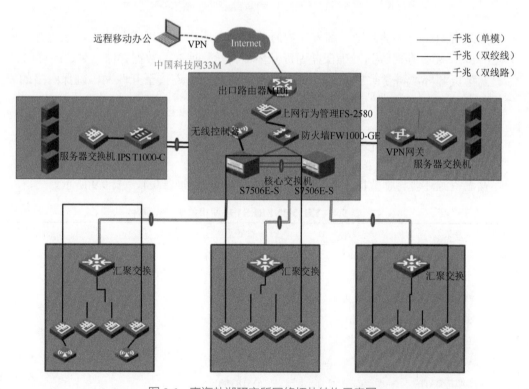

图 9.6　青海盐湖研究所网络拓扑结构示意图

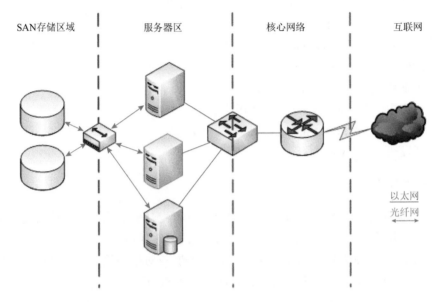

图 9.7　盐湖资源环境科学数据库服务器网络部署拓扑图

　　盐湖资源环境科学数据库部署在青海盐湖研究所机房专用服务器区，通过光纤网络连接 SAN 磁盘存储阵列，确保盐湖资源环境科学数据库的数据存储可靠、高可用。

　　盐湖资源环境科学数据库通过机房的核心交换网络连接至互联网，确保网络的安全、高速。

9.3.2　数据建库设计

　　盐湖资源环境科学数据库涉及的部分数据库结构表如表 9.4～表 9.9 所示。

表 9.4　YH_MINERES [盐湖相关矿产资源]

#	字段	名称	数据类型	主键	非空	默认值	外键引用
1	ID	ID	VARCHAR(32)	√	√	sys_guid()	
2	BSM	标识码	VARCHAR(32)				
3	REVISION	乐观锁	INT				
4	CREATE_BY	创建人	VARCHAR(32)				
5	CREATE_DATE	创建时间	DATETIME				
6	UPDATE_BY	更新人	VARCHAR(32)				
7	UPDATE_DATE	更新时间	DATETIME				
8	ZYLX	资源类型	VARCHAR(32)				
9	ZYMC	资源名称	VARCHAR(1024)				
10	ZYGM	资源规模	VARCHAR(128)				

续表

#	字段	名称	数据类型	主键	非空	默认值	外键引用
11	ZYLB	资源类别	VARCHAR(128)				
12	ZYZY	主要资源	VARCHAR(1024)				
13	GBM	国别名	VARCHAR(128)				
14	ZBM	州别名	VARCHAR(128)				
15	ZYLONG	经度	DECIMAL(32,10)				
16	ZYLAT	纬度	DECIMAL(32,10)				

表 9.5　YH_ISLPATENTINFO [盐湖专利数据表]

#	字段	名称	数据类型	主键	非空	默认值	外键引用
1	ID	ID	VARCHAR(32)	√	√	sys_guid()	
2	REVISION	乐观锁	INT				
3	CREATE_BY	创建人	VARCHAR(32)				
4	CREATE_DATE	创建时间	DATETIME				
5	UPDATE_BY	更新人	VARCHAR(32)				
6	UPDATE_DATE	更新时间	DATETIME				
7	BSM	标识码	VARCHAR(32)				
8	ZYLX	资源类型	VARCHAR(32)				
9	ZYLX1	资源类型 1	VARCHAR(32)				
10	ZYLX2	资源类型 2	VARCHAR(32)				
11	XFILENAME	XLS 文件名	VARCHAR(1024)				
12	XSHEETNAME	XLS 标签名	VARCHAR(1024)				
13	KKM	公开 (公告) 号	VARCHAR(1024)				
14	SQM	申请号	VARCHAR(1024)				
15	ZLLX	专利类型	VARCHAR(1024)				
16	BTMC	标题	VARCHAR(1024)				
17	ZYNY	摘要	TEXT				
18	SLJ	受理局	VARCHAR(1024)				
19	SQRQ	申请日	VARCHAR(128)				
20	GKRQ	公开 (公告) 日	VARCHAR(128)				
21	AURQ	授权日	VARCHAR(128)				
22	IPCDM	IPC 分类号	TEXT				
23	UPCDM	UPC 分类号	TEXT				
24	JDTZ	简单同族	TEXT				
25	JDTZSL	简单同族成员数量	VARCHAR(1024)				

续表

#	字段	名称	数据类型	主键	非空	默认值	外键引用
26	YXQGB	优先权国家	TEXT				
27	YXQDM	优先权号	TEXT				
28	YXQRQ	优先权日	VARCHAR(3072)				
29	DQSQR	当前申请(专利权)人	TEXT				
30	YSSQR	原始申请(专利权)人	TEXT				
31	FMR	发明人	TEXT				
32	FMRSL	发明人数量	VARCHAR(1024)				
33	DLJG	代理机构	VARCHAR(1024)				
34	SQRDZ	当前申请(专利权)人地址	TEXT				
35	JDFLZT	简单法律状态	VARCHAR(1024)				
36	FLZT	法律状态/事件	VARCHAR(1024)				
37	IPFLZT	INPADOC 法律状态	TEXT				
38	XKR	许可人	VARCHAR(1024)				
39	BXKR	被许可人	VARCHAR(1024)				
40	XKLX	许可类型	VARCHAR(128)				
41	ZYR	质押人	VARCHAR(1024)				
42	ZQR	质权人	TEXT				
43	SSAJSL	诉讼案件数	VARCHAR(128)				

表 9.6 YH_MONSTATION [盐湖动态监测站点]

#	字段	名称	数据类型	主键	非空	默认值	外键引用
1	ID	ID	VARCHAR(32)	√	√	sys_guid()	
2	BSM	标识码	VARCHAR(32)				
3	REVISION	乐观锁	INT				
4	CREATE_BY	创建人	VARCHAR(32)				
5	CREATE_DATE	创建时间	DATETIME				
6	UPDATE_BY	更新人	VARCHAR(32)				
7	UPDATE_DATE	更新时间	DATETIME				
8	ZDDM	站点代码	VARCHAR(32)				
9	ZDBH	站点编号	VARCHAR(128)				
10	ZDMC	站点名称	VARCHAR(1024)				
11	ZDLB	站点类别	VARCHAR(128)				
12	ZDKH	站点孔号	VARCHAR(1024)				
13	ZDZT	站点状态	VARCHAR(32)				

续表

#	字段	名称	数据类型	主键	非空	默认值	外键引用
14	ZDLONGS	站点经度	VARCHAR(128)				
15	ZDLATS	站点纬度	VARCHAR(128)				
16	ZDLONG	经度值	DECIMAL(32,10)				
17	ZDLAT	纬度值	DECIMAL(32,10)				
18	BZ	备注	VARCHAR(1024)				

表 9.7　YH_MSAMPLEINFO [盐湖动态监测信息]

#	字段	名称	数据类型	主键	非空	默认值	外键引用
1	ID	ID	VARCHAR(32)	√	√	sys_guid()	
2	FID	监测站点 ID	VARCHAR(32)				
3	BSM	标识码	VARCHAR(32)				
4	REVISION	乐观锁	INT				
5	CREATE_BY	创建人	VARCHAR(32)				
6	CREATE_DATE	创建时间	DATETIME				
7	UPDATE_BY	更新人	VARCHAR(32)				
8	UPDATE_DATE	更新时间	DATETIME				
9	ZDDM	站点代码	VARCHAR(32)				
10	ZDBH	站点编号	VARCHAR(128)				
11	ZDMC	站点名称	VARCHAR(1024)				
12	ZDLB	站点类别	VARCHAR(128)				
13	CYDATE	采样时间	DATETIME				
14	CYMS	埋深	DECIMAL(32,10)				
15	CYSW	水温 / 气温	DECIMAL(32,10)				
16	CYBG	标高	DECIMAL(32,10)				
17	CYDY	电压	DECIMAL(32,10)				
18	CYSD	水位 / 湿度	DECIMAL(32,10)				
19	CYLD	露点	DECIMAL(32,10)				
20	CYFX	风向	DECIMAL(32,10)				
21	CYFS	风速	DECIMAL(32,10)				
22	CYJY	降雨	DECIMAL(32,10)				
23	CYQY	气压	DECIMAL(32,10)				
24	CYZJFS	直接辐射	DECIMAL(32,10)				
25	CYZF	蒸发	DECIMAL(32,10)				
26	CYZWFS	紫外辐射	DECIMAL(32,10)				

表 9.8 YH_SPCECInfo [溶液相化学元素化合物信息]

#	字段	名称	数据类型	主键	非空	默认值	外键引用
1	ID	ID	VARCHAR(32)	√	√	sys_guid()	
2	BSM	标识码	VARCHAR(32)				
3	YSCMC	元素中文名	VARCHAR(128)				
4	YSFH	元素符号	VARCHAR(128)				
5	WHCMC	化合物中文名	VARCHAR(128)				
6	WHFH	化合物符号	VARCHAR(128)				
7	WLZT	物理状态	VARCHAR(128)				
8	WD	温度	VARCHAR(128)				
9	BZ	备注	VARCHAR(512)				
10	REVISION	乐观锁	INT				
11	CREATE_BY	创建人	VARCHAR(32)				
12	CREATE_DATE	创建时间	DATETIME				
13	UPDATE_BY	更新人	VARCHAR(32)				
14	UPDATE_DATE	更新时间	DATETIME				

表 9.9 YH_SPCECParams [溶液相化学元素化合物参数值信息]

#	字段	名称	数据类型	主键	非空	默认值	外键引用
1	ID	ID	VARCHAR(32)	√	√	sys_guid()	
2	FID	元素化合物 ID	VARCHAR(32)				
3	PARAMNAME	参数名	VARCHAR(128)				
4	PARAMTYPE	参数分类	VARCHAR(32)				
5	PARAMVALUE	参数值	VARCHAR(128)				
6	REVISION	乐观锁	INT				
7	CREATE_BY	创建人	VARCHAR(32)				
8	CREATE_DATE	创建时间	DATETIME				
9	UPDATE_BY	更新人	VARCHAR(32)				
10	UPDATE_DATE	更新时间	DATETIME				

9.3.3 功能性设计

根据总体设计,盐湖资源环境科学数据库包括数据集成和数据管理两大核心功能。

1. 数据集成

通过数据转换抽取集成技术(ETL:Extract-Transform-Load)建立盐湖资源环境科学数据库数据集成和动态监测机制,实现系统后台自动进行数据的提取、转换、加载及清洗入库。

数据集成包括如下数据集内容：①动态监测站点和动态监测数据；②锂资源矿数据；③锂专利数据；④盐湖科研数据。

其中，动态监测站点的监测数据属于短期、高频率的采集数据，其他信息则属于中长期监测数据。因此，根据数据监测的周期频率，配置数据集成的周期频率，从而实现数据的时效性和现势性。

2. 数据管理

1) 信息录入功能

盐湖资源环境科学数据库专家及授权用户可以对数据进行录入。信息录入功能支持：①表单录入功能。用户单击每项数据的添加功能，可以根据系统设计好的数据表单逐项录入信息。②文件导入功能（.xls）。用户可以根据已提供的数据导入模板，对同一类数据进行批量导入。

2) 信息查询功能

信息查询功能提供社会公众查询、浏览盐湖科学数据基本信息的功能，授权用户可以分级查询信息或是下载相关数据。本模块主要提供基于关键字检索的分类信息查询服务，包括：①关键字查询。提供各类信息基于关键字的模糊检索、查询功能，查询结果分布显示。默认社会公众查询时，只显示基本信息。②权限控制功能。授权用户登录系统后，根据用户的权限，可以分级查询、查阅更全的字段信息。根据权限可以查阅全部字段或是部分字段。③下载功能。根据平台设置及授权，用户方可下载相关数据信息。

3) 数据维护功能

盐湖资源环境科学数据库分类提供各类数据相应的专用维护功能。维护功能包括：①各类数据的新增、修改、删除数据项。根据数据内容分别研发相关数据的新增、修改、删除表单页面。②各类数据的字典表信息更新维护。提供各类数据的公共字典表信息更新维护功能。③系统参数的设置更新与维护。提供平台的参数更新维护功能。④用户权限的设置更新与维护。提供用户数据权限设置与更新维护功能。

4) 模型分析功能

盐湖资源环境科学数据库基于地理信息系统技术及服务引擎，提供基于空间的模型分析功能，主要包括：①测站网布局科学选址分析；②水文预警模型与淹没预警模型分析。

9.3.4　非功能性设计

1. 用户 UI 设计

1) UI 设计原则

(1) 布局简洁。界面简洁是为了方便用户使用，并减少用户发生错误选择的可能性。

（2）重点突出。将界面中重要信息通过字体大小、颜色、摆放位置等手段加以突出，便于用户第一时间看到，同样使得界面信息层次分明。

（3）操作便利。是每一个优秀界面都具备的特点。界面的结构必须清晰且一致。用户可通过已掌握的知识来使用界面，但不应超出一般常识。

（4）视觉美观。界面设计应给人以清新愉悦的使用感受，在视觉效果上便于理解和使用。想用户所想，做用户所做。使用户能按照他们自己的方法理解和使用。

（5）以人为本。考虑系统使用人员的实际需求进行界面设计，以人为本，从系统操作人员的角度设计，便于操作者轻松使用。

（6）用户语言。界面中要使用能反映用户本身的语言，而不是界面设计者的语言。

（7）记忆负担最小化。人脑不是电脑，在设计界面时必须要考虑人脑处理信息的限度。人类的短期记忆极不稳定、有限，24 小时内存在 25% 的遗忘率。所以对用户来说，浏览信息要比记忆更容易。

2）UI 设计约束

（1）基于主流浏览器，包括 IE、FireFox、Chrome 及 360 浏览器。

（2）面向 IE 9.0 及以上。

（3）支持分辨率 1024 像素 ×768 像素以上。

2. 样式和颜色设计

1）应用系统界面样式和颜色设计

（1）应用系统界面设计原则。

a. 主题明确。分析应用系统实际需求，并从中获取需求方想要表达的主题和需要重点突出的点。再针对性地对标题对象进行诉求，形象鲜明地展示所要表达的内容。

b. 与整个页面相协调。确定表达的主题之后，要在 banner 实际放置的环境中展开后续的设计工作。色彩搭配要明亮干净，与整个页面相协调。不能为了使 banner 更加吸引眼球而大面积使用一些浓重的颜色（特殊需求除外）。

c. 顺应用户的使用习惯。大多数用户在进行操作的时候都是从上到下、从左到右地进行。为了使 banner 更容易被用户浏览，应该顺应用户这样的浏览习惯。

d. 颜色设计以蓝、白色为基调，以清新简洁为原则。

（2）显示层页面样式设计。界面框架基本参数如下：顶层依次包含系统 logo、应用列表栏以及各应用所包含的模块列表栏。行设置为 rows=80,*；下层的列设置为 cols=160,10,*；界面框架支持 1024 像素 ×768 像素分辨率和 1280 像素 ×1024 像素分辨率，能够自动伸缩在全屏幕方式进行显示。

a. html 内 table 使用百分比的方式设置宽度，而不使用像素值，以保证整个界面随窗口大小和分辨率高低进行自动调整。

b. 使用外部 JavaScript 和 CSS，即 JavaScript 和 CSS 放在外部文件中，形成独立的库文件以供调用。

c. 将 CSS 样式表置于页面文件顶部，即放入 <head/> 内。

d. 页面文件中的 JavaScript 的函数名称不要和系统函数重名，可以在函数名前加下划线，如 _showMenu（）。

e. 把 JavaScript 自定义脚本置于页面文件底部。

f. 对页面文件使用到的图片进行优化处理，图片尺寸要求符合常规性网页设计标准，并尽量保障首页面信息存储量不超过 150KB，其他页面信息存储量不超过 70KB。

2）皮肤样式设计

色彩值：

type="text" 输入文本框的背景色：#F8FBFF

type="button" 按钮的背景色之一：#FFFFFF

type="button" 按钮的背景色之二：#EEF5FD

频道背景色：#E5F1FF

导航栏文字颜色之一不可用状态：#CCCCCC

导航栏文字颜色之一可用状态：#08477C

对话框背景色：#E2F2FF

菜单组背景颜色之一活动状态：#E3F1FE

菜单组背景颜色之一非活动状态：#2A72B4

菜单背景颜色之一活动状态：#65AAF8

菜单栏背景颜色：#EFF7FF

标签页文字颜色之一非活动状态：#666666

标签页文字颜色之二活动状态：#083772

标签页背景颜色之一非活动状态：#C4CDD7

按钮文字颜色之一不可用状态：#808080

按钮文字颜色之二可用状态：#146FC0

向导步骤文字颜色之一：#5E809B

向导步骤文字颜色之二：#947001

表格中文字的颜色之一：#146FC0

表格背景颜色之一：#FFFFFF

表格中的文字颜色之二选中行：#FFFFFF--------------

表格背景颜色之二选中行：#69B0EE--------------------

表格中的文字颜色之三移动鼠标：#69B0EE ---------

表格背景颜色之三移动鼠标：#F5F5F5 -----------------

表格背景颜色之四表头：#E0F0FF ----------------------

表格文字颜色之四表头：#1864AC ---------------------

Select 控件背景色：#F8FBFF -------------------------

各帧的背景色均为白色 -#FFFFFF---------------------

字体参考值：

type="text"的文本框输入，字体大小为9pt，宋体 Arial

select 标志的选项，字体大小为9pt，宋体 Arial

type="button"按钮字体大小为9pt，宋体 Arial

type="radio"按钮字体大小为9pt，宋体 Arial

type="checkbox"按钮字体大小为9pt，宋体 Arial

3）性能指标

综合业务基于软硬件运行环境，用户在局域网访问，具体性能需求指标如表9.10所示。

表9.10　性能需求指标表

功能名称	性能要求
并发数	支持 100 次 /s 并发
页面加载	页面加载时间 < 5s
资源目录树加载	目录树加载时间 < 5s
数据列表加载	数据列表加载时间 < 5s
录入数据检查提醒	录入数据检查提醒时间 < 2s
数据查询	简单查询处理时间 < 5s；复杂查询处理时间 <15s
数据统计	简单统计处理时间 < 5s；复杂统计处理时间 <15s
数据上载 / 下载	1M 及以下文件上载 / 下载时间 <20s；10M 及以下文件上载 / 下载时间 <5min
数据汇总	简单汇总处理时间 <30s；复杂汇总处理时间 <10min

3. 系统高可用设计

1）应用服务器高可用

应用服务器采用互为备灾机制；不使用虚拟 IP 方式，采用在 Web 服务器中通过转发配置来实现主备应用服务器的高可用。主备应用服务器之间不做负载均衡，不做 Session 复制。在主备应用服务器均不可用时，整个系统手动切换到副灾备系统。数据灾备系统如图 9.8 所示。

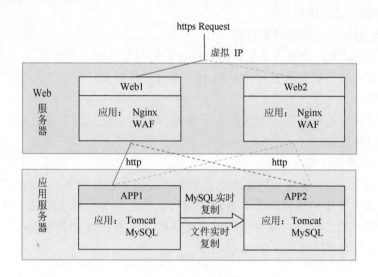

图 9.8　数据灾备系统

2）数据库服务器高可用

主备灾数据库服务器通过主从定时复制的方式进行数据同步。结构如图 9.9 所示。

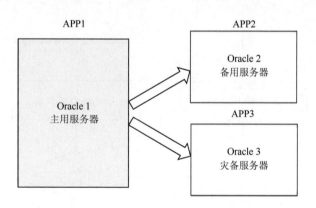

图 9.9　数据库同步方式

数据库同步分为两步：

（1）数据库主备服务器的同步。APP1 作为 Master，APP2 作为 Slave，两台服务器之间进行同步。

（2）数据库与灾备服务器之间的同步。APP1 作为 Master，APP3 作为 Slave，两台服务器之间进行同步。

服务器切换时，可能存在少量数据丢失，后台系统不做任何额外处理。这种情况下，终端用户 Session 会断开，终端用户重新登录后，重新操作。

4. 出错处理设计

1）错误处理设计原则

（1）尽早对异常进行捕获并处理。

（2）对不同异常分类进行捕获，尽量针对不同异常进行不同处理。

（3）对本模块不能处理的异常，向上层模块代码抛出，使异常尽可能得到处理，避免异常被忽略。

（4）定义异常处理框架，实现统一异常处理机制，使系统中的可预见可处理异常得到统一管理和处理。

2）错误处理设计方法

（1）页面校验。在前端 HTML/JSP 页面处理逻辑中，使用 JavaScript 脚本语言对用户将要提交到服务端的数据按照业务规则进行校验，如果校验不通过，则弹出错误提示框向用户提示错误信息。这样可防止不正确的数据被提交到服务端，在客户端就对可能的异常进行处理，如图 9.10 所示。

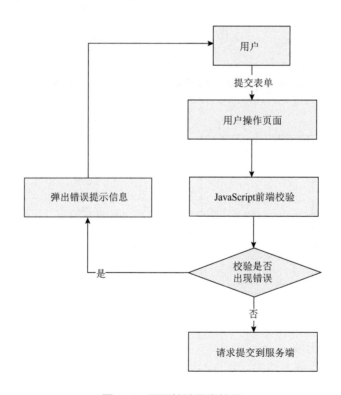

图 9.10　页面校验异常处理

（2）服务端异常处理方法。在服务端异常处理方法分两类：定时任务（后台线程）调用的业务功能单元异常处理和 http 请求服务功能单元异常处理。

定时任务（后台线程）调用的业务功能单元异常处理：定时任务（后台线程）调用业务功能单元，执行业务功能单元产生的异常，如果该异常是可处理的异常，业务功能单元对该异常进行捕获，并对异常进行处理。业务功能单元在异常处理代码中，调用异常处理单元提供的异常处理方法对异常进行处理。如果该异常是不可处理的异常或异常处理失败，则业务功能单元需将异常抛出，由定时任务（后台线程）对异常进行捕获，调用者对异常处理单元进行异常处理，如图 9.11 所示。

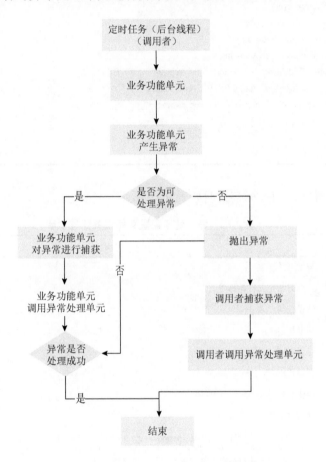

图 9.11　服务端后台程序异常处理流程

3）系统异常处理机制

页面校验异常处理方法是减少服务端程序出错的一道屏障，但并非主要的，下面重点对服务端程序的异常处理机制进行介绍。

对系统中各类可预知可处理的异常在异常处理配置文件中进行统一定义，然后提供统一的异常处理功能单元，当各业务模块在捕获到异常，需要对异常进行处理时，进行统一调用。异常处理单元主要是根据异常编码和异常类到异常处理配置文件中获得相关异常处理信息，进行异常处理，并将异常处理结果返回给业务功能模块。

异常处理配置文件格式定义如表 9.11 所示。

表 9.11　异常处理配置文件格式定义

```
<?xml version="1.0" encoding="UTF-8"?>
<!DOCTYPE exceptions SYSTEM "dtd/exceptions.dtd">
<exceptions>
<exception>
<error-code>error-code</error-code>
<error-desc>error-desc</error-desc>
<error-level>error-level</error-level>
<moudle-code>moudle-code</moudle-code>
<module-name>module-name</module-name>
<exception-class>exception-class</exception-class>
<exception-handler class="" delay="0" period="0" repeat-times="0" />
<before-handler class="" delay="0" period="0" repeat-times="0" />
<after-handler class="" delay="0" period="0" repeat-times="0" />
<forward url="" />
</exception>
</exceptions>
```

异常处理配置文件相关标签说明如表 9.12 所示。

表 9.12　异常处理配置文件相关标签说明

标签名	说明
<exceptions>	异常开始标签
<exception>	一个异常定义开始标签
<error-code>	错误代码
<error-desc>	错误描述
<error-level>	错误级别
<moudle-code>	模块代码
<module-name>	模块名称
<exception-class/>	异常定义类
<exception-handler/>	异常处理，包括 class、delay、period、repeat-times 四个属性：class 表示异常处理类;delay 表示延迟多久执行异常处理类;period 表示隔多久重复执行一次异常处理类；repeat-times 表示如果异常处理类执行失败，重复执行异常处理类的次数
<before-handler/>	在异常处理之前执行的处理，包括 class、delay、period、repeat-times 四个属性：class 表示异常处理类;delay 表示延迟多久执行异常处理类;period 表示隔多久重复执行一次异常处理类；repeat-times 表示如果异常处理类执行失败，重复执行异常处理类的次数
<after-handler/>	在异常处理之后执行的处理，包括 class、delay、period、repeat-times 四个属性：class 表示异常处理类;delay 表示延迟多久执行异常处理类;period 表示隔多久重复执行一次异常处理类；repeat-times 表示如果异常处理类执行失败时，重复执行异常处理类的次数
<forward/>	跳转页面配置，包含 url 属性，即出现异常时，跳转到的异常页面
<exception/>	一个异常定义结束标签
</exceptions>	异常结束标签

　　各业务功能模块运行时一旦发生异常或错误，会对异常进行捕获，并对可处理的异常进行调用异常处理功能单元进行处理，如果异常处理功能单元处理异常成功，则业务功能模块正常结束。如果异常处理功能单元处理不成功，则需要将异常对外抛出，并根据业务功能模块的调用者类别，如果类别为用户，则将错误、异常信息显示到页面，以提示用户。

　　因此，对于异常处理功能单元没能成功处理的异常，需要系统运维管理用户对这类异常信息进行关注和干预，并进行相关处理。系统运维管理用户可以利用异常监控功能单元了解共享服务系统发生异常的信息，具体流程如图 9.12 所示。

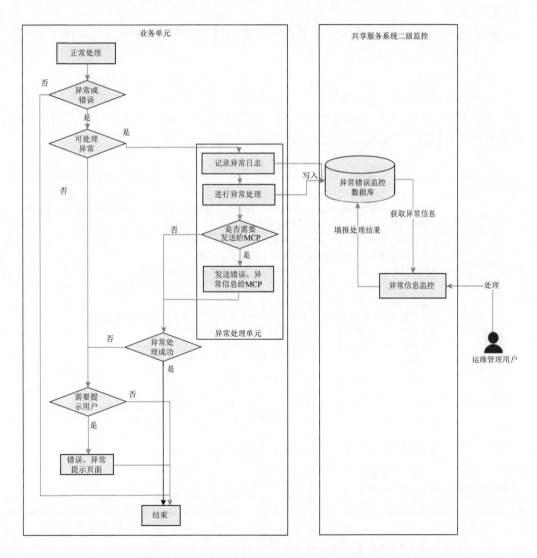

图 9.12　系统异常处理机制图 "Administrator" 设置的 "Unmarked"

（1）如果异常是可预见的，则调用异常处理机制进行相应的异常处理，如订阅分发单元发生异常，则根据配置信息规定的发送次数，进行重复发送等处理。

（2）如果异常处理不成功或发生了不可预见的异常，对于需要提示用户的错误、异常信息，则跳转到异常提示页面，显示异常提示信息。

（3）系统运维管理用户利用统一的异常处理监控页面可以了解共享服务系统发生的异常信息。

（4）异常错误人工干预：对于某些异常，需要进入业务系统进行相应的处理，如取消问题订阅分发申请，以后不再发送给该账户，除非重新订阅生效。有的错误信息可能是由其他系统故障造成的，因此，需要系统运维管理用户根据错误信息进行判断，及时排除故障。

（5）故障排除完成后，系统运维管理用户要填写处理结果，形成闭环反馈。

4）故障处理及容错机制

（1）一般处理。

在数据操作过程中，如省级用户在上传数据时，B/S（browser/server，浏览器/服务器）系统端是只当此数据文件正确接收后才开始解析入库的，而在入库的过程采用了数据库事务处理的机制，能够保证数据的完整性和一致性（表9.13）。

表9.13　故障处理办法

错误类型	范围	处理方法
用户操作错误	人机界面交互时输入信息不符合规范	通过页面校验方式对输入数据进行校验，通过校验再提交到服务器端，发现问题提醒用户进行修改
运行时错误	与外部资源交互时发生的错误，如网络、文件系统、数据库、其他业务应用系统等	1. 写入异常日志 2. 发送异常信息给业务监控系统 3. 异常监控页面提醒运维管理用户进行处理 4. 对于人机交互操作，弹出窗口提示错误信息
程序错误	与客户模块交互时不满足前置条件、后置条件发生的错误，如类库被其他程序员调用时参数超出范围等	1. 写入异常日志 2. 判断是否有异常处理逻辑，如果有则执行相应的异常处理 3. 发送异常信息给业务监控系统 4. 异常监控页面提醒运维管理用户进行处理 5. 对于人机交互操作，弹出窗口提示错误信息
服务器宕机	服务器宕机，操作系统无法启动，服务器无法正常工作，应用中间件、数据库无法正常启动	1. 重新启动服务器，重新启动应用或数据库 2. 如果操作系统无法正常运行，需要重新安装操作系统以及应用中间件 3. 如果是数据库服务器操作系统无法正常启动或数据库无法正常运行，需要重新安装数据库软件时，需要对数据进行备份和恢复操作
硬盘发生损坏	某块硬盘发生物理损坏	1. 提前预备备用硬盘 2. 发生物理损坏时更换新硬盘
备份数据不可用	当系统出现故障时，发现备份的数据无法正常读出来	1. 建立多套备份副本，存放在不同的物理空间 2. 对备份数据进行定期检验以及恢复实验

（2）信息上报子系统省级单机版的容错处理。

程序统一采用"try{…}catch{…}"机制进行了处理，可以确保程序运行的健壮性。

在导入和导出的过程中系统记录了详细的出错日志，通过日志可以追踪数据发生错误的地方，便于用户解决问题。

在网络不好或无法上网的情况下，可以将数据导出为外部文件，然后通过刻盘的方式上报。

（3）系统出错界面如图 9.13 所示。

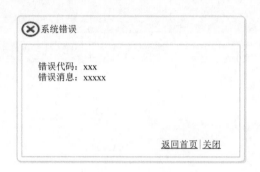

图 9.13　系统出错页面示意图

（4）系统出错日志。所有的系统出错日志均统一记录到相关数据表，同时提供查询功能。

9.4　盐湖资源环境科学专题数据库门户网站及 GIS 空间管理系统

1. 数据库网站的结构与功能

数据库网站目前包含 6 个子数据库，各子数据库在独立完成自己领域数据收集时进行严格的数据质量检查、保证数据质量，并实现各子系统数据层与中心管理层和应用层之间的数据调用。数据库对所有用户开放共享，用户可对库中的所有数据进行多种方式的浏览查看与检索。系统根据用户访问级别和数据用途对部分数据提供下载功能。系统实现了所有子库及属性数据库与空间数据库的互链接，并可根据用户需求任意叠加要素图层和组合数据项，输出各类专题图件和图表。

2. 网站的数据查询功能

数据库提供对我国盐湖资源的属性数据、地理空间数据、遥感影像数据、水化学数据的精准或模糊查询，检索结果都可以立即显示（图 9.14 和图 9.15）。例如属性查询功能，用户可以根据盐湖类型查询到相同类型盐湖的分布区域；可根据盐湖离子的浓度含量查询到一定盐分浓度范围的盐湖统计结果；可查询所需元素离子含量大于一定数值的盐湖等。但整个数据库分不同数据类型对用户设置浏览权限，有关权限可通过联系数据后台管理员申请开通。

图 9.14　盐湖资源与环境数据检索界面

图 9.15　中国盐湖资源与环境数据库后台管理系统

3. 盐湖资源属性数据与空间可视化分析的融合

因为大部分盐湖资源与环境数据都具有地理空间属性，因此系统对盐湖区内诸如地貌、植被、温度、降水、湿度等与盐湖资源禀赋、成矿过程有关的各要素都实现了属性数据与空间数据的融合和交叉检索。空间上的可视化和空间分析，可以使其更为直观地呈现给不同的用户。上述数据多以二维形式呈现，操作方便，可以对我国各大盐湖区和具体盐湖进行不同目的的快速浏览，相关内容的可视化显示为用户提供了更为直观的体验。此外，数据库也可融合盐湖资源开发企业的矿区、工厂车间等三维模拟数据，为用户呈现盐湖资源开发更真实场景。总之，数据库的二维、三维的数据呈现模式，为用户带来了更为直观的、真实的浏览与查询体验（图 9.16）。

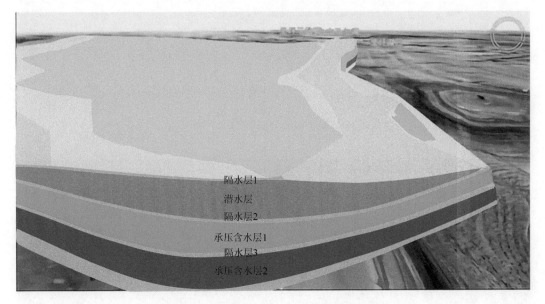

图 9.16　西台吉乃尔盐湖矿体三维模拟图

4. 专题图输出

不同用户根据自己需要还可以向后台管理员提出定制化的数据服务要求，数据库管理员会以专题图的形式提供给用户。例如，可根据需求制作不同水化学类型盐湖分布图（图 9.17）、盐湖离子含量专题图、多时期盐湖面积变化专题图（图 9.18）、盐湖及周边矿产资源配置图等，从而用于盐湖资源管理与分析决策等。

5. 数据的编辑与更新

针对盐湖资源系统自然动态演变、盐湖资源调查持续进行及盐湖资源开发状况等随时间而发生的变化过程，可以对数据库内相关数据进行编辑、补充与更新。无论是盐湖各个离子含量的变化、面积和空间位置的变化，还是盐湖企业属性值和开发现状的改变等，都可以进行数据更新，通过数据库后方管理模式对指定图层或数据项进行编辑。

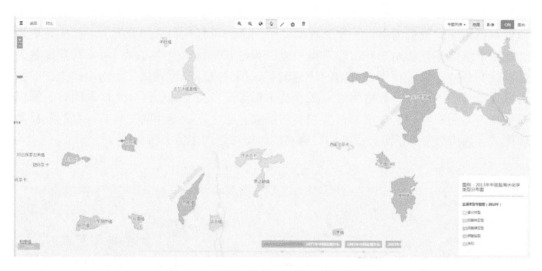

图 9.17　羌塘不同水化学类型盐湖分布图

图 9.18　可可西里多时期盐湖面积变化专题图

9.5　专题数据库介绍

9.5.1　锂专题数据库

　　锂作为一种新型且重要的能源战略金属，在锂电池、新能源汽车、可控核聚变等领域发挥着显著的作用。同时，由于其重要的战略意义，市场和经济等多因素的推动，全球范围内掀起了锂矿资源的勘察热潮及研究热潮。与其他大宗矿产资源市场的萎靡不振相比，近几年锂矿资源市场发展前景相对较好。目前，我国正处于环境污染治理和产业结构调整的关键时期，发展新能源产业是应对能源和环境危机的必然选择。同时，锂资源储备和提锂技术直接影响国家能源战略安全。而全球锂矿以形态分类可分为卤水型和硬岩型两大类，66% 存在于卤水中。由于矿石锂资源提锂成本高，卤水提锂已成为全球锂产品的主要来源。我国盐湖锂资源主要分布在青藏高原盐湖中，盐湖锂资源储量占全国锂资源总储量的 80% 左右，其中，青海盐湖锂资源储量占比接近 50%。

然而，青海盐湖锂资源品质相对较差，多数盐湖的镁锂比值高达 35 ～ 2100，同时，具有较高的硫酸盐和硼酸盐组成，在锂资源开发过程中锂盐损失大，产品质量差，生产成本高，无法参与市场竞争。高镁锂比盐湖卤水绿色、低成本镁锂分离是世界性难题，也是盐湖提锂工艺的关键和资源综合利用的瓶颈，世界上还没有可供借鉴的高镁锂比盐湖提锂的生产技术和装备。为此，本书初步分析了全球锂矿资源分布、资源量、赋存类型、地球化学分配特征，锂富集的形成过程与成矿条件、锂专利分布等，建立了锂专题基本信息库。该信息库包含全球锂资源基本信息集和锂专利数据集，旨在为青海盐湖锂资源开发利用、提锂工艺技术研究提供基础数据支撑。

全球锂资源基本信息模块主要围绕锂矿资源分布、资源量、赋存类型、地球化学分配特征，锂富集的形成过程与成矿条件等建立专题图；通过锂专利数据集对现已公开锂资源相关专利进行系统检索分析，依据锂来源、锂正极材料和锂回收三个方向进行分类汇总，形成系统、完整、权威、共享的专利数据集。用户可对数据集中所有数据进行多种方式的浏览查看与检索，系统根据用户访问级别和数据用途对部分数据提供下载功能。该数据集为本领域科研人员专利检索提供了一个新的权威数据库，实现了对盐湖锂资源相关专利高效检索及解读，促进了盐湖锂资源产业的快速科学发展。

1. 锂资源基本信息数据集

全球锂资源并不稀缺，至少 20 个国家发现了锂矿床，包括智利、玻利维亚、中国、澳大利亚、美国、巴西、葡萄牙、阿根廷、俄罗斯、津巴布韦、刚果民主共和国、塞尔维亚、西班牙、奥地利、以色列、爱尔兰、法国、印度、南非、芬兰、瑞典、莫桑比克等（图 9.19）。其中，锂资源最丰富的国家有智利、玻利维亚、中国、澳大利亚等。可以说，就目前而言，整体还是以卤水型和伟晶岩型的锂矿为主体，沉积型等新类型锂矿的比例很小，而且世界范围内锂矿勘探的进展情况悄然影响着世界锂矿格局，目前世界主要锂矿及锂项目如表 9.14 所示。

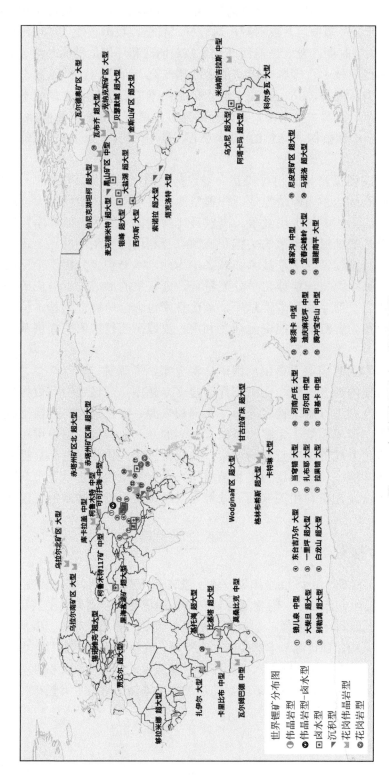

图 9.19 全球锂资源分布、类型及规模

表 9.14　世界主要锂矿及锂项目统计（以金属锂当量计）

大洲	国家	锂矿床/项目	类型	矿产	Li 资源量/万 t	Li 品位/%	参考文献
欧洲	俄罗斯	Vishnyakovskoe	硬岩型	锂	21	0.49	Kesler el al.，2012
亚洲	中国	察尔汗盐湖	卤水型	锂、钾	260	—	何金祥，2015
亚洲	中国	甲基卡	硬岩型	锂、铍	30	0.71	付小方等，2014
欧洲	捷克	Cinovec	硬岩型	锂、锡、钨等	130	0.2	国土资源部，2017
大洋洲	澳大利亚	Greenbushes	硬岩型	锂、钽	56	0.74	何金祥，2015
大洋洲	澳大利亚	Pilgangrooa	硬岩型	锂、钽	72.17	0.56	Pilbara Minerals Ltd.，2016[1]
大洋洲	澳大利亚	Wodgina East	硬岩型	锂	—	0.74	Altura Mining Ltd.，2016[1]
大洋洲	澳大利亚	Lynas Find North	硬岩型	锂	—	1.23	Metalicity Ltd.，2016[1]
非洲	津巴布韦	Kamativi	硬岩型	锂、锡	28	0.28	Kesler el al.，2012
非洲	马里	Goulamina	硬岩型	锂	49	0.58	Birimian Ltd.，2017[1]
非洲	扎伊尔	Manono-Kitotolo	硬岩型	锂	72	0.6	Kesler et al.，2012
北美洲	加拿大	Whabouchi	硬岩型	锂	12	0.71	Nemaska Lithium Inc.，2016[1]
北美洲	美国	Clayton NE 项目	卤水型	锂、钾	—	243.66*	Advantage Lithium Ltd.，2016[1]
北美洲	美国	Bessermer City	硬岩型	锂	42	0.67	Kesler et al.，2012
北美洲	美国	Kings Mountain	硬岩型	锂	32	0.7	Kesler et al.，2012
北美洲	美国	Tanco	硬岩型	锂、钽、铯	14	0.64	Kesler et al.，2012
北美洲	墨西哥	Sonora	沉积型	锂	163.64	—	何金祥，2013
北美洲	墨西哥	Tecolote	沉积型	锂	13	0.3	何金祥，2015
南美洲	玻利维亚	Salar de Uyuni	卤水型	锂、镁	1020	0.05	何金祥，2015
南美洲	智利	Salar de Atacama	卤水型	锂、钾、硼等	530	0.14	何金祥，2015
南美洲	智利	Salar de Pujsa	卤水型	锂、钾	—	220～620*	Wealth Minerals Ltd.，2016
南美洲	阿根廷	Cauchari-Olaroz	卤水型	锂、钾	274	0	何金祥，2015
南美洲	阿根廷	Sal de Vida	卤水型	锂、钾	157.3	—	何金祥，2015
非洲	津巴布韦	Bikita	硬岩型	锂、钽、锡、铍、铯	15	1.4	Kesler et al.，2012
欧洲	塞尔维亚	Jadar	沉积型	锂、硼	96	0.84	赵元艺等，2015

* 表示单位为 mg/L。

---

① Advantage Lithium. 2016. https://advantage-lithium.com/en/Agjku/ccg.
Altura mining. 2016. https://wcsecure.weblink.com.au/pdf/AJM/01797032.pdf.
Birimian Ltd. 2017. http://www.mining-technology.com/news/newsbirimian-to-sell-bougouni-lithium-project-5709235/.
Metalicity. 2016. https://www.metalicity.com.au/projects/georgetown-project/.
Nemaska Lithium. 2016. https://nemaskalithium.com/en/sustainable-development/.
Pilbara Minerals. 2016. https://pilbaraminerals.com.au/sustainability/responsible-ethical-actions/.

2. 锂资源专利数据集

锂资源专利数据集的专利信息数据来源主要为各个国家或国际组织官方数据库，如 SIPO、JPO、USPTO、KIPRIS、EPO、WIPO 等，或者第三方商业专利数据库，如 incopat、patbase、patsnap 等。

在数据库建立初期，通过设定检索式 TAC_ALL：（Li OR 锂），在这些数据库中对盐湖锂资源相关专利进行系统检索，人工根据 IPC 分类号去噪后，将所得检索结果整合，根据检索结果，依据工业锂资源的开发流程进行分类，分为锂来源、锂正极材料和锂回收三个主要部分，中间可能涉及数据的交叉。然后对锂来源、锂正极材料和锂回收三部分的专利整合梳理，提取总结关键词和 IPC 分类号，进行二次优化检索。

锂来源检索式设定为"TAC_ALL:（Li OR 锂）AND MIPC:（H01M4 OR B82Y30）"。锂正极材料检索式设定为"TAC_ALL:（Li OR 锂）AND MIPC:（C01B25 OR Y02E60）"。锂回收检索式设定为"TAC_ALL:（Li OR 锂）AND MIPC:（C22B7 OR C22B3 OR Y02P10）"。

为了用户直观、快捷地对所需专利文献的寻找，对锂专利数据集进行三级分类。根据锂资源的提取方法，将锂来源分为盐湖提锂方法、矿石提锂方法和黏土提锂方法；根据正极材料的制备方法，将锂正极材料分为共沉淀法、高温固相法、溶胶凝结法；锂回收方法目前相对固定，主要为电极材料溶解浸出法。本数据集结构层次如图 9.20 所示。

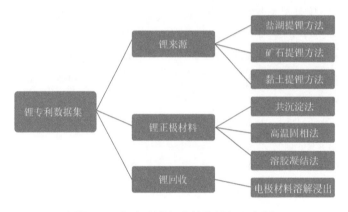

图 9.20　锂专利数据集结构层级示意图

对上述第三级数据库中的专利文献进行阅读、归纳、总结后，对本级专利所使用到的具体技术方案进行进一步细分，并根据具体的技术方案，设定优化检索式，对上述三个大模块进行进一步细分。对各个技术方案设定检索式，以盐湖提锂方法技术方案细分进行举例说明，其他技术方案根据其关键词同样分别进行检索式的单独设定。

盐湖提锂方法技术方案细分为沉淀法、电解法、溶剂萃取法、离子交换吸附法、煅烧浸取法、电渗析法、纳滤法、太阳池法，如表 9.15 所示。

表 9.15　盐湖提锂方法分类及检索式

盐湖提锂方法技术方案	检索式
沉淀法	TAC_ALL:(Li OR 锂) AND TAC_ALL:(盐湖 or "salt lake") AND TAC_ALL:(沉淀 OR sedimen OR precipitate) AND MIPC:(H01M4 OR B82Y30)
电解法	TAC_ALL:(Li OR 锂) AND TAC_ALL:(盐湖 or "salt lake") AND AND TAC_ALL:(电解 OR electrolysis) AND MIPC:(H01M4 OR B82Y30)
溶剂萃取法	TAC_ALL:(Li OR 锂) AND TAC_ALL:(盐湖 or "salt lake") AND AND TAC_ALL:(萃取 OR 提取 OR extract) AND MIPC:(H01M4 OR B82Y30)
离子交换吸附法	TAC_ALL:(Li OR 锂) AND TAC_ALL:(盐湖 or "salt lake") AND AND TAC_ALL:(交换 OR 吸附 OR Exchange or adsorb) AND MIPC:(H01M4 OR B82Y30)
煅烧浸取法	TAC_ALL:(Li OR 锂) AND TAC_ALL:(盐湖 or "salt lake") AND AND TAC_ALL:(煅烧 OR calcine) AND MIPC:(H01M4 OR B82Y30)
电渗析法	TAC_ALL:(Li OR 锂) AND TAC_ALL:(盐湖 or "salt lake") AND AND TAC_ALL:(电渗析 OR lectroosmosis) AND MIPC:(H01M4 OR B82Y30)
纳滤法	TAC_ALL:(Li OR 锂) AND TAC_ALL:(盐湖 or "salt lake") AND AND TAC_ALL:(纳滤 OR nanofiltration) AND MIPC:(H01M4 OR B82Y30)
太阳池法	TAC_ALL:(Li OR 锂) AND TAC_ALL:(盐湖 or "salt lake") AND AND TAC_ALL:(太阳池 OR OTEC-OSP) AND MIPC:(H01M4 OR B82Y30)

矿石提锂方法技术方案细分为石灰烧结法、硫酸法、硫酸盐法、氯化焙烧法、纯碱压煮法。

黏土提锂技术方案细分为石灰烧结法、硫酸法、硫酸盐法、氯化焙烧法、纯碱压煮法。

共沉淀法技术方案细分为镍锰钴三元材料、钴酸锂、磷酸铁锂、锰酸钾。

高温固相法技术方案细分为镍锰钴三元材料、钴酸锂、磷酸铁锂、锰酸钾。

溶胶凝结法技术方案细分为钴酸锂、磷酸铁锂、锰酸钾。

电极材料浸出技术方案细分为浸出液中金属元素的回收、化学浸出。

本专利数据集还设定了数据自动更新功能，通过编程设定，该数据集定期在第三方数据库进行抓取补充数据，实现专利数据集的自动更新，保持数据集的完整性。数据抓取主要集中在各个国家或国际组织官方数据库，如 SIPO、JPO、USPTO、KIPRIS、EPO、WIPO 等，或者第三方商业专利数据库，如 incopat、patbase、patsnap 等。

本数据集数据更新主要原理和流程如下：通过账户登录专利数据库后，依次通过基层检索式进行检索，在"基层检索式"中设定专利公开 / 公告的时间，若有新增专利文献出现，会自动提取收录到本专利数据集的最基层子数据集中，完成基础数据的更新工作，如图 9.21 所示。

上述具体技术方案的分类实现了锂专利数据集的技术细分；通过数据库的基层数据自动更新功能，保证了数据库专利数据的时效性和完整性。

3. 小结

锂资源数据库旨在实现资源储量、赋存、时空分布、地球化学分布与分配特征的展示功能，以期让用户了解锂资源与其他资源的配置情况等。同时，以期实现锂富集迁移、成矿、开发过程的展示与模拟，完成高效采矿—盐田工艺（自然能）—初级锂盐提取、制备、提纯—高纯锂盐、锂基材料—同位素分离全过程中的关键技术专利数据集的建设等。

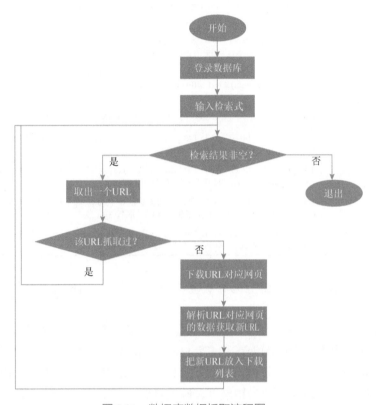

图 9.21　数据库数据抓取流程图

锂专利数据集实现了对现有锂资源相关专利主流国家和地区专利的全面整理与收录，依据工业锂资源的开发流程将上述专利分为锂来源、锂正极材料和锂回收三级，并依据专利涉及的方向和使用的具体技术方案，对数据进一步分级整理。对各模块或子模块单独设置检索式和数据的自动抓取功能，使本数据集保持了数据的时效性与完整性。用户通过本专利数据集，实现了对盐湖锂资源相关专利的高效检索及解读，促进了盐湖锂资源产业的快速科学发展。

但是，本锂专题数据库目前仅限于相对有限数据的呈现，未能收集到更丰富的数据，也尚未对已有数据分析功能进行进一步开发。后续可针对全球及区域锂资源开发潜力、锂资源开采远景、锂资源市场预测，对锂资源专利申请趋势、专利申请人技术方案统计、专利法律状态、专利诉讼、专利许可等进一步整理，使用户通过锂资源数据专题库直接了解锂资源领域从资源前端到应用开发技术、市场动态及发展趋势等综合信息。

9.5.2　盐湖动态监测和数据库建设

众所周知，柴达木盆地东台吉乃尔、西台吉乃尔盐湖作为青海省锂、钾、硼等元素的重点开发地区之一，其盐湖水源补给直接受控于柴达木盆地最大的河流——那陵格勒河控制。近年来，特别是未来由气候变化导致的河流水量变化将对其尾闾湖产生巨大的潜在影响。在该区域探索构建盐湖动态监测与预警系统，不仅可以科学地指导正在该区域从事资源开发的企业未来的产业发展和管理，所取得的成功经验也可以推广到广大盐湖区，这对保障盐湖产业的可持续资源利用与生产安全，保证西部国民经济的发展、社会的和谐具有重要意义。为此，本书选取柴达木盆地东台吉乃尔、西台吉乃尔和一里坪盐湖地区为实证地区，将地理信息系统（GIS）与最新的物联网、通信技术相结合，构建了一个集水文、气象、环境、水化学及生产数据为一体的盐湖资源动态变化监测和预警系统，开展从动态监测数据的有效获取、传输，到后台数据综合分析平台及预警系统一体化设计等方面研究工作，并建设了盐湖动态监测数据库。

1. 盐湖卤水动态监测系统的传感器选型

为满足盐湖严苛的监测环境，解决卤水结盐、腐蚀及地下卤水观测孔井壁干扰等问题，本书分别选取了压力、超声、电阻等类型的水位传感器进行实验。经过为期两年的实验测试，最终选定了压力传感器应用于地下卤水观测孔水位及相关参数的观测；超声传感器用于盐田、采卤渠等相对开阔水域的水位观测。上述传感器类型基本达到了盐湖监测的要求，取得了成功，为实现盐湖卤水动态监测奠定了坚实的基础。

（1）观测孔卤水水位压力传感器如图 9.22 所示，传感器材质为耐腐蚀不锈钢，数据接口为 RS485 数字量，可直接为系统主板采集，避免了由模拟量信号转数字量信号的精度损失。此外，该传感器内部的温度传感器可实时对压力传感器进行温度补偿，减少了压力传感器因温度变化产生的精度漂移现象。

水柱高度（h）以传感器压力值 $P=\rho gh$ 为理论依据计算。式中，ρ 为液体密度；g 为重力加速度；h 为水柱高度。

$$水柱高度 = 水柱压力 /（卤水密度·重力加速度）$$
$$水位埋深 = 探头埋深 - 水柱高度$$

图 9.22　观测孔卤水水位压力传感器

（2）超声传感器依据图 9.23 的测试流程，选用 YEH-KJ2X 智能二线制超声波液位计（图 9.24）进行测试。

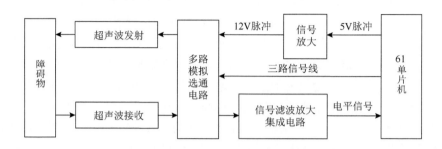

图 9.23　超声波测距模块工作原理

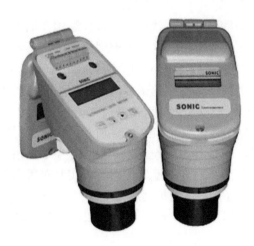

图 9.24　广域水面超声传感器

2. 盐湖卤水监测系统其他相关材料

1）数据线缆选型

数据线缆长期浸泡在卤水中，应具备抗腐蚀、抗拉、耐磨等特性。所以数据线缆的最外层采用进口 PUR 材料，该材料耐磨耐腐，是优质线缆的外层材料。数据线缆内部配凯夫拉抗拉纤维和钢丝，提高了线缆的机械强度和抗拉力。该线缆工厂定制芯数和外径与本书系统十分贴切。

2）太阳板及锂电池选型

太阳能板采用多晶硅太阳能板，充电电压为 6V，最大功率为 5W，工作电流为 0.83A，材料为多晶硅电池 +EVA+ 钢化玻璃 + 铝合金框架。

电池采用日本三洋 18650 进口锂电池组，内置保护板，可防止电池过放过冲等问题。电池采用可更换设计，方便今后更新。电池和主板一起密封于主机壳内，防水防潮。

由于系统采用超低功耗设置，每天太阳能充电电量远大于系统消耗电量，正常情况下，系统可以连续运行 5 ～ 8 年以上。

　　3）系统安装支架的选型

　　根据柴达木盆地西台吉乃尔盐湖区地下水监测井的实际情况，系统安装支架全部用钢材制作。该支架根据实际需求进行设计，具有安装简单、外观简洁美观、经久耐用等特点。支架之间用螺丝固定，方便安装，如图 9.25 所示。

图 9.25　太阳能板及监测系统支架

3. 监测数据通信与传输

1）基于北斗卫星的数据传输系统设计

　　对于现场条件来讲，基础通信设施较不完善，数据传输量不大，所以采用点到点传输结构模式来实现通信组网方案（图 9.26）。

　　监测中心站与远端测站构成一点对多点的传输模式，其中，远端测站采用北斗普通型通信终端，与地下水自动监测信息采集子系统（野外数据采集部分）相连，布放在野外各监测井；监测中心与北斗管理型用户终端相连接构成监测中心站。远端测站将本地数据发送到监测中心站，由监测中心站对远端测站发送相应的回执确认信息，远端测站将根据不同的回执确认信息采取相应的行动，自动转入休眠或重新发送数据。在此过程中，网络管理中心将对所有远端测站发送的水情数据进行备份，因此当监测中心站的卫星用户终端出现异常情况不能正常接收数据时，用户可通过登录到网络管理中心下载相应的数据。监测中心站负责对所有数据进行搜集、检查、存储、显示、打印以及统计分析等处理，监测中心站所发出的指令或信息以广播方式播发至所有远端测站或单独发送到某一指定远端测站。

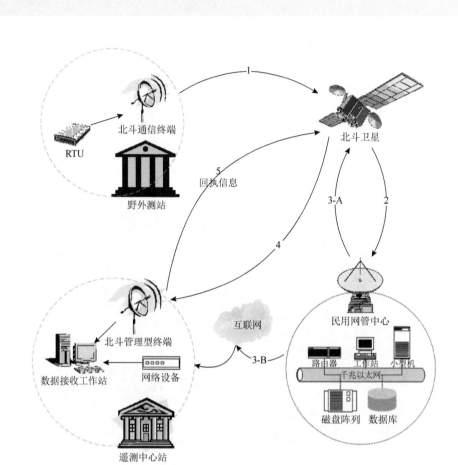

图 9.26 通信组网方式

2）北斗传输系统的数据安全

盐湖卤水监测系统数据传输过程中采用了双层加/解密措施：一是北斗系统的硬件加/解密；二是主板内部嵌入式软件和监测中心管理软件的数据加/解密。

（1）硬件加/解密：北斗系统采用码分多址直接扩频通信体制，其抗干扰能力强，并且在一定程度上保证了数据的保密性，完全满足水情数据采集应用中对数据的可靠性、保密性的要求。北斗系统允许传递机密级（含）以下的信息。

（2）软件加/解密：系统主板内部嵌入式软件具有数据加密功能，在采集传感器测量数据后，将数据使用加密算法加密，然后通过北斗通信卫星，将数据发送给指挥机，指挥机将数据传送到电脑后，通过监测中心管理软件，将数据解密后加入数据库，数据库本身也进行了数据加密防护。

3）基于 GPRS 网络的数据传输系统设计

基于 GPRS 网络的盐湖地下卤水自动遥测系统由监测主站和若干套地下水自动监测仪组成。主站进行数据的处理，监测仪进行数据的采集，主站和监测仪通过数据通信设备完成数据交换。监测仪按设定的时间间隔或主站的命令将采集的数据通过数据通信设备发送到主站，由主站完成数据的处理。其拓扑结构如图 9.27 所示。

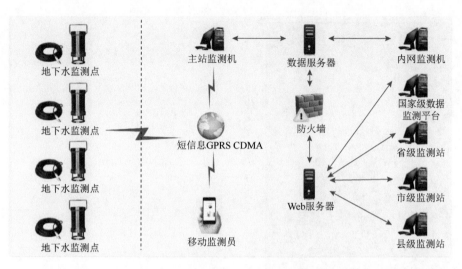

图 9.27　地下水自动遥测系统拓扑结构图

该系统实现了地下卤水动态变化监测、无线数据传输及监测数据分析处理等功能，它通过地下水自动监测仪（遥测终端机 RTU）定时（实时）采集地下水的水位和水温变化数据，利用 GPRS/GSM 无线通信方式将数据传送至监测主站，主站通过对数据的分析、处理和整理生成各种监测数据报表、曲线图等相关资料。

4. 盐湖动态监测系统架构

考虑盐湖资源系统不同于单纯的自然过程或人工过程，其变化同时受自然因素和人文因素的双重控制，自然、技术、社会经济等要素均对盐湖资源系统产生影响，科考队梳理了影响盐湖系统各子系统之间的内在关系，从盐湖环境、资源和产业的互动关系出发，提出了一套既符合现代监测理念，又符合盐湖区域特点，同时具备可操作性的盐湖资源综合监测与预警系统的设计原则和总体思路，具体内容如下。

1）构建原则

（1）可持续发展和系统论原则：从盐湖资源系统的复杂性、整体性、相关性和动态性出发，分别从盐湖环境、资源、产业等子系统中选择一些与盐湖资源高效开采利用和产业可持续发展相关的重要监测指标，组成一个多要素的综合监测系统指标体系。

（2）突出重点原则：由于案例盐湖区地处偏远不发达地区，缺乏基础资料和监测网络，全面大规模获取数据并不现实。考虑对盐湖资源系统变化有重要意义的因素，主要是气候变化和资源开发强度，科考队最终从各子系统的大量指标中甄选出了一些较为直接、变化明显、相关性不强且容易获取的指标作为主要监测指标。

2）监测系统设计及监测因子筛选

本书先分别确定了资源、产业和环境各子系统的监测因子、作用、权重和阈值等。考虑盐湖区人烟稀少、交通不便、气候条件恶劣、数据采集困难，采用多源数据的方式实现综合监测，如利用遥感方法对盐湖、采卤渠、盐田面积变化，湖区土地利用变化等进行监测（图 9.28～图 9.30）。

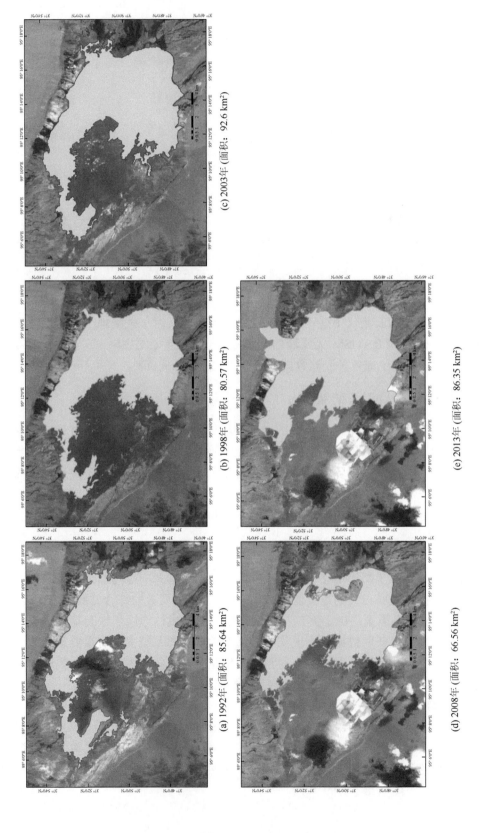

(a) 1992年 (面积: 85.64 km²)

(b) 1998年 (面积: 80.57 km²)

(c) 2003年 (面积: 92.6 km²)

(d) 2008年 (面积: 66.56 km²)

(e) 2013年 (面积: 86.35 km²)

图 9.28 西台吉乃尔盐湖表面积 1992～2013 年变化图

(a) 2003年 (面积: 15.27 km²)　　(b) 2008年 (面积: 39.02 km²)　　(c) 2013年 (面积: 117.4 km²)

图 9.29　西台吉乃尔盐田面积 2003 ～ 2013 年变化图

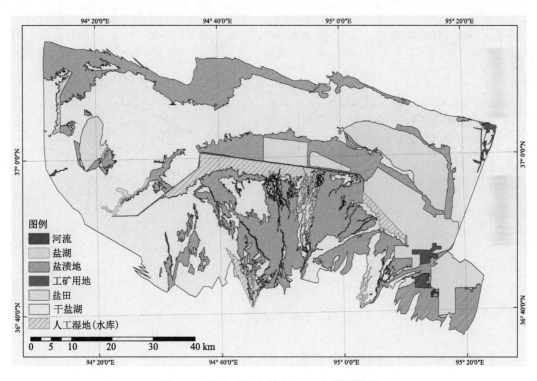

图 9.30　西台吉乃尔盐湖 2020 年景观类型

　　同时，结合野外监测站网布置和企业生产观测来对环境和资源因子进行监测，如采用盐湖专用的卤水水位、水温变化传感器等采集相关水文地质参数（图 9.31）；利用数据交互系统的企业用户端，通过网络上传与生产相关的监测数据，如卤水开采量、老卤排放量、产能与产量、"三废"排放量等；定期从政府统计与决策等部门获取周期性的统计数据等。

　　由于盐湖不同于普通淡水的复杂水盐体系特征，其又地处干旱荒漠区，地表水与地下水交换循环比较复杂，因此需要设计专门的盐湖水文地质与水化学监测系统，针对不同要素设计不同的监测方式和不同的监测周期，选取更加适合盐湖特点的监测传感设备和数据传输方式与设备。

在实时数据采集方面，科考队针对不同因子选择了适当的监测手段、监测频率、数据传输手段等。由于盐湖地处内陆干旱荒漠地区，气候条件极端恶劣，可进入性差，西台吉乃尔湖区除了企业职工生产活动的小片区域外均为无人区且面积较大，不具备有线数据传输的条件，因此统一采用无线技术进行数据信息传输。考虑部分区域通信网络信号不稳定等实际情况，本书最终采用了北斗短报文+4G网络双系统的实时数据传输方案。在传感器的选用方面也考虑到卤水的强腐蚀等特性，选用和定制了适合极端恶劣气候条件（大风、低温）的太阳能电池系列。

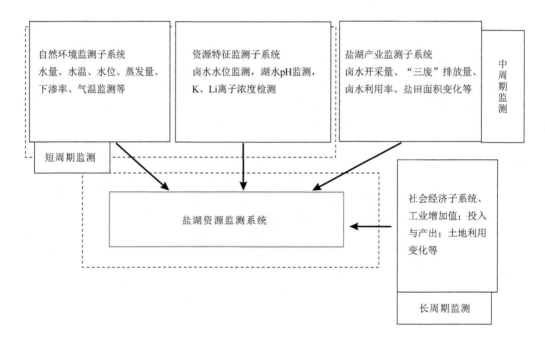

图 9.31　盐湖资源监测系统结构图

5. 测站网布局科学选址与数据传输

1）测站网布局科学选址

根据盐湖水循环和水文过程变化规律，针对主要补给河流那陵格勒河流域的地形地貌和流域水文特征，在湖区和流域内分别选取了一些监测站点，与企业自建的监测网点配合，形成了一个有一定密度的、能够最大限度地发挥各监测站点的作用以及所有监测站点的综合作用的监测网，以较为经济的方法，全面而又准确地获取了湖区环境与资源（地下卤水、湖表水、采卤渠）等方面的实时数据及变化信息，实现了监测站网的最优化建设。

测站布局上结合西台吉乃尔地区的自然地理要素特点，兼顾全面控制与重点监控的原则。考虑成本与数据需求的层次性，遵循自动化监测和人工测站相结合、已有测站（企业监测）和新建测站相结合，以及不同监测时段、不同周期数据相结合的原则（图9.32）。

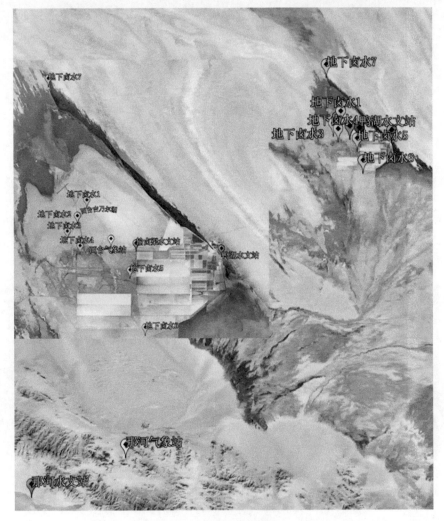

图 9.32　监测站点分布图

黄色标为气象站；红色标为表水监测站；绿色标为地下卤水监测站

　　监测网包括了 2 个气象监测站、3 个表水监测站及 7 个地下卤水监测站。气象监测站分别位于那陵格勒河上游和湖区，主要负责降水、蒸发量、风速、气温等气象要素的监测（图9.33）；表水监测站分别位于西台吉乃尔盐湖东部防洪大坝、采卤主干采卤渠和钠盐田，重点监测西台吉乃尔盐湖东西采区的水位变化以及西台吉乃尔河和苦水沟的流量变化（图9.34）；地下卤水监测站分别位于西台吉乃尔补录卤区、采卤区等区域，重点监测卤水抽采、补水等资源利用过程对地下水位的影响程度和影响范围（图9.35）。

(a)西台吉乃尔盐湖气象站   (b)那河上游气象站

图 9.33　气象监测站点示意图

(a)   (b)

(c)

图 9.34　表水监测站点示意图

図 9.35　盐湖地下卤水监测站点示意图

2）测站数据的传输

盐湖区卤水及气象要素等指标的原始监测数据为传感器所记录的电信号数据，运用 C 语言程序在 RTU 等控制前端设备内将信号转化为所需要的观测数据值，通过北斗卫星、GPRS 移动网络实现传输，最终传送至室内控制终端，完成数据的接收，并保存在盐湖动态监测数据库。

6. 动态监测数据库构建

盐湖动态数据库主要包含了盐湖区现有的气象监测数据、地下卤水动态数据及地表卤水动态监测数据等。上述数据从监测前端通过北斗卫星、GPRS 移动网络最终传输到中国盐湖资源与环境数据库服务器所搭载的盐湖动态监测数据库中进行保存（图 9.36）。

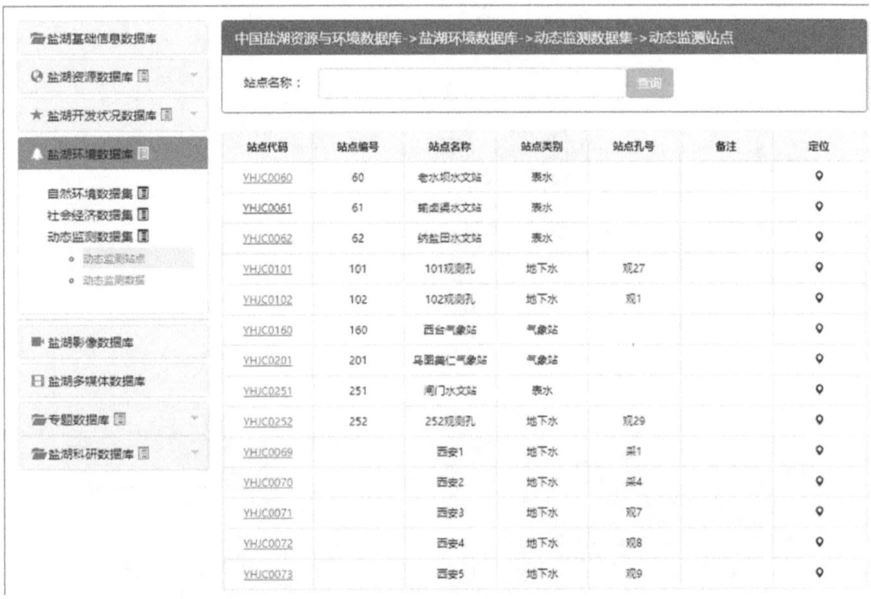

站点代码	站点编号	站点名称	站点类别	站点孔号	备注	定位
YHJC0060	60	老水坝水文站	表水			
YHJC0061	61	蒲卤渠水文站	表水			
YHJC0062	62	纳盐田水文站	表水			
YHJC0101	101	101观测孔	地下水	观27		
YHJC0102	102	102观测孔	地下水	观1		
YHJC0160	160	西台气象站	气象站			
YHJC0201	201	乌图美仁气象站	气象站			
YHJC0251	251	闸门水文站	表水			
YHJC0252	252	252观测孔	地下水	观29		
YHJC0069		西安1	地下水	采1		
YHJC0070		西安2	地下水	采4		
YHJC0071		西安3	地下水	观7		
YHJC0072		西安4	地下水	观8		
YHJC0073		西安5	地下水	观9		

图 9.36　动态监测站点资源目录查询示意图

进入中国盐湖资源与环境数据库网站主页可以查询盐湖动态监测站点、所采集的监测数据信息等。监测数据按监测时间倒序呈现，选择监测数据可进一步查阅监测数据的详细指标监测值等（图 9.37）。

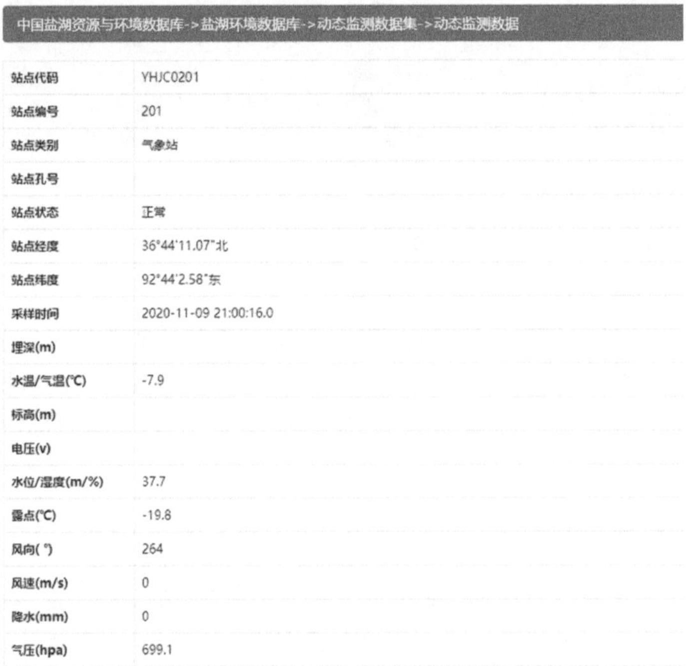

站点代码	YHJC0201
站点编号	201
站点类别	气象站
站点孔号	
站点状态	正常
站点经度	36°44'11.07"北
站点纬度	92°44'2.58"东
采样时间	2020-11-09 21:00:16.0
埋深(m)	
水温/气温(℃)	-7.9
标高(m)	
电压(v)	
水位/湿度(m/%)	37.7
露点(℃)	-19.8
风向(°)	264
风速(m/s)	0
降水(mm)	0
气压(hpa)	699.1

图 9.37　盐湖气象动态监测数据示意图

9.5.3　溶液相化学数据库

水盐体系相图基础数据的意义在于：①盐湖卤水基本水化学特征的描述，即盐湖卤水在水盐体系相图中的位置、蒸发路径；②盐湖卤水蒸发析盐序列和相应固液相物料平衡，这些参数为盐田工艺及设计提供依据；③水盐体系相平衡数据，为盐化工工艺路线流程选别和设计提供依据；④盐湖卤水蒸发过程中的相化学数据，这些物理化学参数为盐化工工艺流程设备设计提供依据；⑤蒸发盐形成的物理化学基础，通过水盐体系相图可深入分析蒸发盐成矿过程、卤水演化、离子富集规律、矿物相转化、矿物相共存等的物理化学条件。

从盐湖卤水溶液相化学（水盐体系相图）研究在反映水溶液中物质的化学变化、反应能力等方面的重要意义出发，立足盐类矿物在水参与情况下的化学平衡、物质平衡、离子平衡间相互关系研究视角，更好地服务于酸碱、化肥、无机盐生产等领域，开发建设了与盐湖开发密切相关的多元水盐体系相化学数据库。该数据库主要包括：典型盐湖的多温溶解度数据，重点盐湖的超额自由能性质（水活度、渗透系数、活度系数）、热性质（稀释热、混合热、溶解热、热焓和热容）、体积性质和相平衡实验数据及实验相图，标准态热力学数据（标准生成自由能、标准生成熵和标准生成焓）、Pitzer 参数等。

青海盐湖卤水水化学类型主要为氯化物型和硫酸盐型，在研究这两种类型的盐湖卤水水化学特征和盐化工工艺时，通常采用相应的水盐体系相图。氯化物型盐湖卤水采用 K^+、Na^+、Mg^{2+}//Cl^--H_2O 四元体系相图，硫酸盐型卤水采用 K^+、Na^+、Mg^{2+}//Cl^-、SO_4^{2-}-H_2O 五元体系相图。

盐湖卤水的等温蒸发和天然蒸发研究获得的相化学数据，是盐湖资源开发的前期基础性工作，是开展盐田工艺和加工工艺设计的重要物理化学数据，也是盐湖资源经济评价的重要依据。制定合理的盐田设计和盐田工艺路线，进一步指导盐田生产运行，对盐湖资源开发进入"精细化、高值化和综合化"有重要意义。

青海典型盐湖西台吉乃尔盐湖、东台吉乃尔盐湖、茶卡盐湖、大柴旦盐湖、孕斯库勒盐湖、昆特依盐湖、北霍布逊盐湖、巴仑马海盐湖、德宗马海盐湖、小柴旦盐湖、一里坪盐湖等 11 个盐湖已开展了等温、自然、不同季节条件下的蒸发实验，获得相应的相化学数据。

1. 水盐体系相化学平衡数据库

我国主要盐湖区盐湖类型齐全，包括硫酸盐型、氯化物型、碳酸盐型，根据卤水的水化学类型特点，通过文献和溶解度手册，收集整理了不同体系相化学平衡数据。共计 86 个不同体系和温度的相化学平衡数据。

其中，KCl-$MgCl_2$-H_2O 三元体系 18 个温度，分别为 –24℃、–17℃、–10℃、–5℃、0℃、10℃、15℃、20℃、25℃、35℃、55℃、75℃、83℃、100℃、105℃、125℃、150℃、200℃。

$NaCl$-KCl-$MgCl_2$-H_2O 四元体系 14 个温度，分别为 –24℃、–17℃、–15℃、–10℃、

–5℃、0℃、10℃、20℃、25℃、50℃、75℃、100℃、125℃、150℃。

NaCl-Na$_2$SO$_4$-H$_2$O 三元体系 15 个温度，分别为 –8℃、–5℃、0℃、5℃、10℃、15℃、20℃、25℃、38℃、30℃、35℃、50℃、75℃、100℃、150℃。

MgSO$_4$-K$_2$SO$_4$-H$_2$O 三元体系 10 个温度，分别为 0℃、25℃、30℃、35℃、50℃、66℃、75℃、83℃、85℃、100℃。

Na$^+$、Mg^{2+}//Cl$^-$、SO$_4^{2-}$-H$_2$O 四元体系 15 个温度，分别为 –20℃、–10℃、–5℃、0℃、5℃、10℃、12.5℃、15℃、17.5℃、20℃、25℃、35℃、55℃、75℃、100℃。

Na$^+$、K$^+$、Mg^{2+}//Cl$^-$、SO$_4^{2-}$-H$_2$O 五元体系 14 个温度，分别为 –10℃、–5℃、0℃、0℃、15℃介稳、25℃介稳、35℃介稳、25℃、35℃、50℃、55℃、65℃、90℃、100℃。

2. 典型水盐体系相化学平衡数据库

由于水盐体系相平衡数据量非常大，这里列举了常用的、能代表调查盐湖的水盐体系共 6 组，数据主要包括一定温度条件下，液相组成及相对的平衡固相。包括以下数据库：

KCl-MgCl$_2$-H$_2$O 三元体系 25℃相平衡数据；

NaCl-KCl-MgCl$_2$-H$_2$O 四元体系 25℃相平衡数据；

NaCl-Na$_2$SO$_4$-H$_2$O 三元体系 25℃相平衡数据；

MgSO$_4$-K$_2$SO$_4$-H$_2$O 三元体系 25℃相平衡数据；

Na$^+$、Mg^{2+}//Cl$^-$、SO$_4^{2-}$-H$_2$O 四元体系 25℃相平衡数据；

Na$^+$、K$^+$、Mg^{2+}//Cl$^-$、SO$_4^{2-}$-H$_2$O 五元体系 25℃相平衡数据。

3. Pitzer 参数

由于电解质溶液自身的复杂性及其在实际工业中的广泛应用，其在实验和理论方面的研究均引起了广大科研工作者的兴趣。目前文献已积累了较多常温常压下电解质溶液的热力学数据，但高温高压下的实验数据还较少。在理论方面，相较于常规流体不同的其他流体而言，研究也具有更多的挑战性，如何考虑溶质的电离、溶质离子和溶剂分子的相互作用、极性以及离子间的缔合等。目前，用于电解质溶液研究的理论方法主要有经典电解质溶液热力学理论，如 Debye-Hückel 理论、Pitzer 模型、积分方程方法及微扰理论等。随着统计缔合流体理论（SAFT）的提出和发展，近 20 年来应用统计缔合流体理论描述电解质溶液热力学行为获得了越来越多的关注。

自 Arrhenius 认为盐完全解离在对应的溶液中并提出第一个电解质溶液理论模型以来，最具影响力的工作之一应属于 Debye 和 Hückel 提出的理论，简称为 D-H 理论。此理论认为溶质在溶剂中完全解离，溶质离子以点电荷的形式存在，而溶剂被看为具有一定介电常数的连续介质。在溶液中，离子间的静电作用通过求解线性 Poisson-Boltzmann 方程获得，且忽略离子极化。为有效描述离子溶液性质，还提出了离子强度及离子氛厚度等基本概念，此概念一直沿用至今。D-H 理论可以精确地描述单一溶质且浓度较小情况下电解质溶液热力学性质，如溶质的平均离子活度、溶剂渗透系数，但当浓度较大时（摩尔质量浓度 $m>0.001\text{mol/kg}$），由于离子尺寸以及离子极化对溶液性质影响的增强，D-H 理论则显得力不从心，但可以通过在 D-H 理论中引入离子尺寸等其他因素对体系热力学性质的影响从而拓展 D-H 理论的应用范围。对 D-H 理论最为典型的修正为在其溶质平均离子活度系数计算式中加入经验修正项，如 Guggenheim 和 Turgeon 在 D-H 理论中加入线性修正项后，可将 D-H 理论拓展使用到 $0.1\sim1\text{ mol/kg}$ 浓度范围。之后，Bromley 认为在 Guggenheim 和 Turgeon 模型中的相互作用参数应与溶质的离子强度呈线性关系，对 D-H 模型进行了进一步的修正。Bromley 模型可应用至 6 mol/kg。在对 D-H 理论修改中，Meissner 等提出对比活度系数的概念，并发现此值和离子强度具有一定的普遍化关联，为方便计算还提出了一系列普遍化计算关系式，从而大大增强了 D-H 理论在实际电解质溶液中的应用能力。Pizter 等将离子处理为带电硬球，将 D-H 理论中的 Boltzmnn 方程展开为三项，并引入维里展开及纳入非静电相互作用，提出了著名的 Pizter 模型（也可称为 D-H$_3$ 理论）。

除经典的理论模型外，基于统计力学的积分方程方法同样被应用于研究电解质溶液热力学行为，此方法可方便地考虑离子尺寸对体系性质的影响和获得离子的结构信息。积分方程方法一般从 Ornstein-Zernike 方程展开，采用如超网链近似（HNC）、PY 近似及平均球近似（MSA）等不同的近似方法，获得最终的分析或解析表达式。在这几种方法中，由于 MSA 方法可以提供精确的原始模型（溶剂为具有介电常数的连续介质）分析解，因此已被广泛应用于电解质溶液中。基于 MSA 方法的电解质溶液理论，总体上可分为原始模型和非原始模型。在原始模型中，和 D-H 及其他经典理论相似，溶剂仍然作为具有介电常数的连续介质，只为溶剂提供运动空间，而离子则被看为由带电硬球组成；在非原始模型，电解质溶液则被看为由溶剂分子和溶剂离子共同构成的混合物。在对溶质离子的具体处理中，可设正负离子具有相同或不同的离子直径，前者对应的为受限模型，而后者为非受限模型。Waisman 和 Lebowitz 假设溶液中的离子为具有一定体积且大小相等的带电硬球，首先提出了受限原始模型（RPM），在 MSA 框架内获得了分析解，此方法较 D-H 理论要更为简单。Blum 接着将 MSA 拓展至离子具有不同尺寸的球型系统中，即为非受限原始模型。Shiah 和 Tseng 应用 Blum 拓展的 MSA 方法对具不同离子直径的电解质体系进行了研究，假设阳离子有溶剂化作用，其离子直径随盐浓度的变化而变化，而阴离子具有固定直径，用三个可调参数计算了 26 种水溶液电解质的蒸气压数据，取得了良好的效果。Planche 和 Renon 认为分子由具有短程排斥作用且不同大小的硬球构成，提出了一个 MSA 屏蔽参数的简单表达式，并成功计算了浓度达到 6 mol/kg 的电解质溶液渗透系数。Copeman 和 Stein 在 MSA 基础上，考虑了离子的排斥、吸引和静电作用，用 Pauling 和估算的 Bondi 离子直径较好地关联了 13 种 1：1、1：2 和 2：1 强电解质溶液的平均活度系数。Adelman 和 Deutch 则提出混合体系热力学模型，认为混合物由两个组分组成：其中一个组分为带电硬球；另一个为具有永久偶极硬球。近年来，将基于 MSA 积分方程近似解和 SAFT 相结合构建的新的电解质溶液热力学模型已被广泛用于电解质溶液热力学性质的研究中。Stell 和 Lebowitz 在原始模型基础上开发了微扰方法，此方法中纳入了离子硬球直径效应；Henderson 等则通过求解离子 - 偶极模型的拓展项获得了离子系统微扰项。Jin 和 Donohue 将微扰各向异性硬链理论（PACT）拓展至电解质系统，在方程中，他们考虑了分子 - 分子、电荷 - 电荷、电荷 - 分子以及溶液中离子 - 分子之间的相互作用，同时在原始模型基础上引入溶剂的介电常数来修正溶剂化效应，借助这个离子尺寸相关的可调参数模型，在包括多盐系统的电解质水溶液研究中均获得了满意的结果。Chan 认为排斥项在电解质溶液热力学性质的描述中起着重要作用，因此作者在模型中引入 Carnahan-Starling 硬球方程表征排斥力贡献，并用 Stell 和 Lebowitz 根据 RPM 开发的微扰项描述离子 - 离子相互作用，借助实验活度系数拟合得到了离子直径，理论模拟值和实验结果吻合良好，但获得的离子直径和 Pauling 直径实验数据相差较大。Chan 为证明排斥项在模型中的作用，用简单的 D-H 理论表达式取代了方程中 Stell 和 Lebowitz 的六项展开式，研究结果表明通过两种方法可以获得相同的计算精度。Chan 还应用 Henderson 等的离子 - 偶极微扰展开式研究了电解质溶液热力学性质，结果发现模型没有获得更高的计算精度，这可能是由于作者只采用了离子 - 离子相互作用，而 Henderson 等的微扰项中则包括了离子 - 离子、离子 - 偶极和偶极 - 偶极等相互作用。Jackson 及同事基于受限的原始模型（ROM）首次将 SAFT-VR 状态方程拓展至强电解质水溶液，获得了 SAFT-VRE 模型。此模型中，水被处理为具有氢键缔合和方阱色散作用的硬球，离子为没有色散作用的带电硬球，且阴阳离子具有相同的平均直径，离子 - 离子间长程库仑力相互作用通过 MSA 表示，而水 - 水以及离子 - 水之间的长程引力由方阱色散描述，作者成功地计算了 9 种单盐水溶液体系和 1 组混合盐系统在 273～373K 温度范围内的蒸气压和密度。SAFT-VRE 还可预测出水和烷烃混合物中盐析效应。刘文彬等考虑电解质溶液中存在离子 - 离子、离子 - 偶极及偶极 - 偶极等相互作用，基于原始 SAFT 方程获得了电解质溶液热力学模型，此模型可用于模拟 1：1、2：1 及 1：2 等类型溶液平均离子活度系数和溶液密度。借助非原始 MSA 低密度展开理论和 SAFT 模型，刘志平等开发了一两参数电解质模型，其中考虑了溶剂 - 溶剂及离子 - 溶剂之间的相互作用，在此模型中无须溶剂的介电常数经验表达式。刘燕等还将一阶 MSA 理论和 Sutherland 势能相结合开发了可同时用于一价和二价离子电解质溶液的模型。

本书中盐湖溶液化学数据库搜集整理的这些数据，基本包含了利用 Pitzer 模型来研究水盐体系相平衡的基础数据。

参 考 文 献

安琪儿,王朗.2016.矿业城市资源环境承载力的系统动力学模拟.资源与产业,18(6):1-7.

白如江,冷伏海.2014."大数据"时代科学数据整合研究.实践研究,37(1):70-71.

边千韬,沙金庚,郑祥身.1993.西金乌兰晚二叠—早三叠世石英砂岩及其大地构造意义.地质科学,28(4):327-335.

卞锦宇,宋轩,耿雷华,等.2020.太湖流域水资源承载力特征分析及评价研究.节水灌溉,(1):73-78.

曹文虎,吴蝉.2004.卤水资源及其综合利用技术.北京:地质出版社.

唱彤,郦建强,金菊良,等.2020.面向水流系统功能的多维度水资源承载力评价指标体系.水资源保护,36(1):44-51.

陈安东,郑绵平,施林峰,等.2017.柴达木盆地一里坪石膏^{230}Th定年及成盐期与第四纪冰期和构造运动的关系.地球学报,38(4):494-504.

陈奥.2018.基于遥感技术的盐湖资源开发行为对柴达木盆地盐湖区景观变化的影响评估.西宁:中国科学院青海盐湖研究所.

陈兵,胡克,介冬梅,等.2004.吉林西部碱尘气溶胶矿物与元素组成和来源研究.过程工程学报,4:736-741.

陈丹,王然.2015.矿业城市资源环境承载力评价研究——以黄石市为例.中国国土资源经济,28(9):57-61.

陈芳,马英芳,申红艳,等.2007.格尔木市区空气污染的气象条件分析.青海气象,(4):12-16.

陈锦石,赵瑞,霍卫国,等.1981.海相石膏的硫同位素.地质科学,3:273-278.

陈克造,杨绍修,郑喜玉.1981.青藏高原的盐湖.地理学报,(1):13-21.

陈柳竹,马腾,马杰.2015.柴达木盆地盐湖物质来源识别.水文地质工程地质,42(4):101-107.

陈南祥,申瑜.2008.基于熵权属性识别模型的地下水资源承载能力评价.灌溉排水学报,27(4):48-50.

陈启林,张小军,黄成刚,等.2019.柴达木盆地英西地区渐新统硫酸盐硫同位素组成及其地质意义.地质论评,65(3):40-54.

陈强,冶富寿,陈育红,等.2020.青藏高原可可西里盐湖水量平衡初步分析.人民长江,51(5):94-98.

陈帅.2020.柴达木盆地中部高Mg/Li盐湖卤水富镁物源探讨.北京:中国科学院大学.

陈宣华,党玉琪,尹安,等.2010.柴达木盆地及其周缘山系盆山耦合与构造演化.北京:地质出版社.

程芳琴,成怀刚,崔香梅.2011.中国盐湖资源的开发历程及现状.无机盐工业,43(7):1-4.

程军蕊,曹飞凤,楼章华,等.2006.钱塘江流域水资源承载力指标体系研究.浙江水利科技,(4):1-3.

程维明,张明刚.1999.灰色-周期外延组合模型在吉兰太盐湖卤水动态预测中的应用.盐湖研究,7(1):21-27.

程雨光.2007.江西省区域资源环境承载力评价及启示.南昌:南昌大学.

崔丹,曾维华,陈馨.2018.水环境承载力中长期预警研究——以昆明市为例.中国环境科学,38(3):1174-1184.

崔志勇,李志伟,李佳,等.2014.1970—2000年藏北高原内流区冰川储量变化的初探.地球物理学报,57(5):1440-1450.

戴升,申红艳,李林,等.2013.柴达木盆地气候由暖干向暖湿转型的变化特征分析.高原气象,32(1):211-220.

董涛，谭红兵，张文杰，等．2015.西藏地区盐湖锂的地球化学分布规律.河海大学学报（自然科学版），43（3）：230-235.

董文，张新，池天河．2011.我国省级主题功能区划的资源环境承载力指标体系域评价方法.地球信息科学学报，13（2）：177-183.

董治宝，陈渭南，董光荣，等．1996.植被对风沙土风蚀作用的影响.环境科学学报，16（4）：437-443.

都占良，韩廷芳，张德琴，等．2019.格尔木地区近地面逆温层特征及其影响因子分析.青海环境，29（2）：67-71.

杜仲谋．2018.格尔木河中上游水化学变化及其影响因素.盐湖研究，26（1）：25-31.

段振豪，袁见齐．1988.察尔汗盐湖物质来源的研究.现代地质，（4）：420-428.

樊杰，周侃，陈东．2013.生态文明建设中优化国土空间开发格局的经济地理学研究创新与应用实践.经济地理，33（1）：1-8.

樊杰，王亚飞，汤青，等．2015.全国资源环境承载能力监测预警（2014版）学术思路与总体技术流程.地理学报，35（1）：1-9.

樊杰，周侃，王亚飞．2017.全国资源环境承载能力预警（2016版）的基点和技术方法进展.地理科学进展，36（3）：266-276.

樊启顺，马海州，谭红兵，等．2007.柴达木盆地西部卤水特征及成因探讨.地球化学，36（6）：633-637.

樊启顺，马海州，谭红兵，等．2009.柴达木盆地西部油田卤水的硫同位素地球化学特征.矿物岩石地球化学通报，28（2）：137-141.

方创琳，鲍超，张传国．2003.干旱地区生态－生产－生活承载力变化情势与演变情境分析.生态学报，23（9）：1915-1923.

封志明．2006.刘登伟京津冀地区水资源供需平衡及其水资源承载力.自然资源学报，21（5）：689-699.

封志明，李鹏．2018.承载力概念的源起与发展：基于资源环境视角的讨论.自然资源学报，33（9）：1475-1489.

封志明，杨艳昭，张晶．2008.中国基于人粮关系的土地资源承载力研究：从分县到全国.自然资源学报，（5）：865-875.

封志明，杨艳昭，江东，等．2016.自然资源资产负债表编制与资源环境承载力评价.生态学报，36（22）：7140-7145.

封志明，杨艳昭，闫慧敏，等．2017.百年来的资源环境承载力研究：从理论到实践.资源科学，39（3）：379-395.

冯兴雷，付修根，谭富文，等．2010.北羌塘盆地沃若山剖面上三叠统土门格拉组沉积岩地球化学特征与构造背景分析.现代地质，24（5）：910-918.

付小方，侯立玮，王登红，等．2014.四川甘孜甲基卡锂辉石矿矿产调查评价成果.中国地质调查，3：37-43.

高东林，马海州，张西营，等．2006.西台吉乃尔盐湖采卤前的水动态背景.盐湖研究，14（3）：6-9.

高洁，刘玉洁，封志明，等．2018.西藏自治区水土资源承载力监测预警研究.资源科学，40（6）：1209-1221.

高先志，陈发景，马达德，等．2003.中、新生代柴达木北缘的盆地类型与构造演化.西北地质，36（4）：

16-24.

高小芬, 林晓, 张智勇, 等 . 2013. 青藏高原第四纪钾盐矿时空分布特征及成矿控制因素 . 地质通报, 32(1): 186 - 194.

葛拥晓, 吉力力·阿不都外力, 刘东伟, 等 . 2013. 艾比湖干涸湖底 6 种景观类型不同深度富盐沉积物粒径的分形特征 . 中国沙漠, 33(3): 804-812.

郭坚峰 . 2015. 青海可可西里盐湖水化学及硼同位素地球化学特征 . 地球学报, 36(1): 60-66.

郭明航, 田均良, 李军超 . 2009. 地球科学研究数据的分类与组织研究 . 水土保持研究, 16(4): 203-206.

国土资源部 . 2017. 中国矿产资源报告 2017. 北京 : 地质出版社 .

韩凤清 . 2001. 青藏高原盐湖 Li 地球化学 . 盐湖研究, (1): 55-61.

韩立民, 罗青霞 . 2010. 海域环境承载力的评价指标体系及评价方法初探 . 海洋环境科学, 29(3): 446-450.

何金祥 . 2015. 2011—2013 年世界主要矿业国排名 . 世界有色金属, 4: 31-37.

洪业汤, 张鸿斌, 朱詠煊, 等 . 1994. 中国大气降水的硫同位素组成特征 . 自然科学进展 : 国家重点实验室通讯, 4(6): 741-745.

洪业汤, 顾爱良, 王宏卫, 等 . 1995. 黄河硫同位素组成与青藏高原隆起 . 第四纪研究, 15(4): 360-366.

胡东生 . 1994. 可可西里地区湖泊概况 . 盐湖研究, 3: 17-21.

胡东生 . 1995. 可可西里地区湖泊演化 . 干旱区地理, 1: 60-67.

胡东生 . 1996. 柴达木盆地水资源环境及生态效应地球卫星遥感监测研究定位站 . 盐湖研究, 4(2): 5-11.

胡东生 . 1997. 可可西里地区湖泊水体地球化学特征 . 海洋与湖沼, 28(2): 153-164.

胡进武, 王增银, 周炼, 等 . 2004. 岩溶水锶元素水文地球化学特征 . 中国岩溶, 23(1): 38-43.

胡克, 陈兵, 介冬梅, 等 . 2006. 松嫩平原西部碱尘气溶胶的元素特征分析 . 吉林大学学报（地球科学版）, 36(3): 417-423.

黄如花, 邱春艳 . 2013. 国外科学数据共享研究综述 . 情报资料工作, (4): 24-30.

黄师强 . 2001. 论青海一里坪盐湖卤水锂及硼钾镁资源开发 . 新疆有色金属, (S1): 23-25.

黄贤金, 周艳 . 2018. 资源环境承载力研究方法综述 . 中国环境管理, 10(6): 36-42, 54.

吉力力·阿不都外力 . 2012. 干旱区湖泊与盐尘暴 . 北京 : 中国环境科学出版社 .

贾滨洋, 袁一斌, 王雅潞, 等 . 2018. 特大型城市资源环境承载力监测预警指标体系的构建——以成都市为例 . 环境保护, 46(12): 54-57.

贾树海, 王晋, 潘锦华, 等 . 2010. 辽宁中部平原耕地生产潜力及人口承载力的研究 . 浙江农业学, (3): 617-620.

姜盼武, 樊启顺, 秦占杰, 2021. 柴达木盆地水 - 岩硼含量分布特征及其富集区域物源讨论 . 盐湖研究, 29(1): 44-55.

蒋晓辉, 黄强, 惠泱河, 等 . 2001. 陕西关中地区水环境承载力研究 . 环境科学学报, 21(3): 312-317.

焦建 . 2013. 思茅盆地侏罗纪区域成盐找钾研究 . 北京 : 中国矿业大学 .

焦鹏程, 刘成林, 陈永志, 等 . 2003. 罗布泊盐湖晶间卤水运动特征及其动力学分析 . 地球学报, 24(3): 255-260.

介冬梅, 胡克, 白跃华, 等 . 2003. 东北平原西部的碱性尘暴 . 第四纪研究, 23(2): 233.

敬思远.2013.面向绿色虚拟数据中心资源管理的若干关键技术研究.成都：电子科技大学：1-25.

孔红喜，王远飞，周飞，等.2021.鄂博梁构造带油气成藏条件分析及勘探启示.岩性油气藏，33(1)：
　　175-185.

兰利花，田毅.2020.资源环境承载力理论方法研究综述.资源与产业，22(4)：87-96.

李爱英，陈国亮.2010.恢复艾比湖水面抑制干涸湖底尘暴需水量分析.中国西部科技，9(27)：5-6.

李洪普，郑绵平，侯献华，等.2015.柴达木西部南翼山构造富钾深层卤水矿的控制因素及水化学特征.
　　地球学报，36(1)：41-50.

李华姣，安海忠.2013.国内外资源环境承载力模型和评价方法综述——基于内容分析法.中国国土资
　　源经济，26(8)：65-68.

李家桢.1994.大柴旦盐湖硼、锂分布规律.盐湖研究，(1)：18-24.

李建森，董华庆，姜有旭，等.2017.大柴旦温泉沟泉的地球化学成因.盐湖研究，25(2)：55-59.

李建森，凌智永，山发寿，等.2019.东昆仑山南、北两侧富锂盐湖成因的氢、氧和锶同位素指示.湿
　　地科学，17(4)：391-398.

李江海，张华添，李洪林.2015.印度洋大地构造背景及其构造演化：印度洋底大地构造图研究进展.
　　海洋学报，37(7)：1-14.

李军亮.2017.柴北缘中部古近纪—新近纪构造演化与沉积充填耦合关系研究.青岛：中国石油大学
　　（华东）.

李空.2016.全球硼矿资源分布与潜力分析研究.北京：中国地质大学.

李明杰，郑孟林，曹春潮，等.2005.柴达木古近纪—新近纪盆地的形成演化.西北大学学报，35(1)：
　　87-90.

李娜.2012.规划环境影响评价中的水资源承载力分析.城市环境与城市生态，(4)：22-26.

李庆宽，樊启顺，山发寿，等.2018.海陆相蒸发岩硫同位素值变化和地球化学应用.盐湖研究，26(1)：
　　73-80.

李庆宽，王建萍，吴蝉，等.2021.柴达木盆地那棱格勒河及其尾闾盐湖锂成矿物源：来自水化学和锶、
　　硫同位素证据.地质学报，95(7)：2169-2182.

李荣，张国庆，骆清铭，等.2008.上海生命科学数据中心的设计与实现.计算机应用于软件，25(4)：
　　37-39.

李树文，康敏娟.2010.生态-地质环境承载力评价指标体系的探讨.地球与环境，38(1)：85-90.

李祥辉，王成善，伊海生，等.2001.西藏中白垩世和始新世岩相古地理.中国区域地质，20(1)：82-89.

李新，丁永建，南卓铜.2013."中国西部环境与生态科学数据中心"专栏.遥感技术与应用，28(3)：
　　353-354.

李新南，吴立宗，冉有华，等.2008.中国西部环境与生态科学数据中心：面向西部环境与生态科学的
　　数据集成与共享.地球科学进展，23(6)：628-637.

李亚文，韩蔚田.1995.南海海水25℃等温蒸发实验研究.地质科学，(3)：233-239.

李振清.2002.青藏高原碰撞造山过程中的现代热水活动.北京：中国地质科学院.

梁光河.2022.南海中央海盆高精度地震勘探揭示的大陆漂移过程.地学前缘，29(4)：293-306.

梁光河，杨巍然.2022.从南大西洋裂解过程解密大陆漂移的驱动力.地学前缘，29(1)：316-341.

林勇杰, 郑绵平, 刘喜方. 2017. 青藏高原盐湖硼矿资源. 科技导报, (12): 79-84.

刘成林, 王弭力, 焦鹏程, 等. 2002. 罗布泊第四纪卤水钾矿储卤层孔隙成因与储集机制研究. 地质论评, 48(4): 437-444.

刘成林, 王弭力, 焦鹏程. 1999. 新疆罗布泊盐湖氢氧锶硫同位素地球化学及钾矿成矿物质来源. 矿床地质, 18(3): 268-275.

刘闯, 王正兴. 2002. 美国全球变化数据共享的经历对我国数据共享决策的启示. 地球科学进展. 17(1): 151-157.

刘东伟, 吉力力·阿不都外力, 穆桂金, 等. 2009. 艾比湖干涸湖底化学组成及盐尘的风运堆积. 中国环境科学, 29(2): 157-162.

刘朵, 张健, 张荣群, 等. 2014. 柴达木盆地盐湖资源管理信息系统的设计与实现. 测绘与空间地理信息, 37(9): 20-24.

刘鋆, 魏东平. 2012. 中国大陆及邻区板内应力场的数值模拟及动力机制探讨. 地震学报, 34(6): 727-740.

刘润达, 诸云强. 2007. 科学数据共享关键问题探索——以地球系统科学数据共享网为例. 地理科学进展, 26(5): 118-126.

刘润达, 赵辉, 李大玲. 2010. 科学数据共享平台之数据联盟模式初探. 中国基础科学, 12(6): 27-32.

刘润达, 林海清, 赵燕平. 2013. 基于元数据分析的地学共享数据资源现状研究. 科研管理, 34(5): 80-85.

刘文政, 朱瑾. 2017. 资源环境承载力研究进展: 基于地理学综合研究的视角. 中国人口·资源与环境, 27(6): 75-86.

刘细文, 师荣华. 2010. 美国地球科学领域科学数据开放服务的调查分析. 图书馆学研究, 10(20): 68-72, 52.

刘晓东, 田良, 张小曳. 2004. 塔克拉玛干沙尘活动对下游大气 PM_{10} 浓度的影响. 中国环境科学, (5): 17-21.

刘晓丽, 方创琳. 2008. 城市群资源环境承载力研究进展及展望. 地理科学进展, 27(5): 35-42.

刘燕华. 2000. 柴达木盆地水资源合理利用与生态环境保护. 北京: 科学出版社.

刘叶志. 2012. 矿产资源承载力评价及其环境约束分析——以福建省煤炭资源为例. 闽江学院学报, 33(3): 43-48.

刘英俊, 曹励明, 李兆麟, 等. 1984. 元素地球化学. 北京: 科学出版社.

柳祖汉, 吴根耀, 杨孟达, 等. 2006. 柴达木盆地西部新生代沉积特征及其对阿尔金断裂走滑活动的响应. 地质科学, 41(2): 344-354.

龙腾锐, 姜文超. 2003. 水资源(环境)承载力的研究进展. 水科学进展, 14(2): 249-253.

路鹏, 苗良田, 李志雄, 等. 2007. 我国科学数据共享现状的调查与分析. 地震, 27(3): 125-130.

罗芳, 牟中海, 罗晓兰, 等. 2009. 柴达木盆地南翼山构造油砂山组混积沉积相特征. 石油地质与工程, 23(6): 5-8.

骆腾飞, 谭德宝, 文雄飞, 等. 2018. 可可西里湖泊水面面积与雪冰覆盖率相关分析. 水利信息化, 2: 15-20.

闾利, 张廷斌, 易桂花, 等. 2019. 2000 年以来青藏高原湖泊面积变化与气候要素的响应关系. 湖泊科学, 31(2): 573-589.

马培华, 王政存. 1995. 盐湖资源的开发和综合利用技术. 化学进展, 7(3): 214-218, 230.

马荣华, 杨桂山, 段洪涛, 等. 2011. 中国湖泊的数量、面积与空间分布. 中国科学: 地球科学, 41(3): 394-401.

马茹莹. 2015. 青海可可西里盐湖水化学及硼同位素地球化学特征. 地球学报, 36(1): 60-66.

马茹莹, 韩凤清, 马海州, 等. 2003. 西北开发资源环境承载力研究. 咸阳: 西北农林科技大学.

马生玉, 徐亮. 2011. 2010年夏季格尔木河流域汛情及气候成因分析. 青海科技, (1): 38-41.

马孝达. 1981. 西藏中部的海相白垩系. 地层学杂志, 5(2): 133-138.

马孝达. 2003. 西藏中部若干地层问题探讨. 地质通报, 22(9): 695-698.

马新民, 刘池洋, 罗金海, 等. 2014. 柴达木盆地上干柴沟组时代归属及代号变更建议. 现代地质, 28(6): 1266-1274.

毛汉英, 余丹林. 2001a. 环渤海地区区域承载力研究. 地理学报, 56(3): 363-371.

毛汉英, 余丹林. 2001b. 区域承载力定量研究方法探讨. 地球科学进展, 16(4): 549-555.

毛晓长, 刘祥, 董颖. 2018. 等柴达木盆地鸭湖地区水上雅丹地貌成因研究. 地质论评, 64(6): 1505-1518.

梅凡民, 张小曳, 曹军骥, 等. 2004. 定量评价中国北方粉尘源区地表覆盖类型对表土风蚀强度的影响. 海洋地质与第四纪地质, (1): 119-124.

苗丽娟, 王玉广, 张永华, 等. 2006. 海洋生态环境承载力评价指标体系研究. 海洋环境科学, 25(3): 75-77.

南卓铜, 李新, 王亮绪, 等. 2010. 中国西部环境与生态科学数据中心在线共享平台的设计与实现. 冰川冻土, 32(5): 970-975.

牛新生, 刘喜方, 陈文西. 2014. 西藏北羌塘盆地多格错仁地区盐泉水化学特征及其物质来源. 地质学报, 88(6): 1003-1010.

庞小朋. 2009. 青海可西里地区布喀达坂热泉的水化学及泉华沉积的研究. 西宁: 中国科学院青海盐湖研究所.

彭虎, 李才, 解超明, 等. 2014. 藏北羌塘中部日湾茶卡组物源. 地质通报, 33(11): 1715-1726.

彭立才, 杨平, 濮人龙. 1999. 陆相咸化湖泊沉积硫酸盐岩硫同位素组成及其地质意义. 矿物岩石地球化学通报, 18(2): 99-102.

齐文, 郑绵平. 2002. 中国重点盐湖动态变化监测数据库与预警体系. 矿床地质, 21: 52-54.

钱方, 马醒华. 1979. 中国第四纪磁性地层学中几个问题的初步探讨. 科学通报, (23): 1089-1090.

钱广强, 董治宝. 2004. 大气降尘收集方法及相关问题研究. 中国沙漠, 24(6): 119-122.

钱琳. 2007. 西藏芒康盐井盐泉盐地下热盐卤水形成及演化机理分析. 成都: 成都理工大学.

秦西伟. 2019. 昌都-兰坪-思茅盆地泉水地球化学特征与找钾研究. 北京: 中国科学院大学.

邱鹏. 2009. 西部资源环境承载力的评价. 统计与决策, (19): 56-58.

邱盛南, 李衍霖. 1979. 青海某地硼酸盐矿床控制因素的初步探讨. 青海国土经略, (1): 55-64.

屈李华, 刘喜方, 李金锁, 等. 2015. 北羌塘三叠系康鲁组沉积岩地球化学特征及其物源区和构造背景分析. 现代地质, 29(4): 790-801.

曲懿华.1997.试论盐系中泥砾岩成因.化工矿产地质,19(3):162-166.

任纪舜,牛宝贵,王军,等.2013.1∶500万国际亚洲地质图.地球学报,34(1):24-30,129.

任志远,徐茜,杨忍.2011.基于耦合模型的陕西省农业生态环境与经济协调发展研究.干旱区资源与环境,25(12):14-19.

邵世宁,熊先孝.2010.中国硼矿主要矿集区及其资源潜力探讨.化工矿产地质,32(2):65-74.

沈照理.1995.水文地球化学.北京:科学出版社.

盛阳.2015.格尔木地区沙尘气溶胶理化特征及其来源分析.南京:南京师范大学.

司莉,庄晓喆,王思敏,等.2013.2005年以来国外科学数据管理与共享研究进展与启示.研究与实践,3(87):40-49.

宋建国,廖健.1982.柴达木盆地构造特征及油、气区的划分.石油学报,(S1):14-23.

宋彭生.1993.盐湖资源的开发利用,盐湖研究,3:50-59.

宋彭生.2000.盐湖及相关资源开发利用进展.盐湖研究,8(1):1-14.

宋彭生,李武,孙柏,等.2011.盐湖资源开发利用进展.无机化学学报,27(5):801-815.

宋叔和.1994.中国矿床.北京:地质出版社.

苏妮娜,金振奎,宋璠,等.2014.柴达木盆地古近系沉积相研究.中国石油大学学报,38(3):1-9.

孙大鹏,李秉孝,马育华,等.1995.青海湖湖水的蒸发实验研究.盐湖研究,(2):10-19.

孙鸿烈,郑度,姚檀栋,等.2012.青藏高原国家生态安全屏障保护与建设.地理学报,67(1):3-12.

孙平,汪立群,郭泽清,等.2014.柴北缘鄂博梁构造带油气成藏条件及勘探部署.中国石油勘探,19(4):18-25.

孙志华,吴奇之,张一伟,等.2001.层序界面在地球物理资料上的响应特征.石油地球物理勘探,36(5):626-632.

谭红兵,曹成东,李廷伟,等.2007.柴达木盆地西部古近系和新近系油田卤水资源水化学特征及化学演化.古地理学报,9(3):313-320.

汤建荣.2016.柴北缘冷湖构造带第三系盖层封闭能力研究.武汉:中国地质大学.

唐发满,解安福,昝超,等.2020.东、西台吉乃尔盐湖及一里坪盐湖卤水资源开发现状及对策研究.化工矿物与加工,49(2):48-51.

佟伟,朱梅湘,陈民扬.1982.西藏水热区硫同位素组成和深源热补给的研究.北京大学学报（自然科学版）,(2):81-87.

王步清.2006.柴达木盆地新生代构造演化与沉积特征.新疆石油地质,27(6):670-672.

王春男,郭新华,马明珠,等.2008.察尔汗盐湖钾镁盐矿成矿地质背景.西北地质,41(1):97-106.

王德辉,周慧杰,王萌,等.2015.吉林省西部盐碱化区热力景观特征分析.安徽农业科学,43(10):251-253,355.

王浩,秦大庸,王建华,等.2004.西北内陆干旱区水资源承载能力研究.自然资源学报,(2):151-159.

王宏波.2012.柴达木盆地北缘冲断带第三系沉积特征与岩性油气藏预测.成都:成都理工大学.

王建华,姜大川,肖伟华,等.2017.水资源承载力理论基础探析:定义内涵与科学问题.水利学报,48(12):1399-1409.

王建萍,凌智永,陈亮,等.2016.基于多源信息融合理论的盐湖资源综合动态监测及预警系统设计与实现. 盐湖研究, 24(1): 50-57.

王剑, 汪正江, 陈文西, 等. 2007. 藏北北羌塘盆地那底岗日组时代归属的新证据. 地质通报, 26(4): 404-409.

王剑, 付修根, 谭富文, 等. 2010. 羌塘中生代 T3-K1 盆地演化新模式. 沉积学报, 28(5): 884-895.

王卷乐, 孙九林. 2007. 世界数据中心 (WDC) 中国学科中心数据共享进展. 中国基础科学·科技基础性工作, (2): 36-40.

王卷乐, 孙九林. 2009. 地球系统科学数据共享标准规范体系研究与应用. 地理科学进展, 28(6): 839-847.

王珂, 王娜, 雍斌. 2019. 青藏高原羌塘内流区降水时空特征. 水资源保护, 35(3): 25-32.

王磊, 李秀萍, 周璟, 等. 2014. 青藏高原水文模拟的现状及未来. 地球科学进展, 29(6): 674-682.

王立成, 刘成林, 费明明, 等. 2014. 云南兰坪盆地云龙组硫酸盐硫同位素特征及其地质意义. 中国矿业, 23(12): 57-63.

王亮绪, 吴立宗, 南卓铜. 2013. 基于 B2C 架构的综合性科学数据共享系统. 遥感技术与应用, 28(3): 355-361.

王林涛. 2010. 柴达木盆地新近纪层序地层划分及岩相古地理分析. 青岛: 山东科技大学.

王弭力, 杨智琛, 刘成林, 等. 1997a. 柴达木盆地北部盐湖钾矿床及其开发前景. 北京: 地质出版社.

王弭力, 刘成林, 杨志琛, 等. 1997b. 罗布泊罗北凹地特大型钾矿床特征及其成因初探. 地质论评, 43(3): 249.

王秋舒, 元春华. 2019. 全球锂矿供应形势及我国资源安全保障建议. 中国矿业, 28(5): 1-6.

王兴元, 尹宏伟, 邓小林, 等. 2015. 库车坳陷新生代盐岩锶同位素特征及物质来源分析. 南京大学学报, 51(5): 1069-1073.

王莹, 熊先孝, 孙小虹, 等. 2014. 中国硼矿成矿地质特征及资源潜力分析. 化工矿产地质. 36(1): 38-42.

王跃峰, 白朝军. 2012. 西藏盐湖矿产资源遥感定量预测方法研究. 盐湖研究, 20(2): 11-17, 43.

魏文侠, 程言君, 王洁, 等. 2010. 造纸工业资源环境承载力评价指标体系探析. 中国人口·资源与环境, 20(S1): 338-340.

魏新俊. 2002. 柴达木盆地盐湖钾硼锂资源概况及开发前景. 青海国土经略, (s1): 64-69.

魏新俊, 邵长锋, 王弭力, 等. 1993. 柴达木盆地西部富钾盐湖物质组分、沉积特征及形成条件研究. 北京: 地质出版社.

文传浩, 杨桂华, 王焕校. 2002. 自然保护区生态旅游环境承载力综合评价指标体系初步研究. 农业环境保护, 21(4): 365-368.

吴婵, 阎存凤, 李海兵, 等. 2013. 柴达木盆地西部新生代构造演化及其对青藏高原北部生长过程的制约. 岩石学报, 29(6): 2211-2222.

吴光大. 2007. 柴达木盆地构造特征及其对油气分布的控制. 长春: 吉林大学.

吴浩, 许潇锋, 杨晓玥, 等. 2020. 青藏高原及周边区域沙尘气溶胶三维分布和传输特征. 环境科学学报, 40(11): 4081-4091.

肖军, 金章东, 张飞. 2013. 青海湖流域浅层地下水水化学和锶同位素地球化学特征. 中国矿物岩石地球化学学会: 453-454.

肖睿，庞守吉，祝有海，等.2023.新疆甜水海地区红山湖泉水化学特征及其意义.物探与化探，47(1)：39-46.

肖应凯，Shirodkar P V,刘卫国，等.1999.青海柴达木盆地盐湖硼同位素地球化学研究.自然科学进展，9(7)：616-618.

徐强.1996.区域矿产资源承载能力分析几个问题的探讨.自然资源学报，(2)：135-141.

徐威.2015.那棱格勒河冲洪积平原地下水循环模式及其对人类活动的响应研究.长春：吉林大学.

徐勇，张雪飞，李丽娟，等.2016.我国资源环境承载约束地域分异及类型划分.中国科学院院刊，(1)：34-43.

许光清，邹骥.2006.系统动力学方法：原理、特点与最新进展.哈尔滨工业大学学报（社会科学版），(4)：72-77.

许鹏，谭红兵，张燕飞，等.2018.特提斯喜马拉雅带地热水化学特征与物源机制.中国地质，45(6)：1142-1154.

宣之强.2015.中国钾盐、钾肥60年.化工矿产地质，37(4)：249-254.

宣之强.2018.中国盐湖及盐类矿产资源研究回顾与展望.化肥工业，45(1)：53-59.

鄂雪英，丁建丽，李鑫，等.2015.艾比湖湿地退化对盐尘暴发生及运移路径的影响.生态学报，35(17)：5856-5865.

闫旭骞.2006.矿区生态承载力定量评价方法研究.矿业研究与开发，26(3)：82-85.

闫旭骞，徐俊艳.2005.矿区资源环境承载力评价方法研究.金属矿山，(6)：56-59.

闫志为.2008.硫酸根离子对方解石和白云石溶解度的影响.中国岩溶，27(1)：24-31.

严也舟，成金华.2014.重点矿业经济区矿产资源承载力评价.国土资源科技管理，31(4)：29-33.

燕华云，贾绍凤.2003.近50 a来青海水文要素变化特征分析.冰川冻土，27(3)：432-436.

杨贵林，张静娴.1996.柴达木盆地水文特征.干旱区研究，13(1)：7-13.

杨谦.1983.青海省柴达木盆地大、小柴旦盐湖硼矿床地质概况.青海国土经略，(3)：40-65.

杨谦.1993.察尔汗盐湖盐层及钾矿层的分布规律.化工地质，3：186-195.

杨绍修.1989.青藏高原盐湖的形成与分布.湖泊科学，(1)：28-36.

姚檀栋，张寅生，蒲健辰，等.2010.青藏高原唐古拉山口冰川、水文和气候学观测20a：意义与贡献.冰川冻土，32(6)：1152-1161.

于升松.2000.察尔汗盐湖首采区钾卤水动态及其预测.北京：科学出版社.

于升松，谭红兵，曹广超，等.2009.察尔汗盐湖资源可持续利用研究.北京：科学出版社.

余俊清，洪荣昌，高春亮，等.2018.柴达木盆地盐湖锂矿床成矿过程及分布规律.盐湖研究，26(1)：7-14.

袁见齐，霍承禹，蔡克勤.1983.高山深盆的成盐环境——一种新的成盐模式的剖析.地质论评，29(2)：159-165.

袁建国，屈云燕，刘秋颖，等.2018.中国硼矿资源供需趋势分析.中国矿业，27(5)：9-12.

臧士宾，崔俊，郑永仙，等.2012.柴达木盆地南翼山油田新近系油砂山组低渗微裂缝储集层特征及成因分析.古地理学报，14(1)：133-141.

曾胜强，王剑，付修根，等.2013.北羌塘盆地长蛇山油页岩剖面烃源岩生烃潜力及沉积环境.中国地质，

40(6)：1861-1871.

展大鹏，余俊清，高春亮，等. 2010. 柴达木盆地四盐湖卤水锂资源形成的水文地球化学条件. 湖泊科学，22(5)：783-792.

张红. 2007. 国内外资源环境承载力研究述评. 理论学刊，(10)：80-83.

张华，刘成林，王立成，等. 2014. 老挝他曲盆地钾盐矿床蒸发岩硫同位素特征及成钾指示意义. 地质论评，60(4)：851-857.

张继承，姜琦刚，李远华，等. 2007. 近50年来柴达木盆地湿地变迁及其气候背景分析. 吉林大学学报：地球科学版，37(4)：752-758.

张建云，刘九夫，金君良，等. 2019. 青藏高原水资源演变与趋势分析. 中国科学院刊，34(11)：1264-1273.

张俊文. 2018. 花岗岩风化过程锂同位素行为及其环境指示意义. 武汉：中国地质大学.

张莉. 2007. 农业科学数据共享体系建设分析——以国家农业科学数据中心建设为例. 情报探索，(10)：66-68.

张民胜，袁建军，郭育文. 2006. 天津滨海新区盐尘暴成因，危害及生态治理探讨. 盐业与化工，35(4)：29-32.

张敏，尹成明，寿建峰，等. 2004. 柴达木盆地西部地区古近系及新近系碳酸盐岩沉积相. 古地理学报，6(4)：391-400.

张彭熹. 1987. 柴达木盆地盐湖. 北京：科学出版社.

张彭熹，张保珍. 1991. 试论古代异常钾盐蒸发岩的成因——来自柴达木盆地的佐证. 地球化学，(6)：134-143.

张彭熹，张保珍，唐渊，等. 1999. 中国盐湖自然资源及其开发利用. 北京：科学出版社.

张人权，王恒纯，许绍倬. 1990. 水文地质研究中信息的提取与组织. 水文地质工程地质，(2)：1-3.

张守军. 2000. 格尔木市冬季环境空气质量状况及影响因素探析. 青海环境，10(2)：86-89.

张西营，马海州，高东林，等. 2009. 西台吉乃尔盐湖矿区湖水水化学动态变化及其影响因素分析. 水文地质工程地质，(1)：119-121.

张西营，李雯霞，耿鋆，等. 2020. 柴达木盆地盐尘暴及其资源生态环境影响. 盐湖研究，28(1)：11-17.

张宪依，唐菊兴，钟康惠，等. 2005. 滇西保山地体东缘断裂带变形特征及运动学意义. 成都理工大学学报（自然科学版），32(4)：533-539.

张兴赢，庄国顺，袁蕙. 2004. 北京沙尘暴的干盐湖盐渍土源——单颗粒物分析和XPS表面结构分析. 中国环境科学，24(5)：533-537.

张雪飞. 2014. 雅沙图地区居红土硼矿及周围泥火山硼矿化点矿物学与成因研究. 北京：中国地质科学院.

张延敏，曲建升，吴新年. 2006. 地球科学数据导航系统数据资源状况分析. 信息化与网络建设，(7)：73-75.

张以弗，郑祥身. 1996. 青海可可西里地区地质演化. 北京：科学出版社.

张兆永，吉力力·阿不都外力，姜逢清. 2015. 艾比湖流域大气降尘重金属的污染和健康风险. 中国环境科学，35(6)：1645-1653.

章斌. 2012. 基于水化学和环境同位素的秦皇岛洋戴河平原海水入侵机理研究. 厦门：厦门大学.

赵澄林,张亚庆,赵伦,等.1998.柴达木盆地第三系沉积特征和储盖层研究.敦煌:青海石油管理局,1998.

赵鸿.2007.我国硼矿床的类型及工业利用.北京:中国地质大学.

赵继昌,李文鹏,彭建华,等.2007.唐古拉山发源的河水主要元素与锶同位素来源及环境意义.现代地质,21(4):591-599.

赵平,多吉,谢鄂军,金建.2003.中国典型高温热田热水的锶同位素研究.岩石学报,19(3):569-576.

赵顺利,王建萍,王云飞.2016.基于OLI遥感影像的错戳龙错盐湖水深反演研究.盐湖研究,24(1):8-14.

赵为永,侯献华,司丹,等.2018.青海省南翼山地区深层卤水分布规律与潜力评价报告.敦煌:中国石油天然气股份有限公司青海油田分公司.

赵元艺,符家骏,李运.2015.塞尔维亚贾达尔盆地超大型锂硼矿床.地质论评,61(1):34-44.

赵竹子.2015.青藏高原大气气溶胶的理化组成及其来源解析.西安:中国科学院地球环境研究所.

郑度,赵东升.2017.青藏高原的自然环境特征.科技导报,35(6):13-22.

郑绵平.1989.青藏高原盐湖.北京:北京科学技术出版社.

郑绵平.1992.中国矿床-温泉喷气硼矿床:青海雅沙图硼矿床.北京:地质出版社.

郑绵平.2002.盐湖学与大盐湖产业.青海国土经略,S1:21-27.

郑绵平.2006.盐湖学的研究与展望.地质论评,52(6):736-743.

郑绵平.2007.盐类科学研究的扩展——盐体系研究的思考(代序).地质学报,81(12):1603-1607.

郑绵平.2010.中国盐湖资源与生态环境.地质学报,11:3-11.

郑绵平,卜令忠.2009.盐湖资源的合理开发与综合利用.矿产保护与利用,(1):17-22.

郑绵平,刘喜方.2010.青藏高原盐湖水化学及其矿物组合特征.地质学报,84(11):1585-1600.

郑绵平,刘文高,向军,等.1983.论西藏盐湖.地质学报,57(2):185-194.

郑绵平,郑元,刘杰.1990.青藏高原盐湖及地热矿床的新发现.中国地质科学院文集,(1):151.

郑绵平,袁鹤然,刘俊英,等.2007.西藏高原扎布耶盐湖128ka以来沉积特征与古环境记录.地质学报,81(12):1608-1617.

郑绵平,张永生,刘喜方,等.2016.中国盐湖科学技术研究的若干进展与展望.地质学报,90(9):2123-2166.

郑喜玉.1988.西藏盐湖.北京:科学出版社.

郑喜玉,张明刚,徐昶,等.2002.中国盐湖志.北京:科学出版社.

中国大百科全书编委会.2002.中国大百科全书、环境科学.北京:中国环境科学出版社.

中国科学院青海盐湖研究所分析室.1988.卤水和盐的分析方法.北京:科学出版社.

钟康惠,唐菊兴,刘肇昌,等.2006.青藏东缘昌都-思茅构造带中新生代陆内裂谷作用.地质学报,80(9):1295-1311.

朱光有,张水昌,梁英波,等.2006.四川盆地高含 H_2S 天然气的分布与 TSR 成因证据.地质学报,8:1208-1218.

朱丽霞,谭富文,陈明,等.2011.羌塘盆地那底岗日地区上侏罗统—下白垩统碳酸盐岩微量元素与古环境.成都理工大学学报(自然科学版),38(5):549-556.

朱丽霞,谭富文,付修根,等.2012.北羌塘盆地晚中生代地层:早白垩世海相地层的发现.沉积学报,

30(5): 825-833.

朱允铸, 李文生, 吴必豪, 等. 1989. 青海省柴达木盆地一里坪和东、西台吉乃尔湖地质新认识. 地质论评, 35(6): 558-565.

朱允铸, 李争艳, 吴必豪, 等. 1990. 从新构造运动看察尔汗盐湖的形成. 地质学报, 1: 13-21.

庄玮, 邓先伟, 高旭明, 等. 2012. 柴达木盆地南翼山浅油藏油砂山组储层岩石学特征. 科学技术与工程, 12(15): 3729-3733.

Abdourhamane Touré A, Tidjani A D, Rajot J L, et al. 2019. Dynamics of wind erosion and impact of vegetation cover and land use in the Sahel: A case study on sandy dunes in southeastern Niger. Catena, 177: 272-285.

Abuduwaili J, Gabchenko M V, Xu J R. 2008 . Eolian transport of salts—A case study in the area of Lake Ebinur (Xinjiang, Northwest China). Journal of Arid Environments, 72(10): 1843-1852.

Abuduwaili J, Liu D, Wu G. 2010. Saline dust storms and their ecological impacts in arid regions. Journal of Arid Land, 2(2): 144-150.

Araoka D, Kawahata H, Takagi T, et al. 2014. Lithium and strontium isotopic systematics in playas in Nevada, USA: Constraints on the origin of lithium. Mineralium Deposita, 49: 371-379.

Baddock M C, Zobeck T M, Pelt R S V. 2012. Dust emissions from undisturbed and disturbed, crusted playa surfaces: Cattle trampling effects. Aeolian Research, 3(1): 31-41.

Baddock M C, Ginoux P, Bullard J E, et al. 2016. Do modis-defined dust sources have a geomorphological signature?. Geophysical Research Letters, 43(6): 2606-2613.

Bastian M, Heymann S, Gephi M J. 2009. An open source software for exploring and manipulating networks.

Bishop A B. 1974. Carrying Capacity in Regional Environment Management. Washington: Government Printing Office.

Blank R, Young J A, Allen F L. 1999. Aeolian dust in a saline playa environment, Nevada, USA. Journal of Arid Environments, 41(4): 365-381.

Bo Y, Liu C L, Jiao P C, et al. 2013. Hydrochemical characteristics and controlling factors for waters' chemical composition in the Tarim Basin, Western China. Chemie der ERDE, 73(3): 343-356.

Breen A N, Richards J H. 2008. Seedling growth and nutrient content of two desert shrubs growing in amended soil. Arid Land Research and Management, 22(1): 46-61.

Bucher K, Grapes R. 2011. Petrogenesis of Metamorphic Rocks. Berlin: Springer.

Carey D I. 1993. Development based on carrying capacity: A strategy for environmental protection. Global Environmental Change, 3(93): 140-148.

Cerling T, Pederson B, Von Damm K. 1989. Sodium-calcium ion exchange in the weathering of shales: Implications for global weathering budgets. Geology, 17: 552-554.

Chen C H. 2000. A study of water land environmental carrying capacity for a river basin. Water Science & Technology, 42(3): 389-396.

Chen K , Bowler J M. 1986. Late Pleistocene evolution of salt lakes in the Qaidam Basin, Qinghai Province, China. Palaeogeography Palaeoclimatology Palaeoecology, 54: 87-104.

Davis S, Whittemore D, Fabryka-Martin J. 1998. Uses of chloride/bromide ratios in studies of potable water. Ground Water, 36(2) : 338-350.

Du Z M. 2018. Hydrochemical changes of waters from the upper-middle reaches of Golmud River and their influencing factors. Journal of Salt Lake Research, 26(1): 25-31.

Edgar R C. 2013. UPARSE: highly accurate OTU sequences from microbial amplicon reads. Nature Methods, 10(10): 996.

Fan Q, Lowenstein T K, Wei H. 2018. Sr isotope and major ion compositional evidence for formation of Qarhan Salt Lake, western China. Chemical Geology, 497: 128-145.

Feng J, Chen F, Hu H. 2017. Isotopic study of the source and cycle of sulfur in the Yamdrok Tso basin, Southern Tibet, China. Applied Geochemistry, 85: 61-72.

Feng Q, Liu W, Su Y, et al. 2004. Distribution and evolution of water chemistry in Heihe River basin. Environmental Geology, 45(7): 947-956.

Fontes J C, Matray J. 1993. Geochemistry and origin of formation brines from the Paris Basin, France: 1. Brines associated with Triassic salts. Chemical Geology, 109: 149-175.

Franck S, Von Bloh W, Muller C, et al. 2011. Harvesting the sun: New estimations of the maximum population of planet earth. Environmental Sciences & Ecology, 222(12): 2019-2026.

Gaillardet J, Viers J, Dupré B. 2003. Trace elements in river waters. Treatise Geochem, 5(s1): 195-235.

Garrett D E. 2004. Handbook of Lithium and Natural Calcium Chloride Part I: Lithium. New York: Academic Press.

Gaston C J, Pratt K A, Suski K J, et al. 2017. Laboratory studies of the cloud droplet activation properties and corresponding chemistry of saline playa dust. Environmental Science & Technology, 51(3): 1348-1356.

Ge Y X, Jilili A, Ma L, et al. 2016. Potential transport pathways of dust emanating from the playa of Ebinur Lake, Xinjiang, in arid northwest China. Atmospheric Research,178-179: 196-206.

Geological Atlas of China. 2002. The Geological Map of Qinghai-Tibetan Plateau. Beijing: Geological Publishing House.

Gill T E, Gillette D A, Niemeyer T, et al. 2002. Elemental geochemistry of wind-erodible playa sediments, Owens Lake, California. Nuclear Instruments & Methods in Physics Research, 189(1-4): 209-213.

Godfrey L V, Chan L H, Alonso R N, et al. 2013. The role of climate in the accumulation of lithium-rich brine in the Central Andes. Applied Geochemistry, 38: 92-102.

Goldstein H L, Breit G N, Reynolds R L. 2017. Controls on the chemical composition of saline surface crusts and emitted dust from a wet playa in the Mojave Desert (USA). Journal of Arid Environments, 140: 50-66.

Grew E, Anowitz L. 1996. Boron: Mineralogy, Petrology and Geochemistry. Mineralogical Society of America, 33: 862.

Guo Q H. 2012. Hydrogeochemistry of high-temperature geothermal systems in China: A review. Applied Geochemistry, 27: 1887-1898.

Guo Q, Wang Y. 2012. Geochemistry of hot springs in the Tengchong hydrothermal areas, Southwestern China. Journal of Volcanology and Geothermal Research, 215: 61-73.

Han J, Jiang H, Xu J, et al. 2018. Hydraulic connection affects uranium distribution in the Gas Hure salt lake, Qaidam Basin, China. Environmental Science and Pollution Research, 25(5): 4881-4895.

Haq B U, Hardenbo J, Vail P R. 1987. Chronology of fluntuating sea level since the Triassic. Science, 235: 1156-1167.

Heermance R, Pullen A, Kapp P, et al. 2013. Climatic and tectonic controls on sedimentation and erosion during the Pliocene-Quaternary in the Qaidam Basin (China). Geological Society of America Bulletin, 125(5-6): 833-856.

Hite R J. 1974. Evaporite depostits of the Khorat Plateau, northeastern Thailand. Northern Ohio Geological Society, Proc. Fourth Symposium on Salt.

Holser W T, Kaplan I R. 1966. Isotope geochemistry of sedimentary sulfates. Chem Geol, 1: 93-135.

Huh Y, Chan L H, Zhang L B, et al. 1998. Lithium and its isotopes in major world rivers: implications for weathering and the oceanic budget. Geochimica et Cosmochimica Acta, 62(12): 2039-2051.

Hurlbert S. 2008. The Salton Sea Centennial Symposium. Berlin: Springer.

Ide F Y, Kunasz I A. 1989. Origin of lithium in salar de Atacama, Northern Chile. Geology of Andes, 2: 165-172.

ION. 2014. Seismic exploration in the Indian marginal sea. Research report on 76th Annual Meeting of European Geophysicists and Engineers. Amsterdam.

Jackson J. 2002. Strength of the continental lithosphere: Time to abandon the jelly sandwich? GSA Today, 12: 4-9.

Jill E J, Mitiasoa R, Humberto L, et al. 2019. The disappearing Salton Sea: A critical reflection on the emerging environmental threat of disappearing saline lakes and potential impacts on children's health. Science of the Total Environment, 663: 804-817.

Kaplan I R, Rittenberg S C. 1964. Microbiological fractionation of sulphur isotopes. Journal of General Microbiology, 34(2): 195-212.

Kesler S E, Gruber P W, Medina P A, et al. 2012. Global lithium resources: Relative importance of pegmatite, brine and other deposits. Ore Goelogy Reviews, 48: 55-69.

Kharaka Y K, Hanor J S. 2007. Deep Fluids in the Continents: I. Sedimentary Basins. Treatise on Geochemistry, 5: 1-48.

Kharaka Y, Maest A, Carothers W, et al. 1987. Geochemistry of metal-rich brines from central Mississippi salt dome basin, USA. Applied Geochemistry, 2: 543-561.

King J, Etyemezian V, Sweeney M, et al. 2012. Dust emission variability at the Salton Sea, California, USA. Aeolian Research, 3(1): 67-79.

Klinger Y, Xu X W, Tapponnier P, et al. 2005. Highresolution satellite imagery mapping of the surface rupture and slip distribution of the Mw~7. 8, 14 November 2001 Kokoxili Earthquake, Kunlun Fault, Northern Tibet. Bulletin of Seismology Society of America, 95: 1970-1987.

Koehler K A, Kreidenweis S M, de Mott P J, et al. 2007. Potential impact of Owens (dry) Lake dust on warm and cold cloud formation. Journal of Geophysical Research: Earth Surface, 112(D12): 1-12.

Koehonen J V, Fairhead J D, Hamoudi M. 2017. Magnetic Anomaly Map of the World,Scale: 1 ∶ 50,000,000,1st edition. Paris: Commission for the Geological Map of the World.

Kohlstedt D L, Evans B, Mackwell S J. 1995. Strength of the lithosphere: Constraints imposed by laboratory experiments. Journal of Geophysical Research: Solid Earth, 100(B9): 17587-17602.

Kunii O, Hashizume M, Chiba M, et al. 2003. Respiratory symptoms and pulmonary function among school-age children in the aral sea region. Archives of Environmental Health, 58(11): 676-682.

Land L S, Prezbindowski D R. 1981. The origin and evolution of saline formation water, Lower Cretaceous carbonates, south-central Texas, USA. Journal of Hydrology, 54: 51-74.

Li Q K, Fan Q S, Wei H C, et al. 2020. Sulfur isotope constraints on the formation of $MgSO_4$-deficient evaporites in the Qarhan salt Lake, western China. Journal of Asian Earth Sciences, 189: 104160.

Li X Q, Gan Y Q, Zhou A G, et al. 2013. Hydrological controls on the sources of dissolved sulfate in the Heihe River, a large inland river in the arid northwestern China, inferred from S and O isotopes. Applied Geochemistry, 35: 99-109.

Liang G H. 2020. Study on the dynamic mechanism of northward drift of the Indian Plate. Earth Science Frontiers, 27(1): 211-220.

Lowenstein T K, Spencer R J, Zhang P X. 1989. Origin of ancient potash evaporites: clues from the modern nonmarine Qaidam Basin of western China. Science, 245: 1090-1092.

Ma J, Zhang P, Zhu G, et al. 2012. The composition and distribution of chemicals and isotopes in precipitation in the Shiyang River system,northwestern China. Journal of Hydrology, 436-437: 92-101.

Mao X C, Liu X, Dong Y. 2018. Research on the genesis of semi-submerged Yardang landform in the Duck Lake area of Qaidam Basin. Geological Review, 64(6): 1505-1518.

McKeon G M, Stone G S, Syktus J I, et al. 2009. Climate change impacts on northern Australian range land livestock carrying capacity: A review of issues. The Range Land Journal, 31(1): 1-29.

Meadows D H, Meadows D L, Randers J, et al. 1972. The Limits to Growth: A Report for the Club of Rome's Project on the Predicament of Mankind. New York: Universe Books.

Meybeck M, Helmer R. 1989. The quality of rivers: From pristine stage to global pollution. Palaeogeography Palaeoclimatology Palaeoecology, 75(4): 283-309.

Odum E P. 1989. Ecology and our Endangered Life-Support Systems. Sunderland: Sinauer Associates Cambridge.

Okin G S, Painter T H. 2003. Effect of grain size on remotely sensed spectral reflectance of sandy desert surfaces. Remote Sensing of Environment, 89(3): 272-280.

Orlovsky N, Orlovsky L, Yang Y, et al. 2003. Salt duststorms of central Asia since 1960s. Journal of Desert Research, 23(1): 18-27.

Ortí F, Rosell L. 2000. Evaporative systems and diagenetic patterns in the Calatayud Basin (Miocene, central Spain). Sedimentology, 47: 665-685.

Palmer M R, Edmond J M. 1989. The strontium isotopic budget of the modern ocean. Earth Planet Sci Lett, 92: 11-26.

Park R E, Burgess E W. 1921. An Introduction to the Science of Soci-ology. Chicogo: University of Chicago Press.

Pratt K A, Twohy C H, Murphy S M, et al. 2010. Observation of playa salts as nuclei in orographic wave clouds. Journal of Geophysical Research Atmospheres, 115(D15): 346-361.

Qiang M, Lang L, Wang Z. 2010. Do fine-grained components of loess indicate westerlies: Insights from observations of dust storm deposits at Lenghu (Qaidam Basin, China). Journal of Arid Environments, 74(10): 1232-1239.

Quick D J, Chadwick O A. 2011. Accumulation of salt-rich dust from Owens Lake playa in nearby alluvial soils. Aeolian Research, 3(1): 23-29.

R Core Team. 2014. R: A language and environment for statistical computing. R Foundation for Statistical Computing, Vienna, Austria.

Raab M, Spiro B. 1991. Sulfur isotopic variations during seawater evaporation with fractional crystallization. Chemical Geology: Isotope Geoscience Section, 86(4): 323-333.

Rashki A, Kaskaoutis D G, Rautenbach C J D, et al. 2012. Dust storms and their horizontal dust loading in the Sistan region, Iran. Aeolian research, 5(1): 51-62.

Reheis M C. 1997. Dust deposition downwind of Owens (dry) Lake, 1991—1994: Preliminary findings. Journal of Geophysical Research, 102(D22): 25999-26008.

Reheis M C. 2006. A 16-year record of eolian dust in Southern Nevada and California, USA: Controls on dust generation and accumulation. Journal of Arid Environments, 67(3): 487-520.

Reid W V, Chen D, Goldfarb L, et al. 2010. Earth system science for global sustainability: Grand challenges. Science, 330(6006): 916-917.

Reynolds R L, Yount J C, Reheis M, et al. 2007. Dust emission from wet and dry playas in the Mojave Desert, USA. Earth Surface Processes and Landforms, 32(12): 1811-1827.

Rifting F D. 2013. lithosphere breakup and volcanism: Comparison of magma-poor and volcanic rifted margins. Marine and Petroleum Geology, 43: 63-87.

Rittenhouse G. 1967. Bromine in oil field waters and its use in determining possibilities of origin of these waters. AAPG Bulletin, 51(12): 2430-2440.

Rohrmann A, Heermance R, Kapp P, et al. 2013. Wind as the primary driver of erosion in the Qaidam Basin,China. Earth and Planetary Science Letters, 374: 1-10.

Sakai H. 1968. Isotopic properties of sulfur compounds in hydrothermal processes. Geochem J, 2(1): 1527-1531.

Seelig U, Bucher K. 2010. Halogens in water from the crystalline basement of the Gotthard rail base tunnel (central Alps). Geochimica et Cosmochimica Acta, 74(9): 2581-2595.

Steinmetz R L L. 2017. Lithium- and boron-bearing brines in the Central Andes: Exploring hydrofacies on the eastern Puna plateau between 23° and 23°30′S. Mineralium Deposita, 52: 35-50.

Stober I, Bucher K. 1999. Origin of salinity of deep groundwater in crystalline rocks. Terra Nova, 11(4): 181-185.

Stober I, Zhong J, Zhang L, et al. 2016. Deep hydrothermal fluid–rock interaction: the thermal springs of Da Qaidam, China. Geofluids, (16): 711-728.

Stoessell R K, Carpenter A B. 1986. Stoichiometric saturation tests of NaCl 1-xBrx and KCl 1-xBrx. Geochimica et Cosmochimica Acta, 50: 1465-1474.

Strauss H. 1999. Geological evolution from isotope proxy signals-sulfer. Chemical Geology, 161: 89-101.

Streimikiene D. 2008. Girdzijauskas,S. Logistic Growth Model for Analysis of Sustainable Growth. Transformation in Business& Economic, 7(3): 218-235.

Tabakh M, Utha-Aroon C, Schreiber B C. 1999. Sedimentology of the Cretaceous Maha Sarakham evaporates in the Khorat Plateau of northeastern Thailand. Sedimentary Geology, 123: 31-62.

Tan H B, Rao W B, Ma H Z, et al. 2011. Hydrogen, oxygen, helium and strontium isotopic constraints on the formation of oilfield waters in the western Qaidam Basin, China. Journal of Asian Earth Sciences, 40: 651-660.

Tan H B, Chen J, Rao W B, et al. 2012. Geothermal constraints on enrichment of boron and lithium in salt lakes: An example from a river-salt lake system on the northern slope of the eastern Kunlun Mountains, China. Journal of Asian Earth Sciences, 51: 21-29.

Tang M J, Zhang H H, Gu W J, et al. 2019. Hygroscopic properties of saline mineral dust from different regions in China: Geographical variations, compositional dependence, and atmospheric implications. Journal of Geophysical Research: Atmospheres, 124(20): 1-14.

Thode H G, Monster J. 1965. Sulfur isotope geochemistry of petroleum, evaporites, and ancient seas. AAPG Bulletin, 4: 367-377.

Twohy C H, Kreidenweis S M, Eidhammer T, et al. 2009. Saharan dust particles nucleate droplets in eastern Atlantic clouds. Geophysical Research Letters, 36(1): 1-6.

USGS. 2016. Mineral commodity summaries. Virginia State: United States Geological Survey.

Vengosh A, Kolodny Y, Starinsky A, et al. 1991. Coprecipitation and isotopic fractionation of boron in modern biogenic carbonates. Geochimica Et Cosmochimica Acta, 55(10): 2901-2910.

Vetter S, Bond W. 2012. Changing predictors of spatial and temporal variability in stocking rates in a severely degraded communal range land. Land Degradation & Development, 23(2): 190-199.

Wanner C, Bucher K, Pogge von Strandmann P, et al. 2017. On the use of Li isotopes as a proxy for water-rock interaction in fractured crystalline rocks: A case study from the Gotthard rail base tunnel. Geochimica Et Cosmochimica Acta, 198: 396-418.

Wei H Z, Jiang S Y, Tan H B, et al. 2014. Boron isotope geochemistry of salt sediments from the Dongtai salt lake in Qaidam Basin: Boron budget and sources. Chemical Geology, 380: 74-83.

Wetzel R G. 1975. Limnology. Philadelphia, USA, Saunders Company.

Wu C, Wooden J, Yang J, et al. 2006. Granitic magmatism in the North Qaidam early paleozoic ultrahigh-pressure metamorphic belt, Northwest China. International Geology Review, 48(3): 223-240.

Wu W H, Xu S J, Yang J D, et al. 2009. Sr fluxes and isotopic compositions in the headwaters of the Yangtze River, Tongtian River and Jinsha River originating from the Qinghai-Tibet Plateau. Chemical Geology, 260: 63-72.

Wu W. 2016. Hydrochemistry of inland rivers in the north Tibetan Plateau: Constraints and weathering rate estimation. Science of the Total Environment, 541: 468-482.

Wu Z H, Ye P S, Baeosh P J, et al. 2012. Early cenozoic mega thrusting in the Qiangtang block of the northern Tibet—an Plateau. Acta Geologica Sinica, 86(4): 799-809.

Xu Q, Zhao J M, Yuan X, et al. 2015. Mapping crustal structure beneath southern Tibet: Seismic evidence for continental crustal underthrusting. Gondwana Research, 27(4): 1487-1493.

Xu W. 2015. Groundwater cycle patterns and its response to human activities in Nalenggele alluvial-proluvial plain. A thesis submitted for the degree of Doctor.

Yin A, Rumelhart P, Butler R, et al. 2002. Tectonic history of the Altyn Tagh fault system in northern Tibet inferred from Cenozoic sedimentation. Geological Society of America Bulletin, 114(10): 1257-1295.

Yu J Q, Gao C L, Cheng A Y, et al. 2013. Geomorphic, hydroclimatic and hydrothermal controls on the formation of lithium brine deposits in the Qaidam Basin, northern Tibetan Plateau, China. Ore Geology Reviews, 50: 171-183.

Yu J, Zhang L, Gao C, et al. 2012. Geomorphic and hydroclimatic controls on the formation of evaporite deposits in the Qaidam Basin,northern Tibetan Plateau, China. Ore Geology Reviews, 50(2013): 171-183.

Zhan D P, Yu J Q, Gao C L, et al. 2010. Hydrochemical conditions and lithium brine formation in the four salt lakes of Qaidam Basin. Journal of Lake Sciences, 22(5): 783-792.

Zhang G, Liu C Q, Liu H, et al. 2008. Geochemistry of the Rehai and Ruidian geothermal waters, Yunnan Province, China. Geothermics, 37: 73-83.

Zhang G, Yao T, Shum C K, et al. 2017. Lake volume and groundwater storage variations in Tibetan Plateau's endorheic basin. Geophysical Research Letters, 44: 5550-5560.

Zhang L, Vet R, Wiebe A, et al. 2008. Characterization of the size-segregated water-soluble inorganic ions at eight Canadian rural sites. Atmospheric Chemistry and Physics, 8(149): 13801-13845.

Zhang X R, Fan Q S, Li Q K, et al. 2019. The source, distribution, and sedimentary pattern of K-rich brines in the Qaidam Basin, western China. Minerals, 9: 655.

Zhang Y, Tan H, Zhang W, et al. 2016. Geochemical constraint on origin and evolution of solutes in geothermal springs in western Yunnan, China. Chemie der Erde-Geochemistry, 76: 63-75.

Zheng M P, Zhang Y S, Liu X F, et al. 2016. Progress and prospects of salt lake research in China. Acta Geologica Sinica (English Edition), 90(4): 1195-1235.

Zhu G, Su Y, Feng Q. 2008. The hydrochemical characteristics and evolution of groundwater and surface water in the Heihe River Basin,northwest China. Hydrogelogy Journal, 16(1): 167-182.

Zhu Y, Li Z,Wu B, et al. 1990. The formation of the Qarhan Saline Lakes as viewed in the light of neotectonic movement. Acta Geologica Sinica-English Edition, 3(3): 247-260.

附录

科考日志

一、柴达木盆地野外调查及采样日志

（日期：2020 年 8 月至 2021 年 2 月）

日期	工作内容	停留地点
2020 年 8 月 14～20 日	格尔木—大浪滩：大浪滩地区取样调查并留影拍照	花土沟
2020 年 9 月 9～13 日	格尔木—阿拉巴斯套地区：阿拉巴斯套地区取样调查并留影拍照	花土沟
2020 年 10 月 26 日	格尔木—鸭湖构造地区：鸭湖构造地区取样调查并留影拍照	冷湖
2020 年 10 月 30 日	格尔木—南里滩地区：南里滩地区取样调查并留影拍照	南里滩
2020 年 11 月 1～3 日	格尔木—鸭湖构造地区：鸭湖构造地区取样调查并留影拍照	西台项目组
2020 年 11 月 3～4 日	鸭湖构造地区—红三旱 4 号地区：红三旱 4 号地区取样调查并留影拍照	锂资源项目组
2020 年 11 月 12～15 日	格尔木—南翼山构造地区：南翼山构造地区取样调查并留影拍照	花土沟
2020 年 11 月 15～17 日	南翼山构造地区—鄂博梁 II 号构造地区：鄂博梁 II 号构造地区取样调查并留影拍照	冷湖
2020 年 12 月 15～18 日	格尔木—落雁山构造地区：落雁山构造地区取样调查并留影拍照	冷湖
2021 年 2 月 21～25 日	格尔木—雅沙图地区取样调查并留影拍照	大柴旦

二、可可西里无人区盐湖考察日志

（日期：2019 年 12 月 21 日至 2020 年 1 月 11 日）

日期	工作内容	停留地点
2019 年 12 月 21 日	西宁—格尔木：从西宁出发到格尔木	格尔木
2019 年 12 月 22 日	格尔木：购买野外必须物品（食材），办理进山手续	格尔木
2019 年 12 月 23 日	格尔木：购买野外必须物品（油料），办理进山手续	格尔木
2019 年 12 月 24 日	格尔木—索南达杰自然保护站：从格尔木出发到可可西里	可可西里索南达杰自然保护站
2019 年 12 月 25 日	前往小盐湖采样点，路上车辆陷车，并严重损坏返回所站	可可西里索南达杰自然保护站
2019 年 12 月 26 日	损坏车辆返回格尔木维修，其余人员在所站，准备再次进山	可可西里索南达杰自然保护站
2019 年 12 月 27 日	从所站出发，从南线前往苟鲁错盐湖采集样品	牧民帐篷
2019 年 12 月 28 日	出发前往特拉什湖采集样品	特拉什盐湖附近
2019 年 12 月 29 日	前往明镜湖，采集明镜湖样品	明镜湖附近
2019 年 12 月 30 日	采集乌兰乌拉湖样品，并采集入流河床沉积物、围岩等样品	乌兰乌拉湖附近
2019 年 12 月 31 日	前往西金乌兰，采集西金乌兰湖样品	西金乌兰湖附近
2020 年 01 月 01 日	油料不足，返回五道梁进行补充	五道梁
2020 年 01 月 02 日	由于高反严重，科考队员在五道梁休整，准备开始北线采样工作	五道梁
2020 年 01 月 03 日	五道梁—卓乃湖：前往卓乃湖保护站，采集卓乃湖样品	卓乃湖保护站
2020 年 01 月 04 日	从卓乃湖保护站出发，前往太阳湖，路途中两辆车损坏返回卓乃湖站，其余 8 人和 3 辆车继续赶路，当天未到达太阳湖	马兰山脚下

续表

日期	工作内容	停留地点
2020 年 01 月 05 日	采集太阳湖、沸泉、勒斜武担样品,在布喀达坂峰下拍照留念,同时,采集了入流河水样品、火山岩、花岗岩等样品	马兰山脚下
2020 年 01 月 06 日	采集可可西里湖和可考湖样品,当天返回卓乃湖保护站,晚10 点安全到达卓乃湖保护站	卓乃湖保护站
2020 年 01 月 07 日	从卓乃湖保护站返回五道梁,当天晚上到达五道梁,至此北线采样	五道梁
2020 年 01 月 08 日	从五道梁出发,前往库赛湖、海丁诺尔和新生湖采集样品,并于当晚返回五道梁,到达五道梁时间约为晚上 10:30	五道梁
2020 年 01 月 09 日	从五道梁出发,经过所站,采集小盐湖样品,并于当晚返回格尔木	格尔木
2020 年 01 月 10 日	在格尔木整理样品,准备返回西宁	格尔木
2020 年 01 月 11 日	返回西宁	西宁

三、西藏盐湖野外考察日志

(日期:2021 年 8 月 17 日至 2021 年 9 月 22 日)

日期	工作内容	停留地点
2021 年 8 月 17 日	4 人乘坐两辆越野车、1 辆皮卡车从西宁前往格尔木市,中途越野车故障,重新雇佣 1 辆越野车;2 人乘飞机从西宁前往拉萨市	拉萨市
2021 年 8 月 18 日	4 人乘坐两辆越野车、1 辆皮卡车从格尔木市前往唐古拉山镇;中途 2 人乘 1 辆越野车返回格尔木市,当晚于格尔木市人民医院住宿;2 人住宿于唐古拉山镇;2 人在拉萨办理科考相关手续	拉萨市
2021 年 8 月 19 日	格尔木市办理相关手续,新雇佣 1 辆越野车,并住宿于格尔木市;2 人前往那曲市,住宿于那曲市;2 人从拉萨乘坐火车前往那曲市	那曲市
2021 年 8 月 20 日	两辆越野车从格尔木市前往那曲市;4 人在那曲市考察,并住宿于那曲市	那曲市
2021 年 8 月 21 日	5 人前往班戈县开展科考工作,并住宿于班戈县	班戈县
2021 年 8 月 22 日	5 人在班戈县开展科考工作,当晚在盐湖周边住宿(帐篷)	帐篷
2021 年 8 月 23 日	5 人在班戈县、双湖县开展盐湖科考工作,并于当晚前往尼玛县住宿	尼玛县
2021 年 8 月 24 日	5 人在尼玛县办理相关手续,并进行科考工作,当晚住宿于尼玛县	尼玛县
2021 年 8 月 25 日	5 人在双湖县开展科考工作,并住宿于尼玛县	尼玛县
2021 年 8 月 26 日	5 人前往尼玛县荣玛乡开展科考工作,当晚住宿于荣玛乡政府	荣玛乡
2021 年 8 月 27 日	5 人在荣玛乡开展科考工作,当晚住宿于羌塘自然保护区玛依管护站(帐篷)	帐篷
2021 年 8 月 28 日	5 人在荣玛乡开展科考工作,住宿于双湖县措折强玛乡(帐篷)	帐篷
2021 年 8 月 29 日	5 人在双湖县开展科考工作,并住宿于双湖县	双湖县
2021 年 8 月 30 日	5 人在双湖县开展科考工作,并住宿于双湖县	双湖县
2021 年 8 月 31 日	5 人在双湖县开展科考工作,住宿于双湖县	双湖县

续表

日期	工作内容	停留地点
2021 年 9 月 2 日	5 人前往尼玛县文布乡当穷错开展科考工作，并住宿于尼玛县	尼玛县
2021 年 9 月 3 日	5 人在尼玛县和改则县开展科考工作，并将部分样品邮寄回西宁，住宿于改则县	改则县
2021 年 9 月 4 日	人在改则县办理相关手续，并在周边开展科考工作	改则县
2021 年 9 月 5 日	5 人前往改则县察布乡开展科考工作，并住宿于改则县	改则县
2021 年 9 月 6 日	5 人在措勤县和仲巴县开展科考活动，并住宿于改则县	改则县
2021 年 9 月 7 日	5 人在改则县开展科考工作，住宿于改则县	改则县
2021 年 9 月 8 日	5 人在改则县开展科考工作，住宿于改则县	改则县
2021 年 9 月 9 日	5 人前往改则县麻米乡开展科考工作，并赶往革吉县盐湖乡住宿	盐湖乡
2021 年 9 月 10 日	5 人在盐湖乡周边开展科考工作，并于盐湖乡住宿	盐湖乡
2021 年 9 月 11 日	5 人在盐湖乡周边开展科考工作，并赶往狮泉河镇住宿	狮泉河镇
2021 年 9 月 12 日	5 人在狮泉河镇办理相关手续，并开展科考工作，住宿于狮泉河镇	狮泉河镇
2021 年 9 月 13 日	5 人前往日土县开展科考工作，完成科考工作后，1 人将已采集样品运回拉萨，当晚住宿于狮泉河镇，其余 4 人住宿于结则茶卡矿区	结则茶卡矿区
2021 年 9 月 14 日	4 人在日土县开展科考工作，住宿于多玛乡；1 人运送样品并住宿于吉隆县	吉隆县和多玛乡
2021 年 9 月 15 日	4 人在噶尔县开展科考工作，并住宿于普兰县；1 人运送样品并住宿于拉萨市	普兰县和拉萨市
2021 年 9 月 16 日	4 人在萨嘎县开展科考工作，并住宿于萨嘎县；1 人住宿于拉萨市	萨嘎县和拉萨市
2021 年 9 月 17 日	4 人在日喀则市开展科考工作，并住宿于拉萨市；1 人从拉萨坐飞机返回西宁	拉萨市
2021 年 9 月 18 日	李庆宽等 4 人在拉萨市开展科考工作，并住宿于拉萨市	拉萨市
2021 年 9 月 19 日	李庆宽等 4 人前往林芝市开展科考工作，并住宿于林芝市	林芝市
2021 年 9 月 20 日	2 人前往八宿县开展科考工作，并住宿于八宿县；2 人乘飞机返回西宁	八宿县
2021 年 9 月 21 日	2 人前往襄谦县开展科考工作，并住宿于玉树结古镇	玉树结古镇
2021 年 9 月 22 日	2 人由玉树返回西宁市，科考任务结束	西宁市

四、新疆西昆仑山间盆地盐湖资源及生态环境调查科学考察日志

（日期：2021 年 4 月 10 日至 2021 年 5 月 18 日）

日期	具体内容	停留地点
2021 年 4 月 10 日	早晨 9:00 由西宁市出发沿京藏高速及茶德高速到达大柴旦镇，住宿	大柴旦镇
2021 年 4 月 11 日	早晨 8:00，由大柴旦镇出发，沿 315 国道进入新疆巴音郭楞蒙古自治州，途经花土沟、阿尔金山脉，沿途采集部分河水样品。于晚上 10:00 到达新疆若羌县住宿休整	新疆若羌县
2021 年 4 月 12 日	早晨 8:30 由若羌县出发，途经且末县，沿途采集部分河水样品。于晚上 9 点到达和田地区民丰县住宿	民丰县
2021 年 4 月 13 日	早晨 8:30，由民丰县出发，沿在修国道 G216 进入库亚克峡谷、硝尔库勒、昂格提库勒湖及其周边盐湖进行野外考察及样品采集工作。凌晨 3 点半到达民丰县住宿	民丰县

日期	具体内容	停留地点
2021年4月14日	早晨10:30，由民丰县出发，沿315国道前往和田市，途经于田县、策勒县、洛浦县，沿途采集部分河水样品。于晚上6点到达和田地区和田市住宿	和田市
2021年4月15日	早晨9:30，由和田市出发，沿315国道前往和田地区策勒县，对周边水系进行野外踏勘及生态水系样品采集工作。于晚上6点到达和田地区和田市住宿	和田市
2021年4月16日	早晨9:30，由和田市出发，沿315国道前往和田地区洛浦县，对周边水系进行野外踏勘及生态水系样品采集工作。于晚上6点到达和田地区和田市住宿	和田市
2021年4月17日	早晨9:30，由和田市出发，沿S216省道对和田地区玉龙喀什河上游水系进行野外踏勘及生态水系样品采集工作。于晚上6点到达和田地区和田市住宿	和田市
2021年4月18日	早晨9:30，由和田市出发，沿G315国道和X669县道到达于田县普鲁村检查站，沿途对克里雅河中游水系进行野外踏勘及生态植被、水系样品采集工作。于晚上8点露宿普鲁村检查站旁	露宿
2021年4月19日	早晨9:00，由普鲁村检查站出发，沿G315国道和X669县道到达民丰县，沿途对克里雅河下游水系进行野外踏勘及生态植被、水系样品采集工作。于晚上6点到达和田地区民丰县住宿	民丰县
2021年4月20日	早晨8:00，由民丰县出发，沿在修国道G216进入库亚克峡谷，沿途对库亚克大峡谷内水系、湖泊进行野外地质调查及生态植被、水系样品采集工作。晚上6点露宿于野外	露宿
2021年4月21日	早晨9:00，由宿营点出发，沿库亚克峡谷进入克里雅河谷，翻过红土达坂到达阿什库勒盆地，沿途对库亚克大峡谷、克里雅河谷内水系、湖泊进行野外地质调查及生态植被、水系样品采集工作。于晚上6点露宿于野外	露宿
2021年4月22日	早晨9:30，由宿营点出发，对阿什库勒盆地南部和北部分别进行盐湖生态野外地质调查工作，并采集部分剖面、表土、植被、水系及岩石样品。于晚上6点露宿于野外	露宿
2021年4月23日	早晨9:30，由宿营点出发，对阿什库勒盆地乌鲁克库勒、阿什库勒湖泊进行盐湖资源野外地质调查工作，采集部分湖泊重力钻泥心、不同深度湖泊水样及部分植被样品。于晚上6点露宿于野外	露宿
2021年4月24日	早晨9:30，由宿营点出发，对阿什库勒盆地阿什库勒火山群进行野外地质调查工作，采集不同火山岩样品，后沿克里雅河谷对克里雅河上游水系进行野外地质调查工作，并采集部分水系样品。于晚上9点返回于田县住宿	于田县
2021年4月25日	早晨10:30，由于田县出发，沿315国道前往和田市，途经策勒县、洛浦县，沿途采集部分河水样品。于晚上6点到达和田地区和田市住宿	和田市
2021年4月26日	早晨9:30，由和田市出发，沿G315国道及G580国道对和田地区玉龙喀什下游水系进行野外踏勘及生态水系样品采集工作。于晚上6点到达和田地区和田市住宿	和田市
2021年4月27日	早晨9:30，由和田市出发，沿G315国道前往墨玉县，对和田地区喀拉喀什河进行野外踏勘及生态水系样品采集工作。于晚上6点到达和田地区和田市住宿	和田市
2021年4月28日	早晨9:30，由和田市出发，沿G315国道前往墨玉县，对塔里木盆地塔克拉玛干沙漠地下水进行野外踏勘及生态水系样品采集工作。晚上6点到达和田地区和田市住宿	和田市
2021年4月29日	早晨9:30，由和田市出发，沿G315国道前往木吉乡，对喀拉喀什河上游水系进行野外踏勘及生态水系样品采集工作。于晚上6点到达和田地区和田市住宿	和田市
2021年4月30日	早晨9:30，由和田市出发，沿G315国道、吐哈高速前往叶城县，对沿途皮山河水系进行野外踏勘及生态水系样品采集工作。于晚上6点到达喀什地区叶城县住宿	叶城县
2021年5月1日	早晨9:00，由喀什地区叶城县出发，沿G219国道前往大红柳滩，对沿途水系进行野外踏勘及生态水系样品采集工作。于晚上6点到达和田地区皮山县大红柳滩住宿	大红柳滩

续表

日期	具体内容	停留地点
2021 年 5 月 2 日	早晨 9:00，由和田地区皮山县大红柳滩出发，沿 G219 国道进入俘虏沟，对喀拉喀什河上游水系、周围地层岩性进行野外踏勘及生态水系样品采集工作。于晚上 6 点到达和田地区皮山县大红柳滩住宿	大红柳滩
2021 年 5 月 3 日	早晨 9:00，由和田地区皮山县大红柳滩出发，沿 G219 国道进入东俘虏沟，对白龙山锂辉石矿床及其周围地层岩性进行野外踏勘及生态水系样品采集工作。于晚上 6 点到达和田地区皮山县大红柳滩住宿	大红柳滩
2021 年 5 月 4 日	早晨 9:00，由和田地区皮山县大红柳滩出发，沿 G219 国道进入苦水湖西面黄草沟，对黄草沟锂辉石矿床及其周围地层岩性进行野外踏勘及生态水系样品采集工作。于晚上 6 点到达和田地区皮山县大红柳滩住宿	大红柳滩
2021 年 5 月 5 日	早晨 9:00，由和田地区皮山县大红柳滩出发，沿 G219 国道进入苦水湖西面，对苦水湖西部泉水、卤水、蒸发盐岩及其周围地层岩性进行野外踏勘及生态水系样品采集工作。于晚上 6 点到达和田地区皮山县大红柳滩住宿	大红柳滩
2021 年 5 月 6 日	早晨 9:00，由和田地区皮山县大红柳滩出发，沿 G219 国道进入苦水湖西面，对苦水湖表层卤水进行野外踏勘及卤水样品采集工作。于晚上 6 点到达和田地区皮山县大红柳滩住宿	大红柳滩
2021 年 5 月 7 日	早晨 9:00，由和田地区皮山县大红柳滩出发，沿 G219 国道进入苦水湖西面，对苦水湖西北部干盐滩进行野外踏勘及周边岩石、水系、盐类沉积物、晶间卤水及水系沉积物样品采集工作。于晚上 6 点到达和田地区皮山县大红柳滩住宿	大红柳滩
2021 年 5 月 8 日	早晨 9:00，由和田地区皮山县大红柳滩出发，沿 G219 国道进入苦水湖西面，对苦水湖西北部黄草湖进行野外踏勘及周边岩石、表土、植被、水系及水系沉积物样品采集工作。于晚上 6 点到达和田地区皮山县大红柳滩住宿	大红柳滩
2021 年 5 月 9 日	早晨 9:00，由和田地区皮山县大红柳滩出发，沿 G219 国道进入阿克赛钦湖、斯里吉乐甘南库勒，对阿克赛钦湖、斯里吉乐甘南库勒进行野外踏勘及水系沉积物样品采集工作。于晚上 6 点到达和田地区皮山县大红柳滩住宿	大红柳滩
2021 年 5 月 10 日	早晨 9:00，由和田地区皮山县大红柳滩出发，沿 G219 国道前往红山湖，对红山湖地区进行野外踏勘及周边岩石、表土、植被、水系及水系沉积物、泥心样品采集工作。于晚上 6 点到达和田地区皮山县大红柳滩住宿	大红柳滩
2021 年 5 月 11 日	早晨 9:00，由和田地区皮山县大红柳滩出发，沿 G219 国道进入甜水海及苦水湖东部，对甜水海及苦水湖东部地区进行野外踏勘及周边岩石、表土、植被、水系及水系沉积物样品采集工作。于晚上 6 点到达和田地区皮山县大红柳滩住宿	大红柳滩
2021 年 5 月 12 日	早晨 9:00，由和田地区皮山县大红柳滩出发，沿 G219 国道返回叶城，沿途对西昆仑山水系及水系沉积物进行野外踏勘及采样。于晚上 9 点到达喀什地区叶城县住宿	叶城县
2021 年 5 月 13 日	早晨 9:30，由喀什地区叶城县出发，沿 G315 国道、吐哈高速前往和田县，对沿途水系进行野外踏勘及生态水系样品采集工作。于晚上 6 点到达和田地区和田市住宿	和田市
2021 年 5 月 14 日	早晨 9:30，由和田市出发，沿 G315、G580 国道前往阿克苏地区库车市，对沿途和田河水系进行野外踏勘及生态水系样品采集工作。晚上 8 点到达阿克苏地区库车市住宿	阿克苏地区库车市
2021 年 5 月 15 日	由库车县出发，沿 314 国道、G3012 高速到达新疆吐鲁番市，沿途经过库尔勒市，采集部分河水样品。于晚上 8 点到达吐鲁番市住宿	吐鲁番市
2021 年 5 月 16 日	早晨 9:00，由吐鲁番市出发，沿 314 国道、G30 连霍高速到达哈密地区哈密市，采集部分河水样品。于晚上 5 点到达哈密地区哈密市住宿	哈密市
2021 年 5 月 17 日	早晨 9:00，由新疆哈密市出发，沿 314 国道、G30 连霍高速到达哈密地区哈密市，采集部分河水样品。于晚上 6 点到达甘肃张掖市住宿	张掖市
2021 年 5 月 18 日	早晨 9:00，由甘肃张掖市出发，沿 G30 高速及 G227 国道返回西宁市，途经甘肃民乐县，青海门源县、大通县，于下午 3 点到达青海省西宁市	西宁市

五、羌塘古钾盐考察日志

野外工作日志

日期	具体内容
2021 年 10 月 16 日	早晨 9:00 由西宁市出发沿西丽高速及 214 国道于晚上 11:00 到达玉树, 住宿休整
2021 年 10 月 17 日	早晨 8:00, 由玉树出发, 沿 345 国道到达杂多县, 途经上拉秀乡、多那村、昂赛乡、苏鲁村等地, 沿途采集部分河水、沉积物、岩石样品。于晚上 10:00 到达杂多县住宿
2021 年 10 月 18 日	早晨 8:00 由杂多县出发, 途经阿多乡、查旦乡、莫云乡, 海拔 5100m 左右, 前往考察测量荣齐村附近早侏罗世—中侏罗世沉积地层并采集标本。于晚上 10:00 到达杂多县住宿
2021 年 10 月 19 日	早晨 8:30, 由杂多县出发, 沿澜沧江边前往萨呼腾镇南山考察白垩纪沉积地层, 开展沉积岩样本采集工作, 于晚上 10:30 到达杂多县住宿
2021 年 10 月 20 日	早晨 8:30, 由杂多县出发, 沿 224 省道前往囊谦县, 首先将萨呼腾镇南山剩余未考察完的沉积剖面踏勘完成, 然后途经阿多乡、结多乡、东坝乡, 海拔 4700m 左右, 沿途采集部分岩石样品。于晚上 11 点到达囊谦县住宿
2021 年 10 月 21 日	早晨 8:30, 由囊谦县出发, 沿 214 国道、昂曲河、吉曲乡乡道前往多改村, 对始新世和早白垩世地层进行野外踏勘并采集岩石样品。于晚上 10:30 到达囊谦县住宿
2021 年 10 月 22 日	早晨 8:00, 由囊谦县出发, 沿 214 国道和吉曲乡乡道前往建前村附近开展古近纪、早白垩世沉积地层考察并采集样品。于晚上 10:00 到达囊谦县住宿
2021 年 10 月 23 日	早晨 8:30, 由囊谦县出发, 沿 214 国道和吉曲乡乡道对改多村早白垩世沉积地层进行详细测量踏勘, 并取样。于晚上 10:30 到达囊谦县住宿
2021 年 10 月 24 日	早晨 8:00, 由囊谦县出发, 沿 214 国道和吉曲乡乡道对改多村北山晚侏罗世、中侏罗世沉积地层进行考察, 开展沉积剖面测量工作。于晚上 11:00 到达囊谦县住宿
2021 年 10 月 25 日	早晨 9:00, 由囊谦县出发, 沿 214 国道到达昌都市, 沿途对甲桑卡乡吉亚村、吉多乡等地进行考察盐泉分布情况, 开展盐泉水采集工作。于晚上 9:00 到达昌都市住宿
2021 年 10 月 26 日	早晨 8:00, 由昌都市出发, 沿 214 国道和昂曲河岸到达尚卡乡委日村, 对早白垩世—早侏罗世沉积地层进行系统考察, 并进行样品采集工作。于晚上 10:30 到达昌都市住宿
2021 年 10 月 27 日	早晨 8:00, 由昌都市出发, 沿 214 国道和昂曲河岸到达芒达乡达德村对晚侏罗世、中侏罗世、早白垩世沉积地层进行系统考察测量, 于晚上 10:00 到达昌都市住宿
2021 年 10 月 28 日	早晨 8:30, 由昌都市出发, 沿着 317 国道, 途经妥坝乡、青泥洞乡, 到达江达县, 沿着昂龙雄曲考察中三叠世、晚三叠世沉积地层。对娘西乡晚三叠世—早白垩世沉积地层开展地质踏勘工作, 采集岩石样品, 于晚上 10:00 住宿于江达县
2021 年 10 月 29 日	早晨 8:00, 由江达县出发, 对德登乡外青村、青泥洞乡上格日贡村等地进行地质调查工作, 采集部分盐泉水样品。于晚上 10:30 到达江达县
2021 年 10 月 30 日	早晨 8:30, 由江达县出发, 沿着 317 国道和 501 省道前往贡觉县, 途经卡贡乡、相皮乡等地, 沿路考察始新世沉积地层, 并采集相应的岩石样品, 于晚上 9:00 到达贡觉县住宿
2021 年 10 月 31 日	早晨 8:30, 由贡觉县出发, 沿 501 省道前往哈加乡插托村、油扎牧场村、普孜村等地进行沉积剖面综合考察并采取盐泉水样和岩石样品, 于晚上 10:00 到达贡觉县住宿
2021 年 11 月 1 日	早晨 8:30 从贡觉县出发, 沿 501 省道和乡道前往达龙村附近进行地质调查, 发现新的完整的贡觉组沉积剖面露头, 开展详细的沉积剖面测量工作, 时至下午两点遭遇暴风雪, 于下午 6:00 返回贡觉县住宿
2021 年 11 月 2 日	早晨 8:00, 由贡觉县出发, 沿 501 省道和乡道前往达龙村附近继续进行沉积剖面测量工作并采集样品, 于晚上 9:00 到达贡觉县住宿休整
2021 年 11 月 3 日	早晨 8:30, 由贡觉县出发, 沿 501 省道和乡道前往达龙村, 对始新世沉积地层露头进行详细取样, 并考察构造应力对盆地沉积地层的影响, 深入踏勘地层的接触关系, 进行岩石样品采集工作, 于晚上 8:00 到达贡觉县住宿

续表

日期	具体内容
2021 年 11 月 4 日	早晨 8:00，由贡觉县出发，沿 501 省道和 S303 省道前往香堆镇，对中侏罗世、晚侏罗世、早白垩世沉积地层开展地质踏勘采集工作，并采集岩石样品，发现新的碳酸盐岩沉积，于晚上 9:00 到达香堆镇住宿
2021 年 11 月 5 日	早晨 8:30，由香堆镇出发，沿 S203 省道前往拉康瓦剖面，对晚三叠世沉积地层开展野外地质踏勘工作及岩石样品采集工作，于晚上 10:30 到达察雅县住宿
2021 年 11 月 6 日	早晨 8:00，由察雅县出发，沿 S203 省道前往荣周乡北山，对早侏罗世沉积地层开展剖面测量工作，于晚上 9:00 到达察雅县住宿
2021 年 11 月 7 日	早晨 8:30，由察雅县出发，沿 S203 省道前往荣周乡北山，对中侏罗世沉积地层开展样品采集工作，于晚上 10:00 到达察雅县住宿
2021 年 11 月 8 日	早晨 9:00，由察雅县出发，沿 S203 省道前往荣周乡北山，对晚侏罗世沉积地层开展样品采集工作，于晚上 8:00 到达察雅县住宿休整
2021 年 11 月 9 日	早晨 9:00，由察雅县出发，沿 S203 省道，途经荣周乡、巴日乡、措瓦乡等地，对侏罗纪沉积地层进行系统考察，于晚上 7:00 到达芒康县住宿
2021 年 11 月 10 日	早晨 8:30，由芒康县出发，沿 318 国道于达如美镇附近，对早白垩世、晚侏罗世、中侏罗世沉积地层的岩性进行地质踏勘工作并采集岩石样品，发现大量的温泉，于晚上 10:00 到达芒康县住宿休整
2021 年 11 月 11 日	早晨 8:30，由芒康县出发，沿 S203 省道前往措瓦乡，对早白垩世、晚白垩世沉积地层进行野外地质踏勘，采集沉积岩样品，于晚上 9:00 到达芒康县住宿
2021 年 11 月 12 日	早晨 9:00，由芒康县出发，沿察芒公路前往措瓦乡黑曲河附近，对南新组沉积地层进行剖面测量并采集岩石样品，于晚上 10:00 到达芒康县住宿
2021 年 11 月 13 日	早晨 9:00，由芒康县出发，沿察芒公路前往措瓦乡黑曲河附近，对虎头寺组沉积地层进行剖面测量并采集岩石、膏盐样品，于晚上 8:00 到达芒康县住宿
2021 年 11 月 14 日	早晨 9:00，由芒康县出发，沿察芒公路前往黑曲河附近开展地质踏勘工作，在白垩纪地层中发现了碳酸盐岩与膏盐层的序列沉积，采集样品，于晚上 9:00 到达芒康县住宿
2021 年 11 月 15 日	早晨 9:00，由芒康县出发，沿察芒公路前往黑曲河附近，对白垩纪沉积地层进行系统化考察和测量，于晚上 10:00 到达芒康县住宿
2021 年 11 月 16 日	早晨 9:00，由芒康县出发，沿察芒公路、214 国道前往昌都市，途经卡贡乡、新卡乡，考察踏勘中侏罗世沉积地层，于晚上 8:00 到达昌都市住宿
2021 年 11 月 17 日	早晨 9:00，由昌都市出发，沿 214、317 国道前往丁青县，沿途对卡玛多乡的巴夏菱镁矿进行考察取样，于晚上 9:00 到达丁青县住宿
2021 年 11 月 18 日	早晨 8:30，由丁青县出发，沿 317 国道前往觉恩乡八达村进行系统地质考察，发现沉积型菱镁矿，采集样品，于晚上 9:00 到达丁青县住宿
2021 年 11 月 19 日	早晨 8:30，由丁青县出发，沿 317 国道前往布托村附近对侏罗纪碳酸盐岩沉积地层进行考察取样，于晚上 7:00 到达丁青县住宿
2021 年 11 月 20 日	早晨 8:00 由丁青县出发，沿 317 国道前往荣布镇，在西昌乡附近开展系统地质考察取样，于晚上 9:00 到达索县住宿
2021 年 11 月 21 日	早晨 9:00，由索县出发，沿 317 国道前往热瓦乡优纳村开展白垩纪沉积地层考察取样，于下午 6:00 到达索县住宿
2021 年 11 月 22 日	早晨 6:00，由西藏索县出发，沿 317 国道、109 国道前往西藏安多县雁石坪考察取样，海拔 4800 多米。之后沿着 109 国道前往格尔木，到达格尔木市美豪酒店住宿时为 23 日凌晨 2 点多
2021 年 11 月 23 日	早晨 10:00，由格尔木市出发，沿 109 国道前往昆仑河沿岸考察碳酸盐岩层并取样，于下午 5 点到达格尔木市做核酸检测，晚上住宿于格尔木市
2021 年 11 月 24 日	早晨 8:00，由格尔木市出发，沿京藏高速前往西宁市，于下午 6:00 到达青海省西宁市

附 图

附图 1　科考队员出发前合影

附图 2　科考队员野外工作合影

附图 3　科考队员野外调查留影 1

附图 4　科考队员野外调查留影 2

附图 5　科考队员野外调查留影 3

附图 6　科考队员野外现场采样留影

附图 7　科考队员野外地下深层岩心研究留影

附图 8　科考队员在野外认真工作剪影

附图 9　部分科考队员在布喀达坂峰脚下合影留念

附图 10　科考队员采集沸泉水样和钙华沉积物样品

附图 11　科考队员在勒斜武旦湖利用重力取样器采集湖底沉积物样品

附图 12　科考队翻山越岭到达可可西里山头

附图 13　勒斜武旦湖返回途中惊险

附图 14　极端困难区野外烧开水

附图 15　高原精灵——藏羚羊

附图 16　高原之舟——野牦牛

附图 17　科考队员在鄂雅错湖采样

附图 18　西藏野外盐湖区考察水样采样

附图 19　昌都野外科考

附图 20　柴达木盆地盐湖区环境调查

附图 21　柴达木盆地环境调查采样